高 等 学 校 教 材

材料化学处理工艺与设备

赵麦群　王瑞红　葛利玲　编

化学工业出版社
·北京·

本教材共分7章。内容包括材料表面化学渗、材料表面化学镀、材料表面电镀、材料表面阳极氧化、材料表面微弧氧化、金属表面化学热处理、低维材料表面化学改性等方面的工艺和设备，可通过本书了解材料表面处理过程的化学知识，以及化学与材料结合的工程应用。

本教材可供材料化学专业、材料表面工程专业方向、材料科学与工程专业的本科教学用书，也为从事材料表面处理相关的工程技术人员提供参考。

图书在版编目（CIP）数据

材料化学处理工艺与设备/赵麦群，王瑞红，葛利玲编. —北京：化学工业出版社，2011.8
高等学校教材
ISBN 978-7-122-12021-2

Ⅰ. 材… Ⅱ. ①赵…②王…③葛… Ⅲ. 金属表面处理：化学处理-高等学校-教材 Ⅳ. TG174.4

中国版本图书馆 CIP 数据核字（2011）第 154216 号

责任编辑：杨　菁　彭喜英　　　　　　文字编辑：孙凤英
责任校对：周梦华　　　　　　　　　　　装帧设计：杨　北

出版发行：化学工业出版社（北京市东城区青年湖南街13号　邮政编码100011）
印　　装：三河市延风印装厂
787mm×1092mm　1/16　印张 13¾　字数 351 千字　2011 年 9 月北京第 1 版第 1 次印刷

购书咨询：010-64518888（传真：010-64519686）　售后服务：010-64518899
网　　址：http://www.cip.com.cn
凡购买本书，如有缺损质量问题，本社销售中心负责调换。

定　价：29.00 元　　　　　　　　　　　　　　　　　　　　　　版权所有　违者必究

前　言

　　材料表面化学处理是利用化学、电化学原理，对材料的表面进行处理，使材料强度、耐蚀性、装饰性、表面物理化学性质等得到有效提高和改变的工艺方法。有关材料表面改性研究一直受到重视，表面改性包括化学改性和物理改性，相关的教材也很多。但利用化学、电化学原理对材料表面改性的教材还鲜见报道，涉及实际工艺和设备的教材更少。材料化学专业是一个新型交叉专业，是材料科学与工程和化学的有机结合。国家教育部新专业目录虽然公布了材料化学本科专业，也明确了可授工学学士或理学学士，而缺少指导性方向，国内材料化学专业是千人千面。创办材料化学专业面临艰难的抉择，材料化学在工科院校，应以工为主，理工结合，学生授工学学士。工学要从培养目标、专业方向设置、指导性培养计划、课程内容及实践环节等方面有机地体现出来，并非是材料和化学的简单叠加。为了实现上述目标，材料化学专业设两个专业方向，其中之一就是材料表面化学工程方向，本教材就是配合该专业方向，经过多届本科生教学实践，充分考虑材料表面处理过程中所涉及的化学知识、技术和技能，同时兼顾工艺方法和设备选型使用，体现工学特点，这也是本教材的一个特点。本书内容包括材料表面化学渗、材料表面化学镀、材料表面电镀、材料表面阳极氧化、材料表面微弧氧化、金属表面化学热处理、低维材料表面化学改性等方面的工艺和设备，读者可通过本书了解材料表面处理过程的化学知识，以及化学与材料结合的工程应用。本教材可供材料化学专业、材料表面工程专业、材料科学与工程专业的本科教学用书，也为从事材料表面处理相关的工程技术人员提供参考。

　　本教材共分7章。第1、2、3、4、5章由王瑞红编写；第6章由葛利玲编写；第7章由赵麦群编写。教材的总体规划、编写提纲、统稿由赵麦群完成。在教材的筹备和编写过程中得到西安理工大学教材建设基金项目的支持，在此表示感谢。

　　由于编者水平有限，时间仓促，加之本书涉及大量工艺设备，尤其是设备方面的资料不够全面，错误和缺点恳请读者批评指正。

编者
2011 年 5 月

目 录

第1章 单金属电镀工艺与设备 …… 1
1.1 电镀概述 …… 1
- 1.1.1 电镀的定义、应用及分类 …… 1
- 1.1.2 基本理论 …… 2
- 1.1.3 均镀能力和深镀能力 …… 6
- 1.1.4 电镀前表面预处理 …… 7
- 1.1.5 电镀的发展 …… 8
- 1.1.6 赫尔槽试验 …… 8

1.2 电镀锌工艺 …… 9
- 1.2.1 概述 …… 9
- 1.2.2 几种典型的电镀锌工艺 …… 10
- 1.2.3 镀锌后处理 …… 13

1.3 电镀镍工艺 …… 14
- 1.3.1 概述 …… 14
- 1.3.2 电镀瓦特镍和高氯化物镍（无添加剂） …… 14
- 1.3.3 电镀镍的添加剂 …… 16
- 1.3.4 典型的镀镍工艺 …… 16

1.4 电镀铬工艺 …… 19
- 1.4.1 概述 …… 19
- 1.4.2 镀铬溶液分类 …… 20
- 1.4.3 典型镀铬工艺 …… 21

1.5 电镀金 …… 24
- 1.5.1 概述 …… 24
- 1.5.2 电镀金的发展 …… 25
- 1.5.3 电镀金工艺 …… 25

1.6 电镀设备 …… 26
- 1.6.1 电源 …… 27
- 1.6.2 电镀槽 …… 29
- 1.6.3 辅助设备 …… 30
- 1.6.4 电镀车间设计 …… 33
- 1.6.5 电镀自动生产线 …… 34

参考文献 …… 35

第2章 材料表面化学镀镍工艺与设备 …… 36
2.1 概述 …… 36
- 2.1.1 化学镀镍原理 …… 37
- 2.1.2 化学镀镍溶液 …… 38

2.2 钢铁化学镀镍工艺 …… 46
- 2.2.1 化学镀镍前准备 …… 47
- 2.2.2 化学镀镍前处理工艺 …… 47
- 2.2.3 钢铁化学镀镍工艺 …… 48

2.3 化学镀镍组织及性能 …… 51
- 2.3.1 化学镀镍的组织 …… 51
- 2.3.2 一般物理性能 …… 52
- 2.3.3 电、磁、热性能 …… 54
- 2.3.4 力学性能 …… 56
- 2.3.5 化学性能 …… 57
- 2.3.6 工艺性能 …… 58

2.4 铝合金化学镀镍工艺 …… 58
- 2.4.1 铝及铝合金化学镀镍的应用 …… 59
- 2.4.2 铝及铝合金化学镀镍工艺 …… 59
- 2.4.3 铝及铝合金化学镀镍层的后处理 …… 63

2.5 镁合金化学镀镍工艺 …… 63
- 2.5.1 镁合金化学镀镍的应用 …… 64
- 2.5.2 镁合金化学镀镍工艺 …… 64

2.6 非金属材料化学镀镍工艺 …… 69
- 2.6.1 ABS塑料化学镀镍工艺 …… 69
- 2.6.2 陶瓷化学镀镍工艺 …… 72

2.7 化学镀镍生产设备 …… 73
- 2.7.1 化学镀镍车间设计及自动控制系统 …… 73
- 2.7.2 化学镀镍设备 …… 75

参考文献 …… 76

第3章 材料阳极氧化处理工艺与设备 …… 77
3.1 氧化处理概述 …… 77
3.2 铝及铝合金阳极氧化处理 …… 77
- 3.2.1 概述 …… 77
- 3.2.2 阳极氧化膜的形成机理 …… 80
- 3.2.3 阳极氧化膜的组成和显微结构 …… 82
- 3.2.4 铝合金的阳极氧化性能 …… 83
- 3.2.5 典型的阳极氧化工艺 …… 83
- 3.2.6 铝及铝合金阳极氧化膜着色 …… 91
- 3.2.7 阳极氧化膜的封闭 …… 96

3.3 镁合金阳极氧化处理 …… 100

3.3.1 阳极氧化 …… 100
3.3.2 着色与封闭 …… 102
3.4 钛合金阳极氧化处理 …… 102
3.4.1 钛合金阳极氧化的用途 …… 103
3.4.2 钛合金阳极氧化工艺 …… 103
3.5 阳极氧化处理设备 …… 104
3.5.1 阳极氧化处理车间的建立条件 …… 104
3.5.2 设备选择 …… 104
3.5.3 处理槽设备 …… 105
3.5.4 加热、冷却设备 …… 105
3.5.5 过滤循环系统 …… 106
3.5.6 离子交换设备 …… 106
3.5.7 电源设备 …… 106
3.6 微弧氧化 …… 107
3.6.1 概述 …… 107
3.6.2 微弧氧化膜的形成 …… 108
3.6.3 工艺要点 …… 109
参考文献 …… 110

第4章 金属磷化与钝化处理工艺与设备 …… 111
4.1 磷化处理工艺 …… 111
4.1.1 磷化膜的用途 …… 111
4.1.2 磷化分类 …… 111
4.1.3 磷化膜的结构和性质 …… 113
4.1.4 磷化膜的形成机理 …… 116
4.1.5 磷化处理工艺 …… 116
4.1.6 影响磷化的主要因素 …… 120
4.2 磷化处理设备 …… 123
4.2.1 浸渍设备 …… 124
4.2.2 喷淋设备 …… 125
4.2.3 喷淋/半浸渍设备 …… 127
4.2.4 喷淋/泛流设备 …… 127
4.3 金属的化学钝化处理工艺 …… 127
4.3.1 铬酸盐钝化处理工艺 …… 129
4.3.2 无铬钝化 …… 130
参考文献 …… 131

第5章 不锈钢表面处理工艺与装备 …… 132
5.1 不锈钢抛光 …… 132
5.1.1 机械抛光 …… 133
5.1.2 化学抛光 …… 133
5.1.3 电化学抛光 …… 135
5.1.4 电化学设备 …… 138
5.2 不锈钢着黑色 …… 139
5.2.1 概述 …… 139
5.2.2 不锈钢着黑色工艺 …… 139
5.2.3 不锈钢发黑处理设备 …… 140
5.3 不锈钢着彩色 …… 141
5.3.1 不锈钢着彩色的方法 …… 141
5.3.2 不锈钢着色原理 …… 142
5.3.3 不锈钢着色膜生成原理 …… 143
5.3.4 因科（Inco）法着彩色 …… 144
5.4 不锈钢的化学与电化学腐蚀加工 …… 147
5.4.1 不锈钢的化学与电化学加工的用途 …… 147
5.4.2 不锈钢的化学和电化学抛光铣切 …… 147
5.4.3 三氯化铁腐蚀加工 …… 149
5.4.4 不锈钢表面刻印花纹图案的方法 …… 149
参考文献 …… 151

第6章 钢铁的化学热处理工艺与设备 …… 152
6.1 化学热处理概论 …… 152
6.1.1 化学热处理进行的依据（条件） …… 152
6.1.2 化学热处理的过程 …… 153
6.1.3 化学热处理后的质量及效果 …… 157
6.1.4 影响化学热处理工件表面质量的因素 …… 157
6.1.5 提高化学热处理速率和质量的措施 …… 157
6.2 钢铁材料的渗碳与设备 …… 158
6.2.1 渗碳目的及条件 …… 158
6.2.2 渗碳化学原理及工艺 …… 159
6.2.3 碳势控制与碳势传感器 …… 166
6.2.4 渗碳设备 …… 171
6.2.5 碳在钢中的扩散和渗碳缓冷后的组织特点 …… 171
6.2.6 渗碳后的热处理、组织及性能 …… 172
6.2.7 渗碳件的质量检验及常见缺陷 …… 173
6.3 钢铁材料的渗氮工艺与设备 …… 175
6.3.1 渗氮的目的和条件 …… 175
6.3.2 渗氮原理 …… 176
6.3.3 渗氮工艺及设备 …… 177
6.3.4 氮在渗氮钢中的扩散与渗氮缓冷后的组织 …… 178
6.3.5 渗氮层的性能 …… 179
6.3.6 渗氮后的质量检验与常见缺陷 …… 180
6.3.7 其他渗氮方法 …… 180

6.4 钢铁材料的碳氮共渗工艺与设备 …… 181
 6.4.1 碳氮共渗的特点和分类 …… 181
 6.4.2 气体碳氮共渗的工艺及设备 …… 182
 6.4.3 碳氮共渗层热处理后的组织和性能 …… 183
 6.4.4 碳氮共渗件的质量检验及常见缺陷 …… 184
6.5 钢铁材料的渗硼工艺与设备 …… 184
 6.5.1 渗硼的目的和条件 …… 184
 6.5.2 渗硼方法及特点 …… 185
 6.5.3 渗硼工艺及其控制 …… 186
 6.5.4 渗硼层的组织和性能 …… 186
 6.5.5 渗硼件的质量检验及常见缺陷 …… 187
6.6 钢铁材料的渗硅和渗金属简介 …… 188
 6.6.1 渗硅 …… 188
 6.6.2 渗铬 …… 189
 6.6.3 渗铝 …… 189
 6.6.4 渗钛、钒、铌、锰的方法及性能 …… 190

参考文献 …… 190

第7章 低维材料的表面化学处理工艺与设备 …… 192

7.1 低维材料表面化学改性的意义 …… 192
7.2 低维材料表面特性 …… 193
7.3 木质纤维材料表面化学改性处理 …… 195
 7.3.1 木质纤维材料的应用背景 …… 195
 7.3.2 木质纤维材料化学处理原理 …… 195
 7.3.3 木质纤维材料化学处理工艺 …… 197
 7.3.4 木质纤维材料化学处理设备 …… 199
7.4 无机粉末材料表面化学改性处理 …… 201
 7.4.1 无机粉末表面改性的作用 …… 202
 7.4.2 无机粉末常用表面改性剂 …… 202
 7.4.3 无机粉末的表面化学改性原理 …… 204
 7.4.4 无机粉末表面化学改性工艺 …… 207
 7.4.5 无机粉末表面改性设备 …… 207

参考文献 …… 214

第1章 单金属电镀工艺与设备

1.1 电镀概述

1.1.1 电镀的定义、应用及分类

电镀是用电化学原理在固体表面上电沉积一层金属或合金的工艺方法。被镀工件作为阴极，被镀金属作为阳极。当具有导电性的表面与电解质溶液接触时，在外电流的作用下就在阴极表面上沉积一层金属、合金或半导体等。

电镀是表面技术的重要组成部分，不仅可以提高产品质量和使产品美观、新颖以及耐用，同时还可以对一些有特殊要求的工业产品赋予特殊的性能，如提高耐蚀性、导电性、易焊性、润滑性、磁性、反光性、高硬度、高耐磨、耐高温等性质。因此，电镀技术广泛应用于各个工业部门，如机械、仪表、电器电子、轻工、航空航天、船舶以及国防工业等。

电镀可根据镀层的使用目的来分类，大致可分为防护性、装饰性及功能性镀层三类。

(1) 防护性镀层　防护性镀层的主要目的是防止金属的腐蚀，防护性电镀已成为电镀最主要的任务。近年来，随着工业的发展，环境污染不断加剧，材料的腐蚀问题越来越严重，材料的保护逐渐受到重视。据统计，世界上每年因腐蚀而报废的金属材料量大约为金属年产量的1/3，即使因腐蚀报废的金属材料可以回收2/3，每年还是有相当于年产量10%的金属损失掉。而且腐蚀损失的价值，不仅包含所损失的金属的量，还应包含制备材料时所消耗的能源，被腐蚀报废的材料的制造价值往往比材料本身价值高得多。更严重的是，由于一些关键部件的破坏而造成整机失灵，就有可能造成无法弥补的重大事故。尽管目前还不能完全解决以上存在的严重腐蚀问题，但作为防护腐蚀手段之一的电镀技术，无疑可以做出巨大贡献。

常用的电镀锌、电镀镉和电镀锡都属于此类镀层。黑色金属部件在一般大气条件下，常使用镀锌层来保护，而在海洋气候条件下常用镀镉层来保护。对于接触有机酸的黑色金属部件，则常用镀锡层来保护（如食品容器和罐头等），它不仅具有很强的防护能力，而且腐蚀产物无毒。而镉具有很高的毒性，从环境保护角度考虑，除少数特殊军用品外，现在已很少应用，大多用锌和锌合金镀层代替。

(2) 装饰性镀层　镀层在具备一定防护性的基础上，以装饰性为主要目的的镀层。装饰性镀层多半是由多镀层形成的组合镀层，这是由于很难找到单一的金属镀层能满足装饰性镀层的要求。通常首先在基体上镀一底层，然后再镀一表面层，有时还要镀中间层，例如，铜/镍/铬多层镀，也有采用多层镍和微孔铬的。

近几年来，电镀贵金属及其合金的应用逐渐增加，特别是在一些贵重装饰品和小五金商品中应用更广泛。

(3) 功能性镀层　为了满足工业生产和科学技术上的一些特殊要求，如特殊的物理、化学和机械等性能，常需要在部件表面上施镀一层金属、合金或转化膜。如耐磨和减摩镀层、抗高温氧化镀层、导电镀层、磁性镀层、焊接性镀层、可修复性镀层等功能性镀层。

1.1.2 基本理论

1.1.2.1 电沉积过程

电镀实际上是一种电化学过程，也是氧化还原过程。电镀时，将被镀工件作为阴极，被镀金属或者合金作为阳极，分别挂于铜或者黄铜的极杠上，并浸入含有镀层成分的电解液中，通入直流电，就可在阴极得到沉积层。如图1-1所示。

图中，E为直流电源；R为变阻器；A为电流表。在接通直流电源时，主要发生如下的氧化还原反应。

在阴极上，金属离子M^{n+}得到电子还原为金属，还有氢离子得到电子还原为氢气的副反应发生，反应式如下：

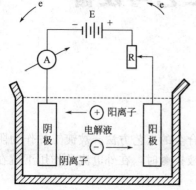

图1-1 电沉积原理图

$$M^{n+} + ne \longrightarrow M \tag{1-1}$$

$$2H^+ + 2e \longrightarrow H_2 \uparrow \tag{1-2}$$

在阳极上，金属阳极失去电子，生成金属离子；同时也可能有析出氧气的副反应。反应式如下：

$$M \longrightarrow M^{n+} + ne \tag{1-3}$$

$$4OH^- \longrightarrow 2H_2O + O_2 \uparrow + 4e \tag{1-4}$$

金属电沉积得到的镀层金属为晶体，一般都具有特定的晶体结构，所以电沉积过程又叫电结晶过程，主要包括以下三个步骤。

(1) 传质过程 金属离子或金属络合离子通过扩散、对流、电迁移等步骤从电解液中不断输送至电极表面。

(2) 电化学过程 金属离子或金属络合离子脱水，并吸附在阴极表面上失去电子，还原成金属原子的过程。

(3) 结晶过程 金属原子在阴极上排列，形成一定形式的金属晶体。主要包括两步：细小晶核的形成和晶核长大为晶体。晶粒的大小由晶核的形成速度和晶核的长大速度所决定。如果晶核的形成速度大于长大速度，则生成的晶粒数目多，晶粒尺寸小；反之，晶粒尺寸就大。

1.1.2.2 阴极析出与极化

当金属浸在含有该金属盐的电解液中时，与它的离子之间的电荷交换达到平衡时所具有的电极电位（在没有电流通过时），叫做该金属的平衡电极电位，简称平衡电位。在平衡电位下，电极/溶液界面在无外电流作用下具有动态平衡的特征，该电极上氧化反应与还原反应等速率，且阴极电流i_k与阳极电流i_a在数值上相等，其值为交换电流密度i_0。外电流存在时，界面双电层的动态平衡被打破，电极电位自平衡位置发生偏移而产生极化，阴极电流与阳极电流不再相等。

对于阴极过程，外电流总是使电极电位向更负的方向偏移而产生阴极极化，结果阴极电流大于阳极电流，即$i_k - i_a > 0$，有净电流存在。当净电流达到一定数值而使溶液中金属离子具备了足够的活化能去克服势垒时，就产生金属的阴极析出。金属在阴极上开始析出的电位称为析出电位，平衡电位与析出电位的差值就是析出过电位。

显然，金属的阴极析出与阴极极化密切相关。依据电沉积过程中所产生原因的不同，极化可分为浓差极化、电化学极化和电阻极化等类型。不同极化类型控制下的电沉积过程，将表现出不同的特征。

(1) 浓差极化控制的特征 由传质步骤缓慢引起的极化称为浓差极化。当离子迁移速率小于其在电极表面放电而消耗的速率时，反应离子的表面浓度降低，促使电极电位负移，产生浓差极化。浓差极化所对应的过电位即为浓差过电位。实际电镀过程中迁移和对流对传质的贡献往往可以忽略不计，即认为扩散是传质的主要方式，则电沉积过程受扩散步骤控制下的过电位 η_k 与电流密度 i_k 的关系为：

$$\eta_k = \frac{RT}{nF}\ln\left(1-\frac{i_k}{i_d}\right) \tag{1-5}$$

式中　R——气体常数；

　　　T——热力学温度；

　　　n——原子价；

　　　F——法拉第常数；

　　　i_d——极限电流。

极限电流 i_d 为反应离子表面浓度为零时的电流密度，可由下式确定，即

$$i_d = nFK\frac{c_0}{\delta} \tag{1-6}$$

式中　K——扩散系数；

　　　c_0——金属离子在溶液主体中的浓度；

　　　δ——扩散层有效厚度。

扩散控制的极化曲线如图 1-2，其特征是存在极限电流 i_d，在此极限值前，提高阴极电流密度对过电位贡献不大；但当电流密度 i_k 达到极限值 i_d 时，过电位急剧增大，此时对应的阴极表面金属离子浓度为零，沉积层疏松、粗糙甚至呈海绵状。单金属电镀时应避免浓差极化，提高极限电流密度。

(2) 电化学极化控制的特征 电化学极化是由于表面电化学反应步骤缓慢引起的。当离子放电消耗速率小于离子传质速率时，界面浓度升高，促使电位负移，产生电化学极化。电化学极化所对应的过电位称为电化学过电位。电化学步骤控制下过电位与电流密度的关系为：

$$\eta_k = \frac{RT}{\alpha nF}\ln\left(\frac{D_k}{i_0}\right) \tag{1-7}$$

式中　α——阴极反应的传递系数。

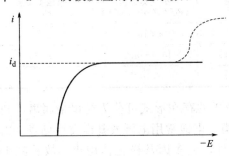
图 1-2　扩散控制的极化曲线

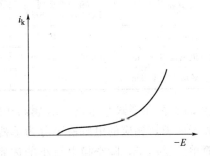
图 1-3　电化学控制的阴极极化曲线

电化学极化控制的阴极极化曲线如图 1-3 所示，特征是在较低的电流密度下就能产生较大的过电位，且随电流密度的提高而显著增长。由于大的过电位利于晶核的形成和结晶晶粒的细化，故一般通过电化学极化途径来提高电镀过程中的过电位，以获得细晶粒的镀层。

(3) 电阻极化 除了上述的极化的各组成部分之外，要通过镀液的欧姆电阻而形成电流

流动，还需要更大的过电压。这称为电阻极化或欧姆极化，其值在阳极和阴极之间测定。如果电极表面被一层电阻与镀液不同的膜所覆盖，则还会增大极化，有时称作"准欧姆型"极化。

1.1.2.3 电结晶及其影响因素

电沉积的结晶过程是一个晶核形成与晶体长大的过程。根据成核理论，晶核的形成概率 W 与过电位 η_k 有如下关系：

$$W = B\exp(-b/\eta_k^2) \tag{1-8}$$

式中，B，b 为常数。由上式可知：结晶过电位越高，晶核的形成概率越大，以致晶核形成数目就越多，晶核尺寸随之变小，所得镀层组织结构就越细小致密。

在近代电结晶理论中，离子放电可在晶面上任何地点发生，先是形成吸附离子（ad_{ion}），然后在表面扩散，直至生长点，然后长入晶格。生长点一般为表面缺陷，如图1-4所示的坎坷（kink）或边壁（ledged），通常为螺旋位错露头。这一晶体生长模型，认为离子放电步骤与新相生成步骤间存在表面扩散步骤。如果离子放电速度大于表面扩散速度，则将导致吸附原子的表面浓度升高，结果，电位负移而产生电结晶极化和电结晶过电位。

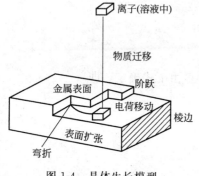

图1-4 晶体生长模型

(1) 电解液因素　电解液影响因素包括：被镀金属的电化学特性、金属离子的存在形式与浓度、游离酸或游离络合剂及添加剂等。

① 金属特性　各种金属本身，在电极还原时，具有不同的电化学动力学特征，具体表现在电极反应速率和交换电流密度彼此不同。常见金属按其交换电流密度的大小可粗略地分为四类，如表1-1所示。交换电流密度越小，电极反应速率越慢，还原时表现出的电化学极化和过电位越大，具有这种特征的金属从其简单盐溶液中也能沉积出细晶层；反之，则电化学极化和过电位越小，从其简单盐溶液中只能沉积出粗晶层。

表1-1 按电化学极化及交换电流密度大小对金属分类

性质	第一类金属 (Pb^{2+},Cd^{2+},Sn^{2+})	第二类金属 (Cu^{2+},Zn^{2+})	第三类金属 (Fe^{2+},Co^{2+},Ni^{2+})	第四类金属 (Cr^{2+})
超电压/V	$0 \sim n \times 10^{-3}$	$n \times 10^{-2}$	$n \times 10^{-1}$	—
交换电流密度/(A/cm²)	$n \times 10^{-1} \sim n \times 10^{-3}$	$n \times 10^{-4} \sim n \times 10^{-5}$	$n \times 10^{-8} \sim n \times 10^{-9}$	$< n \times 10^{-9}$
粒子平均线长度/cm	$\geqslant 10^{-3}$	$10^{-3} \sim 10^{-4}$	$\leqslant 10^{-5}$	—

② 离子存在形式与浓度　金属离子按其在溶液中的存在形式可分为简单金属离子和金属络离子两类，相应的电解液可分为单盐和络盐两类。电镀常用电解液基本类型见表1-2。

简单金属离子，除交换电流小的体系（Cr^{2+}）外，大多因其极化作用小，故从其单盐溶液中往往只能得到结晶较粗的镀层。当金属离子以络离子存在时，由于络离子在阴极表面还原需要较大的活化能，造成了放电迟缓效应而促使电化学极化和提高过电位，故从络盐溶液中沉积容易得到结晶细致的镀层。

形成金属络离子通常是靠溶液中添加络合剂，其主要作用有以下几点。

a. 降低游离金属离子浓度，使平衡电位负移　电位负移程度与金属络离子稳定性有关，络离子越稳定，则平衡电位负移越显著。金属络离子稳定性由络合物不稳定常数 $K_{不稳}$ 表征，与稳定常数成倒数。对具有相同数目配位体的同类型络合物来说，$K_{不稳}$ 愈大，络合物愈易离解，即愈不稳定。

表 1-2　常用电解液基本类型

基本类型		主盐形态	镀种实例
单盐	硫酸盐	MSO_4	镀铜、镀锌、镀镉、镀钴等
	氯化物	MCl_2	镀铁、镀锌、镀镍
	氟硼酸盐	$M(BF_4)_2$	镀锌、镀镉、镀铜、镀铅、镀锡、镀钴等
	氟硅酸盐	$MSiF_6$	镀铅、镀锌等
络盐	氨合络盐	$[M(NH_3)_n]^{2+}$	镀锌、镀镉
	有机络盐	$[ML]^{n-}$	镀锌、镀镉、镀铜等
	焦磷酸盐	$[MP_2O_7]^{2-}$，$[M(P_2O_7)_2]^{6-}$	镀锌、镀镉、镀铜等
	碱性络盐	$[M(OH)_n]^{(n-m)-}$，$[MO_n]^{(2n-m)-}$	镀锌、镀锡
	氰合络盐	$[M(CN)_n]^{(n-m)-}$	镀锌、镀镉、镀铜、镀金、镀银、镀铅等

　　b. 提高阴极的电化学极化　按现代理论，金属络离子的界面反应历程，通常是先经过表面转化形成低配位数的表面络合物，如多核络离子或缔合离子，然后放电。放电前配体的变换和配位数的降低涉及能量变化，导致还原所需活化能的升高，因而表现出比简单金属离子更大的电化学极化。

　　金属的电子构型对络合物的影响较大。满 d 壳层的 d^{10} 类金属（如 Cd、Sn、Pb、Cu、Zn 和 Ag 等），一般只能形成活性络合物，可选用络合能力很强的络合剂。d^6、d^8、d^{13} 等类金属（如 Fe、Co、Ni、Cr 等），与 $K_{不稳}$ 小的配体易形成惰性络合物而难以还原析出。

　　提高金属离子浓度，界面浓度与交换电流密度均相应增加，从而会降低电化学极化。故无论在单盐，还是在络盐溶液中，提高金属离子浓度，都具有减小形核率并伴随着镀层晶粒粗化的趋势。但浓度降低，导致浓差极化增强，极限电流也随之下降。

　　③ 导电盐（附加盐）　在电镀溶液中除了含主盐外，往往还要加入某些碱金属或碱土金属的盐类，这种附加盐的主要作用是提高电镀溶液的导电性能，有时还能提高阴极极化作用。例如以硫酸镍为主盐的镀镍溶液中加入硫酸钠和硫酸镁，既可提高导电性能，又能增大阴极极化作用（增大极化数值约 100mV），使镀镍层的结晶晶粒更为细致、紧密。

　　④ 游离络合剂　游离酸存在于单盐溶液中，并依其含量高低，可分为高酸度和低酸度两类镀液。在高酸度镀液中，游离酸能在一定程度上提高阴极极化，并防止主盐水解或氧化，提高镀液电导率。但游离酸浓度过高时，主盐溶解度下降，浓差极化趋势增强。低酸度镀液中，游离酸浓度过低，易引起主盐水解或发生沉淀；过高则导致大量析氢，电流效率下降。

　　游离络合剂具有增大阴极极化、促进结晶晶粒细化和保持镀液稳定的作用，并能降低阳极极化使其正常溶解。但过量的游离络合剂，将减低电流效率，使沉积速度下降。

　　⑤ 添加剂　有机表面活性剂对电沉积过程的动力学特征有较大影响。它可以在电极表面产生特性吸附，增大电化学反应阻力，使金属离子的还原反应受到阻滞而增大电化学过电位。或通过它在某些活性较高、生长速度较快的晶面上优先吸附，促使金属吸附原子沿表面作较长距离的扩散，从而增大结晶过电位。有时有机表面活性剂可在界面与络合物缔合，增大活化能而对电极过程起阻滞作用。这些行为对新晶核的形成是有利的。此外，有机表面活

性剂对镀件的整平性、光亮度、润湿性及镀层的内应力及脆性等都有较大影响。

在单盐镀液中加入一些无机添加剂，其作用一般是增大溶液电导率以改善分散能力，或是其缓冲作用，稳定pH值以避免电极表面碱化而形成氢氧化物或碱性盐析出。有时无机添加剂是为防止主盐水解，降低内应力或增加光亮度等目的而加入镀液的。一般无机添加剂对阳极极化的影响不很显著。

(2) 工艺因素

① 电流密度 电流密度对电结晶质量的影响存在上下限。在电流密度下限值以下，提高电流密度有利于晶体生长，导致结晶晶粒粗化。在下限值以上，随着电流密度的提高，阴极极化和过电位增大，有利于晶核形成，结晶细化。但当电流密度达到极限电流i_d时，出现疏松的海绵状镀层。

② 温度 镀液升温使放电离子活化，电化学极化降低，粗晶趋势增强。某些情况下镀液温度升高，稳定性下降，水解或氧化反应容易进行。但当其他条件有利时，升高镀液温度不仅能提高盐类的溶解度和溶液的导电性，还能增大离子扩散速度，降低浓差极化，从而提高使用电流与阴极电流效率。此外，温度升高对减少镀层含氢量和降低脆性也有利。

③ 搅拌 搅拌促使溶液对流，减薄界面扩散层厚度而使传质步骤得到加快，对降低浓差极化和提高极限电流有显著效果。

④ 电流波形

a. 换向电流 换向电流通过直流电流周期性换向，使镀件处于阴极与阳极的交替状态而呈间歇沉积，电流正反向时间比为重要可控参数。当镀件由阴极转变为阳极时，界面上已被消耗的金属离子得到适当的补充，浓差极化得到抑制，有利于极限电流的提高。另一方面，原先沉积上的劣质镀层与异常长大的晶粒受到阳极的刻蚀作用而去除，不仅有利于镀层的平整细化，而且去除物的溶解，一定程度上提高了表面有效浓度，对提高电化学极化有利。

但在有些条件下，镀件处于阳极状态可能引发镀层钝化，而造成镀层分层或结合力下降等缺陷。

b. 脉冲电流 脉冲电流通过单向周期电流被一系列开路所中断而呈间歇沉积状态。高频脉冲电流作用下的高频间歇阴极过程，由于电流或电压脉冲的张弛导致阴极电化学极化的增加和浓差极化的降低，对电结晶细化作用十分明显。

1.1.3 均镀能力和深镀能力

决定电镀层质量的一个重要标志是金属镀层的均匀性和完整性，这在很大程度上决定着镀层的保护性能。在电镀中常用均镀能力和深镀能力来分别评定金属镀层在零件上分布的均匀性和完整性。

电镀溶液的均镀能力是指电镀溶液所具有的使电镀层厚度在零件上均匀分布的能力（又叫分散能力）。镀层在零件上均匀分布能力越高，其均镀能力也越强。

电镀溶液的深镀能力是指电镀溶液所具有的在零件深凹处沉积出金属镀层的能力，又叫遮盖能力、覆盖能力、着落能力。它是指镀层在零件上分布的完整程度。深镀能力越强，镀得越深。深镀能力差，在零件深凹处就镀不上金属镀层。它与均镀能力是两种概念，不要混淆。

影响镀液均镀能力和深镀能力的因素主要有：电化学因素、几何因素及基体金属。

(1) 电化学因素 电化学因素包括阴极极化度、电镀溶液电导率、阴极电流效率等。在使用的阴极电流密度范围内，较大的阴极极化度，才具有较高的均镀能力和深镀能力。

一般来说，提高电导率，能提高深镀能力。当电镀溶液的阴极极化度较大时，提高电导率能显著地提高均镀能力和深镀能力。如果极化度极小甚至接近于零，那么增大电导率，对均镀能力不可能有多大改善，例如，镀铬时的极化度几乎等于零，所以即使镀铬溶液的导电性能很好，其均镀和深镀能力都很差。

阴极电流效率对均镀能力的影响取决于阴极电流效率随阴极电流密度的变化而变化的程度。阴极电流效率若随电流密度升高而降低时，降低电流效率可提高分散能力。

（2）几何因素　几何因素主要是指镀槽的形状、阳极的形状、零件的形状以及零件与阳极的相互位置、距离等。关键是尖端放电、边缘效应、阴阳极的距离等，它主要影响电镀的电流分布。例如镀铬时往往要考虑如何装挂零件，用什么阳极及阳极的位置等，这都是为了改善电流的分布，提高分散能力。

（3）基体金属　如果氢在基体金属上的过电位小于镀层金属上的过电位，那么在刚入槽电镀时，将有大量氢气放出，这样会影响镀层金属的均匀盖覆。另外，如果金属中含有氢过电位小的杂质（如铸铁中的碳杂质），在这些杂质上容易放出氢气，导致不容易镀覆均匀。为获得均匀连续镀层，常在最初通电时采用短时间的大电流密度进行"冲击"，使被镀金属表面很快地先镀上一层氢过电位大的镀层金属，然后按正常规定的电流密度电镀，基体金属的不良影响就可完全避免。

基体金属的表面状态对电流分布也有着重大影响。对于不洁净的电极表面（有氧化膜或油污），即使在最有利的电化学与几何条件下，金属的电沉积也是不均匀的，而且结合力会显著降低。

1.1.4　电镀前表面预处理

电镀前的基体表面状态和清洁程度是保证镀层质量的先决条件。金属零部件电镀前的表面处理工艺，主要有以下几个方面。

（1）粗糙表面整平　包括磨光、滚光和喷砂、抛光（机械抛光、化学抛光和电化学抛光）。

（2）脱脂　包括有机溶剂脱脂、化学脱脂和电化学脱脂。

（3）浸蚀　包括强浸蚀、电化学浸蚀和弱浸蚀。

由于金属部件的材料种类繁多，其表面状态也不尽相同，而且对镀层质量的要求也不一样，所以要根据基体的特性、表面状态及对镀层的质量要求，有针对性地选择适宜的镀前处理工艺。

下面是几种基本镀前工艺方法。

1.1.4.1　磨光和机械抛光

磨光是通过装在磨光机上的弹性磨轮来完成的。磨轮的工作面上用胶黏附磨料，磨料的细小颗粒像很多切削刀刃，当磨轮高速旋转时，被加工的部件轻轻地压向磨轮工作面，使金属部件表面的凸起处受到切削，使表面变得平坦、光滑。磨光适用于一切金属材料，其效果主要取决于磨料的特性、磨轮的刚性和磨轮的旋转速度。通常使用的磨料包括人造刚玉（即90%～95%氧化铝）和金刚砂（碳化硅）以及石英砂和氧化铬等。磨轮多为弹性轮，一般使用皮革、毛毡、棉布、呢绒线、各种纤维织品及高强度纸等材料，用压制法、胶合法或缝合法制作而成，并具有一定的弹性。

机械抛光是利用装在抛光机上的抛光轮来实现的，抛光机和磨光机相似，只是抛光时使用抛光轮，并且转速更高些。抛光时在抛光轮的工作面上周期性地涂抹抛光膏，同时，将加工部件的表面用力压向抛光轮的工作面，借助抛光轮的纤维和抛光膏的作用，使零件获得镜面效果。

1.1.4.2 滚光和光饰

滚光是将部件和磨料放在滚筒机中进行滚磨，以除去部件表面的毛刺、粗糙和锈蚀产物，并使表面光洁的加工过程。滚光时除了加入磨料外，还经常加入一些化学试剂，如酸和碱等。因此，滚光实质是金属部件、磨料以及化学试剂的共同作用，将毛刺和锈蚀等除去的过程。它也可以代替磨光和抛光。

1.1.4.3 喷砂和喷丸

喷砂是利用压缩空气将砂子喷射到工件表面上，利用高速砂粒的动能，除去部件表面的氧化皮、锈蚀或其他污物。喷丸与喷砂相似，只是用钢丸和玻璃丸代替喷砂的磨料。喷丸能使部件表面产生压应力，而且没有含硅的粉尘污染。

1.1.4.4 脱脂

金属部件在加工过程中，不可避免地要黏附矿物油、植物油和动物油等三类油污。可采用有机溶剂脱脂、化学脱脂和电化学脱脂，以及以上方法联合使用，来除去油脂。

1.1.4.5 浸蚀

将金属部件浸入到酸、酸性盐和缓蚀剂等溶液中，以除去金属表面的氧化膜、氧化皮和锈蚀产物的过程称为浸蚀或酸洗。根据浸蚀的方法不同，可分为化学浸蚀和电化学浸蚀。依靠浸蚀液的化学作用将金属表面的锈和氧化物除去的方法，称为化学浸蚀；若将被浸蚀部件浸入到浸蚀液中，并通以直流电的浸蚀方法，则称为电化学浸蚀。

1.1.4.6 化学抛光和电化学抛光

在适当的溶液中，用化学的方法对金属部件进行抛光的过程称为化学抛光。电化学抛光又称电解抛光，它是将金属部件置于一定组成的溶液中进行阳极处理，以获得光亮表面的过程。

1.1.5 电镀的发展

最早公布的电镀文献是1800年意大利的布鲁纳特利（Brugnatelli）教授提出的镀银工艺，在1805年他又提出了镀金工艺。而电镀工艺开始应用于工业生产是在1840年英国的埃尔金顿（Elkington）申请了氰化物镀银的第一个专利后，镀银的电解液一直沿用至今。19世纪40年代开始电镀合金。

我国电镀工业的发展是新中国成立以后，在大型汽车、拖拉机、船舶厂、机车车辆、无线电子工业、飞机、仪表厂、导弹和卫星等制造厂都设有电镀车间，并且还新建了很多专业电镀厂。与此同时还成立很多专业的研究所和设计室，在高等学校和专科学校开设了相应的专业。从20世纪70年代开始无氰电镀的研究工作。在新工艺与设备的研究方面，出现了双极性电镀、换向电镀、脉冲电镀等；高耐蚀性的双层Ni、三层Ni、NiFe合金减摩镀层亦用于生产；刷镀、真空镀、离子镀也取得了可喜的成果。

1.1.6 赫尔槽试验

霍尔槽Hull Cell，又称赫尔槽或哈氏槽，一定尺寸比例的梯形槽，用它进行电镀试验，可观察不同电流密度下镀层的质量，并研究多种因素对电镀的影响。

霍尔槽试验只需要少量镀液，经过短时间试验便能得到在较宽的电流密度范围内镀液的电镀效果。由于该试验对镀液组成及操作条件作用敏感，因此，常用来确定镀液各组分的浓度以及pH值，确定获得良好镀层的电流密度范围，同时也常用于镀液的故障分析。因此，霍尔槽已成为电镀研究、电镀工艺控制不可缺少的工具。

1.1.6.1 形状及试验装置

赫尔槽形状、结构和内部尺寸如图1-5所示，其中括号内尺寸为1000mL的赫尔槽的尺

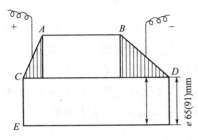 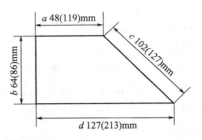

图1-5 赫尔槽形状及尺寸

寸。赫尔槽常用有机玻璃或硬聚氯乙烯等绝缘材料制成,底面呈梯形,阴、阳极分别置于不平行的两边,容量有1000mL、267mL两种。人们常在267mL试验槽中加入250mL镀液,便于将添加物折算成每升含有多少克。

赫尔槽试验电路与一般的电镀电路相同,电源根据试验对电压波形要求选择。串联在试验回路中的可变电阻及电流表用以调节试验电流,并联的电压表用以指示试验的槽电压。

1.1.6.2　阴极上的电流分布

赫尔槽的阴极板与阳极板互不平行,阴极的离阳极较近的一端称近端;另一端离阳极远,称远端。由于电流从阳极流到阴极的近端和远端的路径不同,不同路径槽液的电阻也不同,因此阴极上的电流密度从远端到近端逐渐增大,250mL 的赫尔槽近端的电流密度是远端的50倍。因而一次试验便能观察到相当宽范围的电流密度下所获得的镀层。

1.1.6.3　赫尔槽的试验方法

(1) 样液　试验用样液要有代表性。取样前,镀液必须充分搅拌,并从镀槽的不同部位采取,混合后取用。赫尔槽试验使用不溶性阳极时,镀液试验1~2次就要更新;使用可溶性阳极时,每取一次槽液可使用6~8次。做杂质或添加剂的影响试验时,槽液使用次数应少些。

(2) 试验条件　槽液温度应与生产时相同,时间一般为5~10min,光亮镀液应采用空气或机械搅拌,电流常取1~2A,镀铬用5~10A。

(3) 确定电流密度范围。

(4) 绘图记录　记录样板情况应同时记录镀液成分、操作条件,记录可缩减为1cm高的矩形,或仅取样板中间一条记录。镀层状况可用符号表示,当符号还不能充分说明问题时,可配合适当的文字。此外,当样板需作为资料,可在试片干燥后涂上清漆。保存样板的照片也常常能起到同样的效果。

1.2　电镀锌工艺

1.2.1　概述

锌是一种两性金属,易溶于酸,也溶于碱。镀锌层的外观呈青白色。当锌在干燥的空气中时,几乎不发生变化。而在潮湿的空气中,能与氧气和二氧化碳作用,生成碱式碳酸锌[$ZnCO_3 \cdot 3Zn(OH)_2$],这种化合物具有一定的防护作用。锌与含硫化合物反应生成硫化锌,且容易受氯离子的浸蚀,所以在海水中是不稳定的。

锌的标准电极电位是-0.76V,对钢铁基体来说,镀锌层属于阳极性镀层,因此,镀锌层对钢铁基体具有电化学保护作用。而且镀锌层经过钝化处理后,更能显著地提高其防护性和装饰性。随着镀锌工业的发展,高性能镀锌光亮剂的应用,镀锌层已从单纯防护为目的,进入防护兼装饰性的应用。目前,镀锌已经是电镀中用量最大的一个镀种,它占电镀比重的

60%以上。

1.2.2 几种典型的电镀锌工艺

电镀锌溶液主要有氰化物镀锌、碱性锌酸盐镀锌、铵盐镀锌、氯化物镀锌、硫酸盐镀锌等。20世纪70年代以前,国内外使用的主要是氰化物镀锌溶液。到了20世纪90年代,由于环境保护意识的增强以及无氰镀锌工艺的改进,使无氰镀锌有了快速发展。而氰化物镀锌也向低氰方向发展,甚至使用超低氰工艺。下面主要介绍一下氰化物镀锌、碱性锌酸盐镀锌、氯化物镀锌三种镀锌工艺。

1.2.2.1 氰化物镀锌

氰化物镀锌得到的镀层结晶细致,光泽性好。镀液具有较好的分散能力和覆盖能力,与基体结合力好,耐蚀性高,镀液比较稳定,使用工艺范围宽,对设备腐蚀性小等,故长期以来得到广泛应用。但主要缺点是氰化物为剧毒物质,严重污染环境。必须具有良好的通风措施和污水处理设备。另外,氰化物镀液的电流效率较低,且随使用的电流密度升高,其电流效率迅速降低。

根据镀液中氰化物含量的多少,可分为高氰镀锌、中氰镀锌和低氰镀锌。目前随着人们环保意识增强,已经认识到氰化物毒性和危害,高氰镀锌工艺已很少使用,微氰的应用也较少,一般多采用中氰和低氰,尤其以低氰工艺使用得最为普遍。

(1) 氰化镀锌工艺 表1-3是氰化物镀锌液的组成及工艺条件。

表1-3 氰化物镀锌溶液的组成及工艺条件

组成及工艺条件	高氰镀锌		中氰镀锌		低氰镀锌	
氧化锌(ZnO)/(g/L)	40~50	35~45	10~25	18~22	9~10	14
氰化钠(NaCN)/(g/L)	90~100	80~90	15~45	35~40	10~13	5
氢氧化钠(NaOH)/(g/L)	80~90	70~90	90~110	85~90	80~90	110~120
硫化钠(Na_2S)/(g/L)	0.5~1.0	0.5~5	1~2	0.1~0.3		
明胶/(g/L)	0.5~1.0			6~8		
洋茉莉醛/(g/L)	0.2~0.4					
甘油($C_3H_8O_3$)/(g/L)		3~5				
95#A/(mL/L)			4~6			
HT光亮剂/(mL/L)					0.5~1	
CKZ-840/(mL/L)						5~6
92#/(mL/L)				5~7		
温度/℃	10~40	10~35	10~45	室温	15~32	15~45
阴极电流密度/(A/dm^2)	1~2.5	1~3	1~3	2~4	1~4	2~6

注:95#A是上海永生助剂厂的产品,高、低氰工艺通用。分A、B两种,初配时用A剂,平时用B剂;HT光亮剂由浙江黄岩荧光化学厂生产;CKZ-840由河南开封电镀化工厂生产,高、中、低氰工艺都可应用,并可用于碱性锌酸盐镀锌工艺;92#由武汉凤帆电镀技术公司生产。

下面分别简单介绍一下上述镀液中各主要成分的作用。

氧化锌是锌离子的主要来源,在配制镀液时也可用氰化锌。若氧化锌含量较高,可允许较大的电流密度,电流效率也高,沉积速度快,但镀液覆盖能力较低,镀层结晶较粗;若含量低,则反之。在能满足镀件质量的前提下,氧化锌含量尽可能高些。另外,氧化锌的含量还与游离氰化钠、氢氧化钠的含量和温度要相适应。

氰化钠在镀液中主要起络合、导电和活化电极的作用。氢氧化钠也是锌的络合剂,其络合离子也是相当得稳定,这也是获得良好镀层的重要条件。另外,氢氧化钠还是一种很好的导电介质,对改善镀液的导电性和覆盖能力很有好处,它也是锌阳极的去极化剂,可有效地防止锌阳极的钝化。

对氰化镀锌工艺来说，添加剂种类很多，可分为无机和有机两大类。无机添加剂主要有硫化钠和多硫化钠，还有钴盐、镍盐、钼盐和碲盐以及稀土化合物等。金属离子的加入，可能会与锌形成合金镀层，从而提高了耐蚀性。硫化钠是最常用的无机添加剂，能与某些重金属杂质作用生成沉淀，从而净化了镀液。有机添加剂主要起光亮作用，故常称为光亮剂。

（2）镀液的配制和维护 将计算量的氰化钠和氢氧化钠溶解在占槽液体积1/3左右的温水中，不断搅拌，直至充分溶解。将氧化锌用冷水调成糊状，边搅拌边加入到热的氢氧化钠溶液中，直至氧化锌全部溶解。此时，溶液的颜色由乳白色变为浅棕黑色，这时的锌离子已与氰化钠和氢氧化钠完全络合成络合离子。然后加水至规定体积，搅拌均匀后，加入所需的光亮剂，进行电解处理。电解处理时，阴极挂铁板，用低电流密度处理数小时，直至镀层质量合格，即可进行正常生产。

配制氰化镀液时要特别注意安全，因氰化物有剧毒（0.3g氰化钠即可致命），要开启通风装置，并带好防毒面具等劳动用品。废水必须彻底处理，达到排放标准后才能排放。

镀液应经常化验，使各成分保持在工艺要求范围内。光亮剂要遵循少加勤加的原则，这样既可以减少光亮剂的消耗，又可使镀层外观一致，也不会导致镀层发脆，最好每半年用活性炭处理一次。每月过滤一次镀液，以保持镀液的清洁。

1.2.2.2 碱性锌酸盐镀锌

随着人们环保意识的增强，碱性无氰镀锌于20世纪60年代后期发展起来，而且发展非常迅速，现在已得到广泛应用。这种工艺的主要特点是：镀液成分简单，使用方便，对设备腐蚀性小，镀层结晶细致光亮，钝化膜不易变色，废水处理较为简单，而且可以使用原有的氰化物镀锌设备。其主要缺点是分散能力和覆盖能力比氰化镀锌稍差，镀液的电流效率较低（65%～80%），镀层较厚时有一定脆性。

为提高碱性镀锌镀层质量，研制了不同的添加剂，特别是环氧氯丙烷与有机缩合物的研制成功，得到的镀层结晶细致平整，使镀层质量明显改善，从而使得碱性镀锌获得成功应用。在上述添加剂的基础上再加入第二类光亮剂，就能获得全光亮的镀锌层。

目前，在我国碱性锌酸盐镀锌已得到广泛应用，它和氯化物镀锌已经成为世界上两大无氰镀锌工艺。

（1）碱性锌酸盐镀锌工艺 表1-4是碱性锌酸盐镀锌液的组成及工艺条件。

表1-4 碱性锌酸盐镀锌溶液的组成及工艺条件

组成及工艺条件	1	2	3	4	5
氧化锌(ZnO)/(g/L)	8～12	8～12	8～12	8～12	8～12
氢氧化钠(NaOH)/(g/L)	100～120	100～120	100～120	100～120	100～120
DPE-Ⅲ/(g/L)	4～6			4.5	4～6
ZB-80/(g/L)	2～4				
DE-95B/(g/L)		4～8			
94#/(g/L)			6～8		
KR-7/(g/L)				1.5	
WBZ-3/(g/L)					3～5
温度/℃	10～40	10～40	10～40	10～40	10～40
阴极电流密度/(A/dm²)	0.5～4	1～3	1～4	1～4	0.5～4
阳阴面积比	(1.5～2):1	(1.5～2):1	(1.5～2):1	(1.5～2):1	(1.5～2):1

注：ZB-80是武汉材料保护研究所研制的产品，由浙江黄岩荧光化学厂生产；DE-95B是广州电器科学研究所研制的产品；94#是上海永生助剂厂研制的产品；KR-7是河南开封电镀化工厂的产品；WBZ-3是武汉风帆电镀技术公司的产品。

(2) 镀液的配制与维护

① 镀液的配制　碱性镀液的主要成分是氧化锌和氢氧化钠。氧化锌往往含有较多的杂质，在配镀液之前最好先做一下赫尔槽实验。通常所用的氢氧化钠质量可满足使用要求，但最好选用白色颗粒或片状的，不宜使用块状的或液碱。

将计算量的氢氧化钠用两倍水溶解，加入水后必须立即进行搅拌，不能让其结于槽底。氢氧化钠溶解是放热反应，要注意安全。氢氧化钠全部溶解后，趁热将事先用少量水调成糊状的氧化锌加进去，边加边搅拌，至溶液由乳白色变为黑棕色，此时氧化锌和氢氧化钠全部络合，然后加水至规定体积。最后加入添加剂，即可进行电解处理。电解时阴极挂瓦楞铁板，采用低电流密度（0.1~0.2A/dm²）处理。若氧化锌中杂质较多，槽液配好后先用锌粉处理：加入锌粉2~3g/L，然后过滤，再进行电解处理。

② 镀液的维护和杂质的去除　要注意控制镀液中锌和碱的浓度及比值。镀液中的主添加剂和光亮剂一般是靠经验添加。光亮剂要根据镀层外观酌情添加，要少加勤加。还要注意电极之间的距离和电极的排布，它对镀层是否均匀影响很大。若极间距离太近，凸部易烧焦，凹部却发暗。一般增大两极间距离，有利于金属镀层的均匀分布。电镀复杂件时，两极间距离要保持在200~250mm。为防止电力线集中产生"边缘效应"，阳极的布局应是中间密，两边疏。为避免挂具下端部件被烧焦，阳极总长度要比挂具短100~150cm比较合适。

与氰化物镀锌有所不同的是，碱性锌酸盐镀锌溶液对金属杂质比较敏感，若金属杂质含量较多时，可加入适量的络合剂，如EDTA和酒石酸钾钠等。金属杂质不宜用硫化钠处理，因为氢氧化钠对锌离子的络合能力较弱，如果加入硫化钠过多，则会生成硫化锌白色沉淀，影响镀层质量。少量铜杂质可用低电流密度电解处理，也可加入锌粉或除杂剂来处理。铅杂质也可以采用低电流密度处理，或加入碱性除杂剂。

1.2.2.3　氯化钾（钠）镀锌

氯化钾（钠）镀锌是20世纪80年代初期发展起来的一种光亮镀锌工艺。近几年来，该工艺的发展非常迅速，主要是由于添加剂的开发有了显著的进展。它的主要优点：一是，电流效率高，超过95%，槽电压低，比氰化物镀锌节省用电50%以上。这种镀液成分简单，维护方便，使用温度范围和电流密度宽，镀液的分散能力和覆盖能力较好。氯化钾镀锌的光亮性和整平性超过光亮氰化镀锌和光亮碱性镀锌。氯化钾溶液不含络合剂，属于简单盐镀液，废水处理容易。二是，氯化钾镀锌在电镀过程中逸出的气体很少，一般不需要通风设备，有利于环境保护。另外，由于镀液的电流效率高，相应的氢过电位也高，所以能在铸铁、高碳钢和锻钢上比较容易地得到锌沉积层，这是氰化镀锌和碱性镀锌难以得到的。

氯化钾（钠）镀锌的主要缺点是对添加剂和光亮剂的依赖性比较大，镀液的分散能力和覆盖能力不如氰化物镀锌。另外，由于镀液中含有大量的氯离子，又是弱酸性的，对设备有一定的腐蚀性，所以这类镀液不太适于用在加辅助阳极的深孔和管状部件。

(1) 氯化钾（钠）镀锌工艺　表1-5是氯化钾（钠）镀锌液的组成及工艺条件。

氯化锌是镀液的主盐，它提供金属沉积所需的锌离子，也是一种导电盐，能增加镀液的导电性。氯化钾或者氯化钠主要起导电盐作用。硼酸是一种较好的缓冲剂，用以稳定镀液的pH值。它是镀液中十分重要的组分，特别是滚镀。

如果氯化钾镀液中没有添加剂，所得到的镀层是疏松粗糙呈海绵状的，要想得到结晶致密和光亮的镀层，完全要靠添加剂；因此，在氯化钾镀液中添加剂的质量是决定镀层质量最重要的因素。氯化钾镀锌添加剂，通常也叫光亮剂，根据其作用可分为三种类型：第一种是主光亮剂，有芳香醛、芳香酮以及杂环醛、杂环酮等，主要作用是能吸附在阴极表面，提高阴极极化，使镀层结晶细致、平整和光亮；有的能改善镀液的分散能力和覆盖能力；第二种是载体光亮剂，多是一些非离子型表面活性剂，主要作用是细化镀层结晶和增加主光亮剂的亚苄基丙酮溶解度；第三种是辅助光亮剂，多是一些芳香羧酸、芳香羧酸盐、芳香磺酸和芳香磺酸盐等，主要作用是提高低电流密度区的光亮度，它与主光亮剂相配合，能明显地扩大使用的光亮电流密度范围，以便获得全光亮的镀层。

表 1-5 氯化钾（钠）镀锌溶液的组成及工艺条件

组成及工艺条件	1	2	3	4	5	6
氯化锌($ZnCl_2$)/(g/L)	60~70	60~80	50~70	65~100	60~90	60~70
氯化钾(KCl)/(g/L)	180~220	180~210		180~220	200~230	180~210
氯化钠(NaCl)/(g/L)			180~250			
硼酸(H_3BO_3)/(g/L)	25~35	25~35	30~40	25~35	25~30	25~30
氯锌-1号或2号/(mL/L)	14~18					
70%HW高温匀染剂/(mL/L)						4
CKCl-92A或B/(mL/L)		10~16				
SCZ-87A或B/(mL/L)						4
WD-91/(mL/L)						
BH-50/(mL/L)			15~20			
CZ-96/(mL/L)					A14~16	
CZ-99/(mL/L)					B3~4	
ZB-85/(mL/L)			15~20	15~20		
pH值	4.5~6	5~6	5~6	5~5.6	5~6	5~6
温度/℃	10~55	10~75	15~50	5~55	5~65	5~66
阴极电流密度/(A/dm^2)	1~4	1~4	0.5~4	0.5~3	1~6	1~6

注：氯锌-1号或氯锌-2号，由武汉风帆电镀公司生产；CKCl-92A或B光亮剂，由河南电镀化工厂生产；BH-50光亮剂，由广州二轻所生产；ZB-85光亮剂，由武汉材料保护研究所研制；CZ-96和CZ-99光亮剂，由上海永生助剂厂生产；SCZ-87A光亮剂和HW高温匀染剂，由无锡栈桥助剂厂生产。

(2) 镀液的配制　先将计算量的氯化钾（或氯化钠）和硼酸分别用热水溶解后加入到槽内；然后将计算量的氯化锌用少量水溶解后也加入到槽内；最后将选定好的添加剂和光亮剂也加入到槽中，加水至规定体积，搅拌均匀，调pH值到工艺范围内，过滤后，进行低电流密度（0.1~0.3A/dm^2）电解处理数小时，即可进行试镀。在配制溶液时要注意药品的质量，特别是氯化锌的质量，常含有较多的铜和铅等杂质，这会严重影响镀层质量，使低电流密度区镀层发黑。

1.2.3 镀锌后处理

(1) 除氢处理　镀件在经过酸洗、阴极电解脱脂及电镀过程中都可能在镀层和基体金属的晶格中渗氢，从而造成晶格扭曲变形，使内应力增加，产生"氢脆"。氢脆对材料的力学性能危害比较大，特别对一些高强钢和弹簧钢等材料尤甚，如不除去，不仅影响部件的寿命，甚至会造成严重破坏事故。因此某些钢材和用于特殊条件下的部件，必须进行除氢处理。

除氢通常用热处理法。除氢的效果与除氢的温度和保温的时间有密切关系。一般来说，温度高和时间长，除氢较彻底。通常使用的温度为190~230℃，保温2~3h，甚至更长些。

(2) 钝化处理　为了提高镀锌层的耐蚀性，增加其装饰性，改进金属基体与涂料的结合力，通常都要进行钝化处理，以便在镀锌层上形成一层化学转化膜。一般镀锌层都采用铬酸盐钝化处理的方法，形成钝化膜的厚度大致在0.5μm以内，虽然这层钝化膜非常薄，但可使镀锌层的耐蚀性明显提高，一般可提高6~8倍，并赋予锌层美丽的外观及抗污染能力。

1.3 电镀镍工艺

1.3.1 概述

镍是银白而略带微黄色的金属，质坚硬，具有磁性和良好的塑性。有好的耐蚀性，在空气中不易被氧化，又耐强碱。镍是面心立方结构，每个晶胞含有四个金属原子，晶胞参数 $a=b=c=3.524Å$（$1Å=0.1nm$，下同），$α=β=γ=90°$。

镍镀层用途十分广泛，其生产量仅次于锌镀层而居第二位。它对钢铁基体是阴极性防护层，不起电化学保护作用，因此，单层镍不宜作为防护层，一般用于防护装饰层的中间层。镍镀层有良好的抗氧化性能，在 300～600℃ 条件下，可以防止零件氧化。而且镍在常温下具有磁性，但是当加热到 360℃ 时便失去磁性。另外，镍镀层还可以防止渗氮，新的镍镀层还可以接受钎焊。镍镀层能耐强碱，与盐酸或硫酸作用缓慢，但易溶于硝酸。与醋酸、油类接触后表面会出现斑痕。因此，镍镀层不宜用在以硝酸为基的氧化剂介质和矿物油中工作的零件上。在浓的过氧化氢介质中工作的零件也不宜镀镍。

基于上面镍镀层的特性，镍镀层主要用于：防护装饰层的中间层，改善不锈钢的钎焊性能，改善不锈钢和高温合金与其他镀层的结合力，防止零件在 300～600℃ 条件下工作时氧化，作为镍镉扩散镀层的底层，防护装饰的电器、仪表零件，承受轻摩擦的零件，氧气系统的防护镀层（铜及铜合金基体），防止燃气腐蚀（铝及铝合金基体）。

电镀镍根据工艺分类，可分为硫酸盐、硫酸盐-氯化物、氯化物三种。根据镀层的外观，可分为镀暗镍、半光亮镍、光亮镍、黑镍和砂镍等。根据镀层的功能可分为保护镍镀层、装饰性镍镀层、耐磨镍镀层、电铸镍、镍封闭等。

1.3.2 电镀瓦特镍和高氯化物镍（无添加剂）

1843 年 Bottger 开发了第一种实用的电镀镍配方，一种硫酸镍、硫酸铵的水溶液，在工业上应用已达 70 年之久，他被认为是电镀镍的开创者。随后有一些改进发展，直到 1916 年 Wisconsin 大学的瓦特（Watts）教授用硫酸镍、氯化镍和硼酸组成一种电解液并确定了电镀镍溶液的配方，这个配方高效高速，最终取代了其他溶液，今天仍然广泛使用，瓦特溶液对现代镀镍技术发展的影响不容忽略，装饰性镀镍溶液是由瓦特溶液演化而来的。表 1-6 为瓦特镀镍和高氯化物镀镍的配方和工艺。

表 1-6 瓦特液和高氯化物电镀工艺

组成及工艺条件	瓦特液	高氯化物
硫酸镍($NiSO_4·7H_2O$)/(g/L)	300	90
氯化镍($NiCl_2·6H_2O$)/(g/L)	60	200
硼酸(H_3BO_3)/(g/L)	40	40
润湿剂	适量	适量
温度/℃	50～65	50～65
pH 值	3.5～4.5	3.5～4.5
电压/V	挂 9～18，滚 9～24	挂 9～18，滚 9～24
阴极电流密度/(A/dm^2)	挂 2～11，滚最高 1.5	挂 2～16，滚最高 1.5
阳极电流密度/(A/dm^2)	挂 1～5，滚最高 1	挂 1～5，滚最高 1
空气搅拌/阴极移动	需要	需要

无添加剂电镀镍的镍镀层纯度高，适于做镀后需要高温处理的镀层，如某些电子零件的电镀，但镀层结晶比较粗，孔隙率比较高。当前用量最多的半光亮、光亮镀镍溶液也是以瓦

特溶液为基础液，加入添加剂而得的。高氯化物镀液允许使用的电流密度高，沉积速率快，若不含硫酸镍，可成为全氯化物镀液。

1.3.2.1 镀液成分和工艺条件

（1）镀液各成分

① 镍盐　镍离子的主要来源可以是硫酸镍、氯化镍、氨基磺酸镍等，一般含镍 52～70g/L。Ni^{2+} 浓度高，可提高允许电流密度和镀层的沉积速度，但浓度过高会导致低电流区无镀层，镀液分散能力降低。Ni^{2+} 浓度太低，导致沉积速率降低，严重时高电流区烧焦。

② 阳极活化剂　卤素离子如 Cl^- 等可作为阳极活化剂，促进阳极溶解，防止阳极钝化。常用的活化剂有氯化钠、氯化镍、溴化镍等，但溴化镍价格高。

③ 缓冲剂　硼酸是镀镍溶液最好的缓冲剂，一般在镀液中取 30～50g/L 为宜。硼酸的缓冲作用是通过 H_3BO_3 的电离来维持的。硼酸是弱酸，它在水溶液中可进行三级电离，维持了镀液 pH 值的稳定。

④ 润湿剂　润湿剂由表面活性剂组成，它具有降低镀液表面张力功能，使电镀过程中产生的氢气泡难以滞留在阴极表面，从而防止产生针孔麻点。在无空气搅拌的镀液中，可使用十二烷基硫酸钠 0.1g/L，在有空气搅拌的镀液中，应使用低泡润湿剂，如二乙基己基硫酸钠等。

（2）工艺条件

① pH 值　pH 值对镍的沉积过程及所获得镍层的力学性能影响较大。pH 值升高，阴极电流效率高，镀液的分散能力好，但 pH 值太高会导致阴极附近出现碱式镍盐的沉积，使镀层产生夹杂物，导致镀层粗糙、毛刺和脆性。pH 值太低，阴极电流效率低，容易产生针孔，严重时大量析出氢气，低电流区无镀层。pH 值需严格控制，调 pH 值可用稀硫酸和碱式碳酸镍。

② 温度　提高温度对降低镀层内应力有利。提高温度就提高了溶液中离子的迁移速率，改善了镀液电导，从而改善了镀液的分散能力，扩大了电流密度范围，一般以 50～60℃ 为宜。

③ 电流密度　电流密度范围取决于镀液的组成、pH 值、工作温度以及添加剂等因素。在正常工作时，随着电流密度升高，电流效率也提高。通常在主盐浓度高、温度高、搅拌和 pH 值适当时，允许的电流密度也高，沉积速度也快。

④ 搅拌　搅拌可防止产生浓差极化，使镀液沉积速度稳定，允许使用较高的电流密度。搅拌方式可采用阴极移动（15～20 次/min）、空气搅拌、连续过滤，或者三者相配合。

⑤ 过滤　镀镍应采用连续过滤，使镀液保持清澈。当空气搅拌时必须有连续过滤配合。过滤机可以是滤芯式或滤袋式的，过滤速度一般每小时 2～8 次，过滤精度 5～10μm。

⑥ 阳极　常规镀镍均采用可溶性镍阳极。理想的阳极要能够均匀溶解，不产生杂质进入镀液，不形成任何残渣。因此对阳极材料的成分及阳极的结构有严格要求。目前盛有镍球（角）的钛篮作为阳极已相当普遍。另外，一种含硫的镍阳极，它是活性镍阳极，由于精炼过程时加入少量的硫，它能使阳极溶解均匀，即使在没有氯化物的镀液中，也能使阳极效率达 100%，阳极所含的硫并未进入镀液而是以不溶性硫化镍残渣形式留在阳极袋中。

1.3.2.2 镀液的配制

（1）在备用槽中，注入约 1/2 容积的去离子水，加热到 55～60℃，放入计量的硫酸镍、氯化镍和约 1/2 量的硼酸，使它们溶解。

（2）加入活性炭粉 3g/L，搅拌 2h，静置、过滤，将清澈溶液转入工作槽中。

(3) 加水至接近工作体积,逐步加入其余量的硼酸使其溶解,调 pH 为 2.5~3。

(4) 在 50~60℃下,用瓦楞形阴极,通小电流(0.3~0.5A/dm²)电解数小时,直至阴极面上颜色均匀一致为止,一般通电量需达 4A·h/L。

(5) 根据所选用的工艺要求,加入添加剂,调整液位,分析镀液成分,调整 pH 值、温度,试镀。

1.3.3 电镀镍的添加剂

镀镍的添加剂包括:镀镍光亮剂、润湿剂、除杂剂等,而光亮剂又分初级光亮剂(第Ⅰ类光亮剂)、次级光亮剂(第Ⅱ类光亮剂)和辅助光亮剂。

初级光亮剂是分子结构中含有不饱和基团的芳香族化合物。主要作用是显著减小晶粒尺寸,使晶粒细化。但单独使用不能获得完全光亮镀层,只能获得半光亮略带雾状的镀层。如果与次级光亮剂配合使用,可以获得平整、光亮、脆性低的镀层。

次级光亮剂的结构特征是含有双键或者三键的不饱和化合物。与初级光亮剂配合,可产生全光亮的镀层。次级光亮剂能使镀层产生明显的光泽,但同时带来镀层的张应力和脆性及对杂质的敏感性,其用量需严格控制。

辅助光亮剂的结构中有 C=C、C≡C 键,与初级光亮剂有共性,但它多数是不饱和脂肪族化合物。它对镀层光亮仅起辅助作用,对改善镀层的覆盖能力,降低镀液对金属杂质的敏感性有利。在辅助光亮剂中含有活性硫,电沉积时硫能在镀层中被引入。

1.3.4 典型的镀镍工艺

1.3.4.1 光亮镍和半光亮镀镍

光亮镍镀层是当今镀镍用量最大的电镀层之一。光亮镍镀层是以瓦特镍镀液为基础,加入添加剂而获得的光亮平整的镍镀层。全光亮镍镀层由于硫的周期性共沉积而为层状结构。

镀光亮镍有很多优点:它不仅可以省去繁重的抛光工序,改善操作条件,节约电镀和抛光材料,还能提高镀层的硬度,便于实现自动化生产。缺点是镀光亮镍层中含硫,内应力和脆性较大,耐蚀性不如镀暗镍层。为了克服这些缺点,可以采用双层、三层镀镍工艺,使镀层的力学性能和耐蚀性得到显著的改善。表 1-7 是光亮镀镍典型的配方和工艺。

表 1-7 典型的光亮镀镍工艺

组成及工艺条件	1	2
硫酸镍($NiSO_4 \cdot 7H_2O$)/(g/L)	250~300	250~300
氯化镍($NiCl_2 \cdot 6H_2O$)/(g/L)	40~60	50~60
硼酸(H_3BO_3)/(g/L)	40~50	40~50
糖精($C_6H_5COSO_2NH$)/(g/L)	0.5~1	
丁炔二醇($C_4H_6O_2$)/(g/L)	0.3~0.5	
十二烷基硫酸钠($C_{12}H_{25}SO_4Na$)/(g/L)	0.05~0.2	
添加剂/(mL/L)		适量
pH 值	3.8~4.4	3.8~4.5
温度/℃	50~55	50~65
阴极电流密度/(A/dm²)	2~5	1~10
搅拌	阴极移动	空气搅拌或阴极移动
过滤	需要	连续

半光亮镍镀层含硫质量分数<0.005%,伸长率一般大于 8%,它是工程镀镍中多层镍的底层,也可以单独使用。半光亮镍镀层的结构为柱状结构。电镀半光亮镀镍工艺见表 1-8。

表 1-8 典型的半光亮镀镍工艺

组成及工艺条件	1	2	3
硫酸镍($NiSO_4 \cdot 7H_2O$)/(g/L)	260~300	240~280	250~320
氯化镍($NiCl_2 \cdot 6H_2O$)/(g/L)	30~40	45~60	30~45
硼酸(H_3BO_3)/(g/L)	35~40	30~40	35~40
糖精($C_6H_5COSO_2NH$)/(g/L)	0.5~1		
1,4-丁炔二醇($C_4H_6O_2$)/(g/L)	0.2~0.3	0.2~0.3	
香豆素($C_9H_6O_2$)/(g/L)	0.15~0.3		
聚乙二醇($n=20$)/(g/L)	0.01		
十二烷基硫酸钠($C_{12}H_{25}SO_4Na$)/(g/L)	0.01~0.03	0.01~0.02	
添加剂			适量
pH 值	3.8~4.2	4.0~4.5	3.8~4.5
温度/℃	55~60	45~50	50~60
阴极电流密度/(A/dm²)	3~4	3~4	1~6
搅拌	阴极移动	阴极移动	空气搅拌或阴极移动
过滤	需要		需要

1.3.4.2 镍封

(1) 镍封工艺　镍封又称作镍封闭,它是复合镀镍工艺,是在镀光亮镍镀液中加入直径 0.02μm 左右的不溶性固体微粒(如二氧化硅、三氧化二铝等),在促进剂的作用下,使其与镍共沉积而形成。镍封镀于光亮镍上,镀层厚度 1~2μm。在镍封镀层上镀以 0.2~0.5μm 铬镀层,就得到了微孔铬镀层。典型的镍封工艺见表 1-9。

表 1-9 镍封工艺

组成及工艺条件	1	2	3
硫酸镍($NiSO_4 \cdot 7H_2O$)/(g/L)	300~350	300~350	200~250
氯化镍($NiCl_2 \cdot 6H_2O$)/(g/L)	25~35		50~100
氯化钠(NaCl)/(g/L)		10~15	
硼酸(H_3BO_3)/(g/L)	40~45	35	40~45
糖精($C_6H_5COSO_2NH$)/(g/L)	2.5~3	0.8~1	
1,4-丁炔二醇($C_4H_6O_2$)/(g/L)	0.4~0.5		
乙二胺四乙酸钠(2NaEDTA)/(g/L)		0.3~0.4	
聚乙二醇/(g/L)	0.15~0.2		
二氧化硅/(g/L)	50~100	10~25	
镍封粉/(g/L)			15~20
添加剂		适量	适量
pH 值	3.8~4.2	4.0~4.5	3.8~4.5
温度/℃	55~60	50~55	50~60
阴极电流密度/(A/dm²)	3~4	2~5	0.5~2
搅拌	空气搅拌	激烈搅拌	空气搅拌
时间/min	3~5	1~5	0.5~2

注:2 号为上海长征电镀厂工艺,3 号为达成洋行工艺。

(2) 镍封操作注意事项
① 所选择的微粒必须具有良好的分散性、悬浮性和抗凝聚性。
② 镀液搅拌必须合理均匀。促进剂选择要适当,以利于微粒分散,并与镍共沉积。
采用一般的机械搅拌和阴极移动,效果不佳。比较适用的是采用具有圆斗形槽底的镀槽,以槽底送入空气搅拌,或者从槽底送入溶液,同时吸入一部分空气,进行搅拌,使非金属颗粒均匀悬浮在溶液中。送入的空气必须净化。零件在挂具上必须扣紧,悬挂位置尽量使

非金属颗粒能在零件表面上均匀分布。

③ 在镍封镀层上镀铬时，非导体颗粒上无铬沉积，从而得到微孔铬。铬镀层上微孔的密度在 20000～80000 孔/cm² 的镀层耐蚀性好。超过上限，镀层光亮度受到影响而出现倒光现象，低于下限，则抗蚀能力不够。

④ 镍封工艺在实施过程中，因为镀液中有悬浮的微粒，故对镀液的净化、除杂带来困难。一般是将微粒和镀液分离，再分别进行净化，或在微粒用到一定时间后弃之更换新颗粒，只净化镀液。

1.3.4.3 多层镍

单层光亮镍由于共沉积了活性硫，活性增加，耐蚀性变差；寻找高防腐蚀性能膜层工艺方法，促进了半光亮镍的发展，由于半光亮镍不含硫，耐蚀性能好，但镀后必须抛光才能达到全光亮。后来设想联合使用半光亮、光亮镍来免除抛光的操作费用，促进了双层镍镀层的发展。事实上，双层镍镀层在工业应用后表明，装饰性双层镍镀层比相同厚度的单层光亮镍镀层的耐蚀性好得多，随后又引入了三层镍镀层。

(1) 双层镍　双层镍是由半光亮镍和光亮镍两层组成，半光亮镍厚度占总厚度的60%～80%。对铁基体而言，半光亮镍层厚度取高限；对锌基体而言，半光亮镍层厚度取低限。

电镀双层镍的外层是全光亮镍，含硫量大于 0.04%，而底层是半光亮镍，含硫量小于 0.005%。由于外层和底层的含硫量不同，它们在腐蚀介质中的腐蚀电位也不同。镍镀层的含硫量越高，腐蚀电位越低。当控制半光亮镍层与全光亮镍层间的腐蚀电位差在120mV 以上时，腐蚀一旦发生，半光亮镍层与全光亮镍层构成的腐蚀原电池中，表层全光亮镍层将成为阳极而优先腐蚀，使腐蚀在全光亮镍层中横向发展，从而保证了电镀双层镍具有优良的耐蚀性。光亮镍起牺牲性保护作用，使双层镍镀层对基体的保护能力高于同样厚度的单层镍。

(2) 三层镍和四层镍　三层镍的组合主要包括半光亮镍/高硫镍/光亮镍、半光亮镍/光亮镍/镍封/微孔铬等；四层镍主要包括半光亮镍/光亮镍/高应力镍/微裂纹铬、半光亮镍/光硫镍/光亮镍/微孔铬等。

其中，在电镀双层镍之间再镀一薄层含硫量更高的高硫镍层而组成的电镀三层镍，高硫镍层的含硫量为 0.1%～0.2%，其腐蚀电位在三层中最低。通过控制三层镍中各层的含硫量使高硫镍层与半光亮镍层间的腐蚀电位差达到 240mV，高硫镍层与全光亮镍层间的腐蚀电位差为 80～100mV 时，腐蚀一旦发生，高硫镍层将取代全光亮镍层成为腐蚀原电池的阳极而优先腐蚀，使腐蚀在高硫镍层中横向发展，从而保证了电镀三层镍即使在厚度很薄时仍具有很好的耐蚀性。

电镀三层镍中，一般半光亮镍层厚度不应小于总厚度的 50%，高硫镍层的厚度应低于或等于总厚度的 10%，全光亮镍层的厚度应不少于总厚度的 20%，尽管高硫镍层与半光亮镍层和全光亮镍层间均有很好的结合力，但若多层电镀之间，镀层在空气中停留时间过长或清洗次数太多使镀层表面发生钝化，将降低多层镍间的结合力，生产中应加以注意。

1.3.4.4 电铸镍

利用金属的电解沉积原理来精确复制某些复杂或特殊形状工件的特种加工方法，称为电铸。它是电镀的特殊应用。电铸是俄国学者 Б.С. 雅可比于 1837 年发明的。最初主要用于复制金属艺术品和印刷版，19 世纪末开始用于制造唱片压模，以后应用范围逐步扩大。

图 1-6 为电铸的基本原理。把预先按所需形状制成的原模作为阴极，用电铸材料作为阳极，一同放入与阳极材料相同的金属盐溶液中，通以直流电。在电解作用下，原模表面逐渐沉积出金属电铸层，达到所需的厚度后从溶液中取出，将电铸层与原模分离，便获得与原模

形状相对应的金属复制件。

它的基本原理和电镀相同。但是，电镀时要求得到与基体结合牢固的金属镀层，以达到防护、装饰等目的，而电铸层要和芯模分离，其厚度也远大于电镀层。

电铸和一般机械加工工艺相比有很多优点。

（1）能把机械加工较困难的零件内表面转化为芯模外表面，能把难成型的金属转化为易成型的芯模材料（如蜡、树脂等），因而能制造用其他方法不能（或很难）制造的特殊形状的零件。

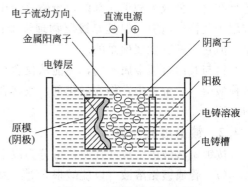

图 1-6　电铸的基本原理图

（2）能准确地复制表面轮廓和微细纹路。

（3）改变溶液组成和工作条件，使用添加剂，能使电铸层的性能在宽广的范围内变化，以适应不同的需要。

（4）能够得到尺寸精度高、表面光洁度好的产品。同一芯模生产的电铸件一致性好。

（5）能得到纯度很高的金属制品（电解金属）、多层结构的构件，并能把各种金属、非金属部件拼镀成一个整体。

由于有上述特点，电铸的主要用途是精确复制微细、复杂和某些难于用其他方法加工的特殊形状模具及工件等，例如制作纸币和邮票的印刷版、唱片压模、铅字字模、玩具滚塑模、模型模具、金属艺术品复制件、反射镜、表面粗糙度样块、微孔滤网、表盘、电火花成型加工用电极、高精度金刚石磨轮基体等。但是，电铸也有一些缺点如生产周期长，成本比较高，厚度很难均匀，并且会把芯模上的伤痕带到产品上。

原模的材料有石膏、蜡、塑料、低熔点合金、不锈钢和铝等。原模一般采用浇注、切削或雕刻等方法制作，对于精密细小的网孔或复杂图案，可采用照相制版技术。非金属材料的原模须经导电化处理，方法有涂敷导电粉、化学镀膜和真空镀膜等。

电铸的金属通常有铜、镍和铁 3 种，有时也用金、银、铂、镍-钴、钴-钨等合金，但以镍的电铸应用最广。电铸层厚度一般为 0.02～6mm，也有厚达 25mm 的。电铸件与原模的尺寸误差仅几微米。

1.4　电镀铬工艺

1.4.1　概述

铬的晶体结构是体心立方，晶胞参数 $a=b=c=2.91$Å，$\alpha=\beta=\gamma=90°$，是一种带微蓝色调的银白色金属。铬镀层的化学稳定性好，反光性好，在一般大气环境中能长期保持光泽而不变色。铬表面憎水、憎油，不易被污染，而且镀层硬而不易被划伤。广泛用于防护装饰性镀层和功能性耐磨损镀层。装饰铬镀层厚度为 $0.25～0.5\mu m$，包括普通装饰铬、微孔铬、微裂纹铬、乳白铬、黑铬，可以镀在镍镀层、铜、钢铁基体上。硬铬镀层厚度 $10～1000\mu m$，主要用于工、模、量、卡、切削工具以及内燃机曲轴、印花滚筒等磨损零件。硬铬镀层经过处理生成松孔铬镀层，抗蚀能力更佳。

镀铬溶液分为两大类：六价铬镀液和三价铬镀液。前者为传统镀铬，已沿用近百年，但由于六价铬对人体和环境的危害，人们在不断寻求改变和取代它。最早最普通的工业镀铬工艺是在含一种或多种催化剂的六价铬溶液中电镀。在20世纪70年代,三价铬溶液就成功地应用于装饰性电镀,但其厚镀层物理性能的局限而受到限制。三价铬镀层尽管还有很多不足,但它还是有发展前景的。

铬与其他可镀金属不同,不能从仅含有金属离子的溶液中沉积,镀铬工艺必须含一种或多种酸根(六价铬中,作为催化剂)或络合物(三价铬中使用)来诱发或帮助金属铬在阴极的沉积。

1.4.2 镀铬溶液分类

按镀铬溶液的组成和性质,可分为以下几类。

(1) 普通镀铬溶液 以硫酸根 SO_4^{2-} 为催化剂的镀铬溶液,主要组成是铬酐 CrO_3 和硫酸(100∶1),铬酐的浓度在 150~450g/L。这类镀液成分简单,使用方便,是目前应用最为广泛的镀铬溶液。

(2) 复合镀铬溶液 催化剂包括硫酸和氟硅酸,氟硅酸的加入改善了镀液的电流效率和覆盖能力以及光亮范围。

(3) 自动调节镀铬溶液 催化剂包括硫酸锶、氟硅酸钾。在一定温度和浓度的铬酐溶液中,$SrSO_4$ 和 K_2SiF_6 各自存在着沉淀溶解平衡,并分别有一定溶度积常数 K_{sp},即

$$SrSO_4 \Longleftrightarrow Sr^{2+} + SO_4^{2-}, \quad K_{sp}(SrSO_4) = [Sr^{2+}][SO_4^{2-}]$$

$$K_2SiF_6 \Longleftrightarrow 2K^+ + SiF_6^{2-}, \quad K_{sp}(K_2SiF_6) = [K^+]^2[SiF_6^{2-}]$$

当 $[SiF_6^{2-}]$ 或 $[SO_4^{2-}]$ 升高时,$[K^+]^2[SiF_6^{2-}] > K_{sp}(K_2SiF_6)$ 或者 $[Sr^{2+}][SO_4^{2-}] > K_{sp}(SrSO_4)$,过量的 SO_4^{2-} 或 SiF_6^{2-} 便生成 $SrSO_4$ 或者 K_2SiF_6 沉淀析出。

当 $[SiF_6^{2-}]$ 或 $[SO_4^{2-}]$ 不足时,槽内的 $SrSO_4$ 或者 K_2SiF_6 沉淀溶解,直至相应的离子浓度乘积等于其溶度积为止。

所以当镀液温度以及 $[CrO_3]$ 一定时,$[SiF_6^{2-}]$ 或 $[SO_4^{2-}]$ 可通过溶解沉淀平衡而自动调节,不随电镀过程的持续而变化。

(4) 快速镀铬溶液 在普通镀铬溶液的基础上添加硼酸和氧化镁。该溶液允许使用较高的电流密度,从而提高了沉积速度。

(5) 四铬酸盐镀铬溶液 这种镀铬溶液铬酐浓度较高,除加有硫酸外,还加有氢氧化钠和氟化钠,以提高阴极极化作用,用糖作为还原剂,以稳定三价铬;添加柠檬酸钠,以隐蔽铁离子。这种溶液具有电流效率高、沉积速率快、均镀能力强、溶液不需加热、镀槽不需衬铅等优点,但镀层光亮度差,镀后须经抛光,才能达到装饰性镀铬的要求。

(6) 三价铬镀铬 六价铬的毒性大,对环境污染严重。镀铬溶液大量使用铬酐,是电镀行业含铬废水的主要污染源。这一问题已经引起人们普遍的关注,各国政府也加强了立法管理,如美国对六价铬的排放标准已从 0.05mg/L 降到 0.01mg/L,并从1997年起开始执行。六价铬镀铬液的电流效率低和覆盖能力差也是一个问题。为了从根本上减轻污染和提高电流效率及覆盖能力,三价铬镀铬工艺越来越受到人们的青睐。

三价铬电镀最难解决的是阳极问题,这是因为六价铬离子在三价铬镀铬溶液中是一种有害的杂质。而在电镀过程中,阳极上会有氧气产生,这样槽液中的三价铬离子就会氧化成六价铬离子。早期的三价铬镀铬多用石墨作阳极,但石墨析氧过电位比较高,致使三价铬容易被氧化成六价铬。后来有用铁氧体、铂和钛板上镀铂的阳极。铂是一种非常昂贵的金属,在实验室上使用是可以的,但要用在工业生产上就不太现实了。铁氧体价低,表面由于多孔,表面积非常大,因而阳极电流密度就小了,这样镀液中的三价铬就不容易氧化成六价铬。在

此基础上，再配上好的络合剂和还原剂，也能解决三价铬在阳极上的氧化问题。

1981年，英国Canning公司开发了硫酸盐的环保铬的三价铬镀铬工艺。该工艺采用选择性离子隔膜将阴极区域和阳极区域分开，这样可避免阳极板上氧化成的六价铬对三价铬镀液带来的危害。

（7）稀土镀铬溶液　稀土镀铬溶液一般有三种催化剂，这就是稀土、硫酸和氟离子。硫酸和氟离子组合是我们前面提到的复合镀铬的催化剂。它们共同存在时，可提高镀铬液的电流效率，在这种溶液中加入一种或几种稀土元素后，还能提高镀液的覆盖能力；同时可允许镀液在较低的温度条件下工作。

1.4.3　典型镀铬工艺

铬电镀的种类有：防护-装饰性镀铬（普通镀铬、微裂纹铬和微孔铬）、镀硬铬、镀乳白铬、松孔镀铬、镀黑铬。下面分别简单介绍一下。

1.4.3.1　防护-装饰镀铬

装饰性镀铬是镀铬工艺中应用最多的。装饰镀铬的特点是：①要求镀层光亮；②镀液的覆盖能力要好，零件的主要表面上应覆盖上铬；③镀层厚度薄，通常在$0.25\sim0.5\mu m$之间，国内多用$0.3\mu m$。为此装饰镀铬常用$300\sim400g/L$的高浓度，近些年来加入稀土等添加剂，浓度可降至$150\sim200g/L$，覆盖能力、电流效率明显提高，是研究开发和工业生产应用的发展方向。

防护-装饰镀铬广泛用于汽车、自行车、日用五金制品、家用电器、仪器仪表、机械、船舶舱内的外露零件等。经抛光的铬层有很高的反射系数，可作反光镜。

按照国际ISO标准，防护-装饰性镀铬标记方法如下。

分类标记构成：

Fe——基体金属钢铁的化学符号；

Cu——铜的化学符号，数字表示铜镀层最低厚度（μm）；

Ni——镍的化学符号，数字表示镍镀层最低厚度（μm）。

表示镍镀层类型的符号：

b——光亮镍镀层；

p——暗镍或半光亮镍镀层，欲得到全光亮镀层，需抛光；

d——双层或三层镍镀层；

Cr——铬的化学符号。

表示铬镀层类型及其最低厚度的字符：

r——普通（标准）铬；

f——无裂纹铬；

mc——微裂纹铬；

mp——微孔铬。

分类标记示例：在钢铁基体上由不同厚度的铜$20\mu m$（最低）、光亮镍$25\mu m$（最低）和微裂纹铬$0.3\mu m$（最低）构成的镀层的分类标记可写成Fe/Cu20/Ni25b Cr mc0.3。

其中，最低厚度，指零件主要表面上能被直径20mm的球接触到的任何一处镀层厚度必须达到的最小值。主要表面，指零件上的某些表面，该表面上的镀层对于零件的外观和使用性能起主要作用。无裂纹铬（Cr f），按ISO规定的试验方法检查时不出现裂纹。微裂纹铬（Cr mc），按ISO规定的试验方法检查时，有效面所有方向上每厘米长度可有250条以上的裂纹，裂纹呈网孔状结构。微孔铬（Cr mp），按ISO规定的试验方法检查时，微孔密度至少为 10000 孔/cm² 以上。

(1) 一般防护-装饰性镀铬　一般的防护-装饰性镀铬采用普通镀铬液，主要用于室内环境使用的产品。具体工艺见表 1-10。

表 1-10　普通镀铬溶液组成及工艺条件

组成	低浓度	中等浓度	高浓度
铬酐/(g/L)	150～180	205～280	300～350
硫酸/(g/L)	1.5～1.8	2.5～2.8	3～3.5
温度/℃	55～60	45～55	45～55
电流密度/(A/dm²)	30～50	15～30	15～35

(2) 高耐蚀性镀铬　采用特殊工艺改变镀铬层结构，从而提高镀层的耐蚀性，得到高耐蚀性的防护性铬镀层，该镀层适用于室外条件要求苛刻的场合。

从标准溶液中得到的普通防护装饰性铬镀层只有 $0.25\sim0.5\mu m$。当厚度大于 $0.5\mu m$ 时，镀层出现不均的粗裂纹，在腐蚀介质中铬镀层是阴极，裂纹处的底层是阳极，因此遭受腐蚀的总是裂纹处的底层或者基体金属。由于裂纹处暴露出的底层金属面积与铬镀层面积相比很小，腐蚀电流密度很大，且腐蚀一直向纵深发展。但是普通铬镀层不可避免地出现裂纹，为了防止发生上述情况，可以采用改变微裂纹结构的方法来减缓腐蚀。20 世纪 60 年代中期开发出了高耐蚀性的微裂纹铬和微孔铬，由于众多的微孔和微裂纹的存在，暴露出来的底层面积增加，数目分散，使得电流密度降低，腐蚀速率降低，从而提高了耐蚀性。

微裂纹铬镀层是指表面具有数目众多、分布均匀的、很细微裂纹的铬镀层。微裂纹密度为 300～400 条/cm²。微孔铬镀层是指表面具有数目众多、分布均匀的微小孔隙的铬镀层，微孔密度为 (1～3) 万个/cm²。这些微裂纹和微孔是肉眼看不到的。由于铬镀层具有众多的裂纹或孔，暴露出来的镍层面积增大但又很分散，遇到腐蚀介质时，腐蚀电流也被高度分散，使镍层表面上的腐蚀电流密度大大降低，腐蚀速率也大为减缓，从而提高了组合镀层的耐蚀性，还可以使镍层的厚度减少 $5\mu m$。

(3) 微裂纹铬

① 在光亮镍镀层上镀一层 $0.5\sim0.3\mu m$ 高应力镍，然后再在这层高应力镍层上镀 $0.25\mu m$ 普通装饰铬，由于高应力镍层的内应力和铬层内应力相叠加，就能在每厘米长度上获得 250～1500 条分布均匀的网状微裂纹铬。高应力镍是在高浓度氯化镍镀镍溶液中添加适量的高应力添加剂和光亮剂获得的。

② 在普通镀铬电解液中加入少量 SeO_4^{2-}，可得到内应力很大的铬镀层，由于高内应力的作用，使铬镀层产生分布均匀的微裂纹而形成的微裂纹铬镀层，其镀液组成及工艺条件如下：

铬酐（CrO_3）　　　　　　　250g/L　　　温度　　　　　　　　43～45℃
硫酸（H_2SO_4）　　　　　　2.50g/L　　　阴极电流密度　　　　15～20A/dm²
硒酸钠（$Na_2SO_4\cdot 10H_2O$）0.005～0.013g/L

在添加 SeO_4^{2-} 的镀液中得到的铬镀层带有蓝色。SeO_4^{2-} 含量越高，镀层的蓝色越重。

③ 采用双层镀铬法获得微裂纹镀层。先镀覆一层覆盖能力好的铬镀层，然后再在含氟化物的镀铬溶液中镀覆一层微裂纹铬层。双层法电镀微裂纹铬镀层的工艺列于表 1-11 中。双层法的缺点是需要增加设备，电镀时间长，电能消耗多。

表 1-11　双层法电镀微裂纹铬溶液组成及工艺条件

电解液组成及工艺条件	第一层	第二层	电解液组成及工艺条件	第一层	第二层
铬酐(CrO_3)/(g/L)	335~375	165~195	温度/℃	46~62	49~54
硫酸(H_2SO_4)/(g/L)	3035~3075	0.91~1.1	阴极电流密度/(A/dm²)	11~16	10~12
氟(F)/(g/L)		1.5~2.2			

(4) 微孔铬　目前使用最多的电镀微孔铬的方法是在镍封层上镀 $0.25\mu m$ 普通装饰铬镀层。此法是在光亮镍镀层上沉积一层厚度不超过 $0.5\mu m$ 的镍基复合镀层。复合镀层中均匀地弥散着粒径在 $0.5\mu m$ 以下的不导电微粒。常用的微粒有硫酸盐、硅酸盐、氧化物、氮化物及碳化物等。复合镀层中微粒含量达 2%~3%。由于微粒不导电，在镀铬过程中微粒上没有电流通过，其上面也就没有金属铬沉积，结果就形成了无数微小的孔隙，密度可达每平方厘米一万个以上。

1.4.3.2　镀硬铬

镀硬铬是一种功能性电镀，主要是利用铬的性质以提高机械零件的硬度、耐磨、耐温和耐蚀等性能。如工、模、量、卡具；机床、挖掘机、汽车、拖拉机主轴；切削刀具等镀硬铬。镀硬铬的厚度一般都较厚，可以从几微米到几十微米，甚至到达毫米的量级。

在一定条件下沉积的铬镀层具有很高硬度和耐磨损性能，硬铬的维氏硬度达到 900~1200kgf/mm² (1kgf=9.80665N，下同)，镀硬铬可用于修复被磨损零件的尺寸公差。严格控制镀铬工艺，准确地按规定尺寸镀铬，镀后不需再进行机械加工的则称为尺寸镀铬法。

1.4.3.3　乳白铬

在较高温度（65~75℃）和较低电流密度下（20A/dm²±5A/dm²）获得的乳白色的无光泽的铬称为乳白铬。镀层韧性好，硬度较低，孔隙少，裂纹少，色泽柔和，消光性能好，常用于量具、分度盘、仪器面板等镀铬。

在乳白铬上加镀光亮耐磨铬，称为双层镀铬。在飞机、船舶零件以及枪炮内腔上得到广泛应用。

1.4.3.4　镀松孔铬

承受重负荷的机械摩擦零件，如内燃机活塞环、气缸套及转子发动机内腔等，可采用松孔镀铬，以减小摩擦系数，提高零件的使用寿命。表 1-12 是松孔镀铬的工艺规范。

表 1-12　松孔镀铬的工艺规范

名称＼配方	1	2	3	4
铬酐(CrO_3)/(g/L)	240~260	250	150	180
硫酸(H_2SO_4)/(g/L)	2.0~2.2	2.3~2.5	2.5~1.7	
铬酐/硫酸(CrO_3/H_2SO_4)	120/1	100~110/1	89~100/1	100/1
温度/℃	60±1	51±1	57±1	59±1
阴极电流密度/(A/dm²)	50~55	45~50	45~55	50~55

松孔镀铬的工艺特点是在零件上镀一层耐磨铬层后，经除氢、精磨和珩磨，再进行阳极松孔处理，使铬镀层的显微网纹溶解、扩大和加深，形成沟状的松孔铬镀层。这些松孔中可以贮存润滑油，从而降低了摩擦系数。

活塞环松孔镀铬，镀层厚度（包括磨削余量）一般为 0.2~0.25mm。经磨削后，铬层厚度一般为 0.14～0.18mm。表面粗糙度为 0.1，经松孔处理后的松孔深度，一般为 0.02～0.05mm。

阳极松孔处理一般有酸性或碱性，酸性松孔处理在镀铬槽中或另一槽中进行。碱性松孔处理在电解去油槽中或专用槽中进行。阳极松孔处理如表 1-13 所示。

表 1-13 阳极松孔处理的工艺规范

名称	酸性松孔		碱性松孔	
温度/℃	55～60	50～55	室温	室温
阴极电流密度/(A/dm²)	20～25	20～25	10～15	10～15
时间/min	5～6	5～6	1.5～2.5	2～3

1.4.3.5 镀黑铬

在不含硫酸根而含有催化剂的镀铬中，可镀取纯黑色的铬层，以氧化铬为主成分，故耐蚀性和消光性能优良，应用于航空、光学仪器、太阳能吸收板等，作为降低反光系数的防护-装饰镀层。表 1-14 是镀黑铬工艺规范。

表 1-14 镀黑铬工艺规范

含量 配方 名称	1	2	3
铬酐(CrO_3)/(g/L)	300	250～300	250
硝酸钠($NaNO_3$)/(g/L)	7～11	7～11	
硼酸(H_3BO_3)/(g/L)	3～5	20～25	
氟铝酸钠(Na_3AlF_3)/(g/L)			0.2
草酸亚铁(FeC_2O_4)/(g/L)			60
亚铁氰化钾[$K_4Fe(CN)_6$]/(g/L)			3～5
氟硅酸(H_2SiF_6)/mL		0.1	
温度/℃	25～30	18～35	18～35
阴极电流密度/(A/dm²)	40～50	35～60	15～25

1.5 电镀金

1.5.1 概述

金是金黄色的贵金属，在所有纯态元素中纯金是最漂亮的。历史上金也是人们最先知道的金属之一。由于金具有好的柔软性、延展性、耐腐蚀和密度高等物理性能以及稀有性，金在历史上成为货币。由于金的价格昂贵，应用受到一定限制，主要是用在珠宝行业上，但金的导电性好，易于焊接、耐高温，而且硬金具有一定耐磨性，以及好的导热性，也被应用在精密仪器仪表、集成电路、军用电子管壳、电接点等要求电参数性能长期稳定的零件的电镀上。

金为面心立方晶胞，晶格常数 $a=b=c=4.09\text{Å}$，$\alpha=\beta=\gamma=90°$。金的化学性质稳定，只溶于王水中。

$$Au+4HCl+HNO_3 \longrightarrow HAuCl_4+2H_2O+NO\uparrow$$

在电子行业中，电化学沉积的金能满足电子工业的多项要求。在室温下，金的电导率、热导在金属中排第三位。对电接头来讲，金的高温延展性、优良的耐磨性也很重要，金的惰性可以避免绝缘氧化膜的形成，在一些反应中不是很好的催化剂，因此避免了一些副反应的发生，而铂、钯能够催化有机分子聚合形成绝缘层。

1.5.2 电镀金的发展

1805年意大利布鲁纳特利（Brunatelli）提出了镀金工艺。但工业上的应用开始于1838年氰化镀金，主要用于装饰。20世纪40年代出现了刷镀金（选择性镀金）；20世纪80年代出现了脉冲镀金、镭射镀金。1950年发现了氰化金钾在有机酸存在下的稳定性，进而出现了中性、弱酸性镀金液。20世纪60年代后期无氰镀金也得到了广泛应用，尤其以亚硫酸盐最为广泛。

金主要以+1、+3价氧化态存在，在电沉积中最重要的离子是氰化金根离子$[Au(CN)_2]^-$，另外两种有用的络合物是亚硫酸金、硫代硫酸金。

$$Au^+ + 2CN^- \longrightarrow [Au(CN)_2]^-，稳定常数 K=10^{39}$$

$$Au^+ + 2S_2O_3^{2-} \longrightarrow [Au(S_2O_3)_2]^{3-}，稳定常数 K=10^{28}$$

$$Au^+ + 2SO_3^{2-} \longrightarrow [Au(SO_3)_2]^{3-}，稳定常数 K=10^{10}$$

1.5.3 电镀金工艺

1.5.3.1 直流电镀金

按照镀液来分类主要包括氰化物镀金溶液、非氰化镀液。氰化镀金溶液按照pH值分类又分为碱性氰化物镀金溶液（pH>8.5）、酸性缓冲镀液（pH 1.8~6）和中性缓冲氰化镀液（pH 6~8.5）。典型的镀金工艺见表1-15。

表1-15 典型的镀金工艺

组成及工艺条件	碱性氰化物镀金	微氰中性镀金	酸性镀金
氰化金钾$[KAu(CN)_2]$/(g/L)	12	12	12~14
氰化钾(KCN)/(g/L)	90		
磷酸氢二钠(Na_2HPO_4)/(g/L)		82	
磷酸氢二钾(K_2HPO_4)/(g/L)	15	70	6~10
氰化银钾$[KAg(CN)_2]$/(g/L)	0.3		
硫代硫酸钠$(Na_2S_2O_3)$/(g/L)	20		
柠檬酸$(C_6H_8O_7 \cdot H_2O)$/(g/L)			16~48
柠檬酸铵/(g/L)			30~40
pH值	12	6~6.5	4.8~5.1
温度/℃	21	60	50~60
阴极电流密度/(A/dm²)	0.5	0.1~0.3	0.1~0.3

上述镀液中各成分的作用：在表中提到的三种典型的氰化物镀金工艺中主盐都是氰化金钾，是镀层中金的主要来源。Au含量太低，镀层发红、粗糙。氰化金钾质量很重要，使用时要注意选择。氰化金钾要先溶于去离子水中再加入镀液。磷酸盐、柠檬酸以及柠檬酸盐主要起缓冲剂的作用，可使镀液稳定并改善镀层光泽。在氰化物镀金溶液中氰化钾是络合剂，能使镀液稳定，电极过程正常进行。含量过低，镀液不稳定，镀层粗糙、色泽不好。

1.5.3.2 脉冲电镀金

20世纪60年代末随着电子工业的迅速发展，对电子电镀提出了更高的要求，如要求镀层具有电阻率低、结合力好、抗蚀性高和耐磨性强等特点，同时适合电镀生产用的脉冲电源的出现，使脉冲电镀的研究与应用也得到了迅速发展。

脉冲镀金可以使用现有工业生产中采用的配方，工作条件也基本相同，只是改变电流的施加方式，即把直流电流改为脉冲电流。通常采用方波脉冲电流，可以用单向脉冲电流，也可以使用带有反向脉冲的脉冲电流，反向脉冲的幅度可以与正向脉冲相同，导通时间约为正向脉冲的1/10左右。一般多采用反向脉动脉冲，即一组正向脉冲加一组反向脉冲。采用带有反向脉冲电流的脉冲电镀，获得的镀层厚度分布更均匀，可减小边缘效应，并可以得到纳米级层状结构的镀层。

脉冲电镀可以用于任何单金属镀种或合金镀种，脉冲参数需要通过实验来确定。脉冲镀金的参数为：导通时间$t_{on}=0.1ms$，关断时间$t_{off}=0.9ms$，占空比$v=10\%$，频率1000Hz，脉冲平均电流密度与直流密度相同。实验和生产实践表明，从镀金层的孔隙率来看，$2.5\mu m$厚的脉冲镀金层即可达到最低的孔隙率，直流镀金层的厚度在$2.7\sim9\mu m$之间孔隙率最低，而真空蒸发镀金层即使厚度在$7\mu m$以上孔隙率仍然很高。对从亚硫酸铵镀金溶液中得到的镀金层进行比较，施镀的平均电流密度均为$0.5A/dm^2$。直流镀金层的相对密度为17.67，脉冲镀金层的相对密度为18.11，更接近于纯金的相对密度19.24。

对比从磷酸盐型镀金溶液中得到的镀金层，发现脉冲镀金层的抗拉强度比直流镀金层高25%，延伸率增加近一倍。直流镀金层经100℃热处理后抗拉强度稍有增加，而后则随退火温度的升高迅速下降，延伸率随温度升高而增加。脉冲镀金层未发现在100℃下热处理的硬化效应，而是随着处理温度升高，抗拉强度迅速下降。这种差异是由于脉冲镀金层的纯度高和晶粒细所造成。

从低氰柠檬酸盐镀金液中得到的沉积层发现，脉冲镀金层的电阻率比直流镀金层低24%。在Au-Co合金镀层中也发现，脉冲电镀层与直流电镀层相比，电阻率降低50%~60%。

在晶体管和集成电路生产中，在镀镍、镀金和安装管芯后，要经过烧结、电热老化等一系列高温处理工序，在这过程中镀金层的抗高温变色一直是直流镀金层的一个难题，往往需要增加镀金层的厚度来解决。采用脉冲电镀后，在不增加镀金层厚度的条件下，其抗高温变色的能力却显著提高。这主要是由于脉冲镀金层致密、孔隙率低，减少了底层镍向表面扩散的结果。

综上所述，采用脉冲电镀可以改善镀金层的一系列性能，提高镀层质量，降低金的消耗，在电子工业中得到广泛应用。采用脉冲电镀还可以镀取厚度达几百微米的镀金层，解决了直流电镀难以获得厚金层的难题，并已在装饰工业中得到应用。

1.6 电镀设备

电镀设备是指为了完成工业产品电镀工艺过程中所有设备的统称。电镀工艺是必须按照先后顺序来完成。电镀生产设备，也叫电镀生产或流水线。电镀生产线包括全自动电镀生产线和手动、半自动电镀生产线。电镀生产线按照电镀方式又可以分为挂镀生产线、滚镀生产线、连续镀生产线、刷镀生产线等等。

电镀自动生产线是按一定的电镀工艺过程要求将有关镀槽、镀件提升转运装置、电气控制装置、电源设备、过滤设备、检测仪器、加热与冷却装置、滚筒驱动装置、空气搅拌设备及线上污染控制设备等组合为一体的总称。电镀自动线通过机械和电气装置自动地完成电镀工序要求的全部过程,因而生产效率高,产品质量稳定,劳动条件好。

电镀所需要的设备主要包括电源、镀槽、阳极和电源导线等。要使电镀过程具有科技的或工业的价值,需要对电镀过程进行控制,也就是要按照一定的工艺流程和工艺要求来进行电镀,并且还要用到某些辅助设备和管理设备,比如,过滤机、加热或降温设备、试验设备、检测设备等。

1.6.1 电源

与其他工业技术相比,电镀技术的设备不仅很简单,而且有很大的变通性,以电源为例,只要是能够提供直流电的电源装置,就可以拿来做电镀电源,从电池到交直流发电机、从硒堆到硅整流器、从可控硅到脉冲电源等,都是电镀可用的电源。其功率大小既可以由被镀产品的表面积来定,也可以用现有的电源来定每槽可镀的产品多少。

电镀电源属于低压大电流设备,要求操作简便,能承受输入端的突变和输出端短路及过载的冲击。电镀电源的发展大致经历了四个阶段。

第 1 阶段为早期的交流-直流发电机组,开始于前苏联,由于经过 2 次能量转换过程(电能、机械能、电能),机组效率低于 60%,噪声大且换向器维修不方便。这类变流设备现在已被列入淘汰产品行列,但在电镀行业仍有少量单位使用该类高能耗设备。

第 2 阶段为 20 世纪 50 年代的硒整流器和 20 世纪 60 年代的硅整流器,采用变压器原边抽头或用调压器、饱和电抗器方式调压,副边用硒或硅二极管整流作为电镀电源。这类电源在我国电镀电源中占有一定比例。20 世纪 80 年代占 70%左右,如 GDA、GDAJ-F、GDS 等系列,目前,仍有部分生产和应用。该类电源结构简单,造价低,但都存在体积大、笨重和输出指标低、精度差和效率低等缺点。

在使用整流器时,一般应该注意以下事项:

① 应该在负载情况下通断电源;
② 不能超负荷工作,特别要避免短路、冲击电流,以免击穿整流元件;
③ 工作温度一般不宜超过 70~80℃,在没有降温装置或降温装置不能正常工作的情况下,禁止使用整流器;
④ 防止漏电。

第 3 阶段是,20 世纪 70 年代晶闸管整流器,其性能指标比前 2 代产品有较大改善。采用了五芯柱变压器、高压大功率晶闸管等新技术,并出现了恒压、恒流和恒电流密度等新特性。但是由于还是使用工频变压器和工作在低频段,所以整流器体积大、重量重、效率较低,性能的进一步提高也受到电源体积的限制。

近年来,以现代电力电子技术的高速发展为基础,国内外相继研制出电镀用第 4 代直流电镀电源——高频开关电源。与传统工频整流电源相比,开关电源具有高效节能、重量轻、体积小、动态性能好、适应性强、有利于实现工艺过程自动化和智能化控制等显著的优点。因此大功率开关电源具有广泛的应用前景,是当前国内外研究、开发、应用的主流和方向。但是,开关电源特别是大功率硬开关电源在可靠性、稳定性、效率等方面的缺点成为制约其应用和发展的"瓶颈",按照传统电源的设计思路和解决办法,不能从根本上解决其所面临的诸多问题。高频开关型电镀电源目前主要局限于 1500A 以下的中小功率领域,在国内也只有少量厂家生产。从技术角度看主要限于硬开关变换模式和模拟控制方式,具有明显的局限性,同焊接等领域全面推广应用开关式电源的情况具有较大差距。

电力电子装置运行时还应注意以下工作条件：
① 海拔高度不超过 1000m，海拔高度超过 1000m 时或购买时应提出；
② 在通风良好的室内，通常允许运行的环境温度为 $-5\sim40$℃；
③ 空气相对湿度不超过 85%［当空气湿度为（20±5）℃时］；
④ 无导电爆炸尘埃，没有腐蚀金属和破坏绝缘的气体和蒸气；
⑤ 无剧烈振动和冲击，垂直倾斜度不超过 5%；
⑥ 电源三相对称，交流电压幅值波动范围不超过 110%。

电源选择应该注意以下要求。

(1) 电源输出功率　具体来讲，电源的输出电压、电流的大小应满足镀种特殊性和生产量的要求。根据生产量的大小决定电流的大小。不同镀种的特殊性影响电压的大小及其输出方式。比如，一般镀锌、镉、镍、铜等电压±12V 就行，而镀铬电源的输出电压则要求±18V，以满足其反向、冲击电流的特性。

(2) 纹波系数　指的是电压信号波动的幅度同电压平均值之比，越小说明电压越接近直流，性能越好。我国军标、航标均规定，镀铬电源的纹波系数必须<5%，其他电镀电源的纹波系数必须<10%。纹波系数是直接影响镀层质量、衡量电源品质的主要技术数据，在选择电源时必须注意纹波系数与输出电流的对应关系。因为在同等条件下，电流越大，纹波系数越小；电流越小，纹波系数越大。因此，保证纹波系数在实际生产中满足最低输出电流时的要求是非常重要的。

(3) 输出波形　输出波形可由用户根据工艺要求确定。

(4) 元器件的稳定性及其市场状况　元器件的稳定性决定整机的可靠性，它受到国内生产技术水平的制约。硅整流器所需的元器件，国内生产技术成熟、稳定，市场广阔，价格低；而可控硅整流器由于通过引进国外技术，国内技术改造取得了质的改变，完全克服了应用中遇到的困难。因此，可控硅电源以其优良的性能迅速进入企业。另外，市场能否方便提供质优价低的元器件，直接影响到电源的维修和使用。

(5) 调控使用方便，功能实用齐全　生产过程中，电流的需求是变化的，能否无级调控、自动控制、远距离遥控，对生产过程及生产线的建设均有直接影响。先进的电源不但要有可靠的优良主机，而且要有实用齐备的控制功能，如温控、恒流、定时、记录、自控、短路保护等。这不仅能保证工艺的稳定，提高产品质量，还能降低劳动强度，提高企业技术水平。

(6) 符合生产需要　必须慎重考虑电源选择应该符合生产需要。对于产品单一、批量稳定的企业，由于其每槽施镀零件面积相近，电流需求稳定在一定程度的基准之上（比如电源全额电流的 20%以上），因此对电源的纹波系数要求容易达到。但是对于产品变化频繁、单件施镀较多的企业，由于单槽施镀零件面积相差很大（如最小单槽零件面积在 $0.03dm^2$ 以下），这样对电源的纹波系数要求必须从均电流到全额电流均满足相应标推。而目前可控硅电源生产厂家提供的技术数据表明：只有当输出电流在 20%全额电流以上时，纹波系数才满足有关标准。显然，这不符合生产实际的要求，要满足这样的要求，必须支付昂贵的费用，加重了企业负担。

(7) 主机和辅助设备　同等情况下，主机和辅助设备必须占有的有效空间越小越好。比如可控硅电源比硅整流器体积小，晶闸管电源的体积更小。

1993 年我国机械工业部组织专家编制了电镀用整流设备的标准（JB/T 1504—1993），对我国设计和生产的电镀整流器的型号、规格、技术参数等都作出了相关规定。随着电力科学技术的进步，近年来在整流电源的设计和制作上已经有很大改进，很多电镀电源已经向多功能、大功率、小体积等方向发展。周期换向、可调脉冲、平滑调节等都已经是常见的功能。

未来电镀电源的发展趋势，向高效高频、智能化、数字化、绿色可靠方向发展。电镀行业是著名的耗能"大户"，其电能消耗是其主要生产成本之一。传统的电镀电源存在能耗高、效率低、控制精度低、体积大、笨重等缺陷，工艺过程缺乏科学合理的控制手段，也造成大量的电能损耗。因此，电镀电源装置的高效化是其必然的发展趋势。脉冲换向电镀与直流叠加脉冲电镀等新工艺要求控制的参数较多，将脉冲电源与微机控制相结合的智能化脉冲电源，可以根据工艺要求选择直流供电，单向脉冲和换向脉冲供电以及直流叠加脉冲的多种复合电流波形，所有脉冲参数可以在给定的范围内设定。此外，还可以实现计时和定时功能、温度测控功能、电量（A·h）计量和定量功能等，有利于采用统计控制方法实现添加剂的补加和主盐浓度调整。采用数字化技术，从电源的电气性能来看，可以应用现有电源的各种研究成果（功率电路拓扑及控制方式等），通过系统软件实现软开关技术并降低电磁干扰，提高电源的稳定性和智能化程度；从电源的工艺效果来看，数字化电源由于控制策略调整灵活，控制精度高以及控制参数稳定性高，所以具有更好的工艺稳定性和更好的工艺效果及节能效果。同时，数字化电源方便的通信接口功能为现代化的网络化生产提供了良好的硬件基础。从电镀工艺研究的角度，数字化电镀电源为实施创新性的工艺控制策略和实现多功能提供了全新的途径。电镀电源长时间连续工作在极为苛刻的工况下，因此，其可靠性和绿色化是电源推广应用的前提。

1.6.2 电镀槽

电镀用的镀槽包括电镀生产中各工序的专用槽体。不光只是电镀槽，还包括前处理用的除油槽、酸洗槽和清洗槽、活化槽，后处理的钝化槽、热水槽等。由于电镀用槽仍然属于非标准设备，其规格和大小有很大变通空间。现在已经有了不少专业的电镀设备厂商，电镀槽的制作水平也越来越高。

做镀槽的材料，有用玻璃钢的，有用硬PVC的，有用钢板内衬软PVC的，还有用砖混结构砌成然后衬软PVC，或在地上挖坑砌成的镀槽，甚至有用花岗岩凿成的镀槽。而槽的使用方式，根据电镀生产的操作方式不同而有所不同。有按手工操作的直线排列方式，也有按流程会同时有多个镀种、各种清洗和预处理的交错排列。另一种是按镀种分别排列，每个镀种是一条线。还有因地制宜地根据现场空间和镀槽大小排列，如果是机械自动生产线，则基本上是按工艺流程排列，并且需要有较大的空间以及准备和辅助工作场地。

电镀槽形式主要有以下几种。

（1）单一固定电镀槽 它是电镀槽中结构比较复杂的固定槽之一，一般都用蒸汽水浴加热。镀铬槽溶液工作时有大量的铬酸气体逸出，所以一般都安装有较强的抽风装置来保证工人的健康，避免空气污染。主要由铅衬里内槽、导电棒、蒸汽管及抽风罩等部分组成。

（2）阴极移动电镀槽 带有阴极移动装置的电镀槽称为阴极移动电镀槽，它由钢槽、软聚氯乙烯塑料内衬、导电装置、蒸汽加热管及阴极移动装置等组成。阴极移动装置则由电动机、减速器、偏心盘、连杆及极杆支承滚轮组成。使用时应注意金属支承滚轮与钢槽壳具有良好的绝缘。

（3）滚镀槽 该镀槽适用于外形不复杂的小工件滚镀。滚镀的镀层比较薄，工艺时间较长，但是生产效率高，可以节约挂具费用，并且镀层表面光亮美观，应用比较广泛。对于容易产生"架桥"现象的枝杈零件、易相互粘贴或在滚筒中容易漂浮的薄片零件、孔内径要求有均匀镀层或者需要保持棱角的零件、要求镀层厚度超过 $10\mu m$ 的零件一般不宜滚镀。

滚镀设备根据一次载重量的多少，可分为卧式滚筒镀槽、倾斜潜浸式滚镀槽及微型滚镀机三类。

（4）浸渍槽　浸渍槽用来对电镀后的工件浸油或浸有机膜。通常采用钢制浸渍槽。

（5）发蓝槽　发蓝槽的工作温度较高，为了保温，发蓝槽一般作成夹层的，中间填充隔热性能良好的石棉等材料。一般的加热方式为电加热，比如用电阻丝或加热器加热。

1.6.3　辅助设备

要想按工艺要求完成电镀加工，光有电源和镀槽是不够的，还必须要有一些保证电镀正常生产的辅助设备，包括加热、导电装置、搅拌装置、镀液循环或过滤设备，以及镀槽的必备附件，如电极棒、电极导线、阳极和阳极篮、电镀挂具等。

（1）加热装置　对电镀液加热的设备，主要有两种。

① 蒸汽加热　设计和使用时可以根据升温速率、电镀液比热容以及加热管热传导系数等计算所需要的加热管长度、蒸汽供应量等参数。并根据具体运行情况适当地调节。

② 电加热　电加热成本高，通常应用于高温槽（如发蓝槽）及溶液性质需要用石英玻璃管等加热时，或者电镀生产中只有少数零件需要加热，而车间又没有蒸汽或其他热源时使用。电加热设备有玻璃管电加热器、用碳钢或不锈钢制造的管状电加热元件、电热板等。电热板一般用做红外线发生器或安装在各种敞开或封闭的烘箱中作烘干用。

（2）导电装置　电镀槽或电解槽的导电杆，一般是用黄铜棒、黄铜管或紫铜管制成，支承在槽口的绝缘座上，用汇流条或软电缆连接到直流电源上。导电装置有两种常见形式：一种是把导电杆分别架在绝缘座上；另一种是把导电杆联成整体后架在绝缘座上。前者节省材料，高度较低，采用哪种导电装置的形式对实际的电镀产品的质量没有直接影响，应根据具体情况选择。

对导电杆的一般要求是：能通过槽子所需的电流和承受零件质量，便于擦去锈蚀。使用过程中，应在考虑电流和承重能力的一般情况下，选择适宜直径的黄铜棒或黄铜管做导电棒。在不同的电镀液介质中，还应特别考虑导电棒的腐蚀，采取一定的防腐措施。比如在氯化铵型镀槽中的导电杆应经过浸锡或镀锡处理以防腐。

（3）搅拌设备　在电镀过程中，适宜的搅拌可以减少浓差极化，并且可以显著提高工件表面附近供给金属和添加剂浓度，可以提高电镀烧焦的电流密度，可以镀厚镀层，并能得到光亮的镀层。搅拌的机械作用还有助于防止镀层起孔等电镀缺陷。下面介绍几种常用类型的搅拌方式。

① 压缩空气搅拌　将经过净化的低压压缩空气通入空气洗净塔，再导入镀槽里的搅拌管道，让气泡从工件下方上升进行搅拌。但是压缩空气搅拌有以下缺点：搅拌强弱不均匀，油和污物易与空气一起进入镀液，使镀层易产生麻点；必须取较大的过滤容量，不能用于含有易氧化物质的镀液，含有润湿剂的镀液易起泡沫，有时还可能产生噪声等。但对现有镀种而言，压缩空气搅拌易于获得充分搅拌，所以得到了广泛应用。

② 阴极移动搅拌　阴极移动一般是指阴极棒以减速电机和凸轮为驱动在水平方向上的运动。虽然搅拌强度不高，但容易获得比较均匀的搅拌。还应指出利用阴极移动搅拌有时对某些形状的镀件可能会出现溶液跟随镀件运动而不发生扰动的搅拌死区。阴极移动搅拌主要应用在不宜用空气搅拌的场合，有时可以利用其上下运动来提高搅拌效果。阴极移动时，镀件表面的溶液流动只是缓慢的层流。如果让阴极以振幅为 $1\sim100\mathrm{mm}$、频率为 $10\sim1000\mathrm{Hz}$ 振动，就可以获得电镀液的紊流，搅拌效果将会大大提高，电流密度上限也随之增大，并可以达到进行高速电镀的要求。

③ 溶液循环搅拌　让电镀溶液按一定方向流动，使镀件附近的溶液产生流动，这种搅拌程度较弱，效果不显著。当循环溶液量大致是槽容量的 2 倍以上时，电镀溶液的流动方向可设计成多种形式以增加搅拌效果。

④ 阴极旋转搅拌　阴极旋转搅拌以 100~200r/min 的速度旋转阴极进行电镀溶液的扰动。为了防止溶液跟着旋转而降低搅拌效果，可同时采用空气搅拌和逆流循环溶液相结合的方法，获得强力的搅拌。但此方法适用的镀件形状有限。

⑤ 其他搅拌方法　搅拌桨和超声波搅拌等方法在电镀液搅拌中也得到了较多利用。前者是利用桨的旋转、上下、左右的移动进行搅拌。超声波搅拌是利用超声波对电镀液进行扰动。在除油方面的应用更为有效。

(4) 过滤和循环过滤设备　在工件施镀的过程中，虽然工艺、控制以及添加剂均正常，但是镀出来的产品仍然存在毛刺、麻点等缺陷，实践证明这与镀液的清洁度有关。镀液中所含的机械杂质，一般来源于空气中的尘埃、阳极溶解时生成的泥渣、工件前处理不净物的带入、落入镀槽中的工件腐蚀后形成的产物以及镀液中所含化学品反应生成的沉淀等。而这些悬浮在溶液中的杂质一旦黏附在工件表面，被镀层包裹后就形成毛刺，或杂质微粒黏附在工件附着一段时间后，又被冲洗掉，就将形成麻点。因此，如要获得光滑平整的镀层，除了合理的工艺外，镀液必须保持洁净，对镀液进行循环过滤尤其重要。为了保证镀液稳定，延长镀液寿命，提高产品质量，减少损耗，就应合理配置、使用循环过滤机使电解液过滤，清除悬浮的杂质。

(5) 电镀槽附件　电镀槽附件包括阳极和阳极网篮或阳极挂钩、电极棒、电源连接线等。有些工厂为了节省投资，不用阳极网篮，用挂钩直接将阳极挂到镀槽中也可以，但至少要套上阳极套。

用阳极篮的好处是可以保证阳极与阴极的面积比相对稳定，有利于阳极的正常溶解。在阳极金属材料消耗过多而来不及补充时，仍然可以维持一定时间的正常电镀工作，同时有利于将溶解变小的阳极头等装入而充分加以利用。阳极套是为了防止阳极溶渣或阳极泥对镀液的污染，但是阳极篮使阳极处于双金属状态，增加了阳极化学溶解的动力，同时，阳极篮有质量的差别和导电性较差等缺点，也会给有些镀种的管理增加困难。

阳极篮大多数采用钛材料制造，少数镀种也可以用不锈钢或钢材制造，阳极套可以用涤纶或其他能耐酸或碱的布料制作。

电极棒是用来悬挂电极，并与电源相连接的导电棒。通常用紫铜棒或黄铜棒制成，比镀槽略长，直径依电流大小确定，但最少要在 $\phi 5cm$ 以上。

电源连接线的关键是要保证能通过所需要的电流，最好是采用紫铜板，也可用多股电缆线，一定要符合对其截面积的要求。

(6) 挂具　挂具是电镀加工最重要的辅助工具，它是保证被电镀制品与阴极有良好连接的工具，同时也是对电镀的镀层分布和工作效率有着直接影响的装备。现在已经有专业挂具生产和供应商，提供行业中通用的挂具和根据用户需要设计和定做挂具。

对电镀挂具而言通常要求有较高的机械强度、良好的导电性、质量轻、体积小、坚固耐用、装卸工件方便、装载量符合生产要求等。按照使用范围可以把电镀挂具分成：通用挂具和专用挂具两大类。

① 通用电镀挂具　通用挂具一般是指应用范围比较广、可以用于多种电解液体系中并且对工件大小没有明确限制的挂具。

如图 1-7 所示。通用电镀挂具的结构和形状通常取决于工件的几何形状、镀层的质量要求、电镀工艺方法、电镀设备大小。通用挂具一般都是由5个部分组成的：吊钩、提杆、主杆、支杆和挂钩。这5个部分可以焊接成固定形式的，也可以将挂钩和支杆分开作成为可调装配式的。

挂具底部距离电解槽底部的距离通常为150~200mm，工件沉入电解液的深度为距离电解液面40~60mm。挂具、槽壁距离应大于50mm，挂具间距为20~50mm。吊钩应有足够的导电性能，并与工件之间接触良好，对提杆、主杆、支杆同样有导电性能的要求，且应有足够的机械强度以承担工件质量。提杆的位置应该高于电解液面80mm以上。对于不同的电流

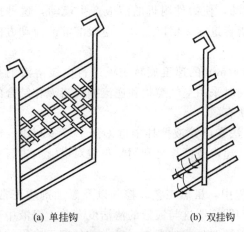

图1-7 通用电镀挂具通用挂钩形式

密度，应采取适宜的挂钩形式以免影响镀层的质量，通常小电流密度采用悬挂法，电流密度较大可采用夹紧法。在对工件进行挂装时，应该保证气体能够顺利从电解液中排出，否则将产生气袋等缺陷，影响镀层的质量。

② 专用电镀挂具　对于几何形状比较复杂的工件，需要电镀的部位可能受到电解液扩散、覆盖不均匀的影响，为了保证电镀镀层的质量，通常采用比较复杂的挂装方式，如仿形阳极、辅助阳极、保护阴极等，如图1-8所示。

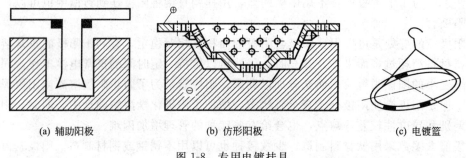

图1-8 专用电镀挂具

a. 辅助阳极、仿形阳极电镀挂具：用于保证复杂工件、深件镀层的质量。

b. 保护阴极挂具：防止或避免有棱角、棱边、尖顶的工件的镀层产生烧焦、粗糙和脱落等缺陷。

c. 小工件电镀篮：可用于批量小的小工件。

③ 挂具材料　对电镀挂具的材料一般要求成本较低、机械强度高、导电性能良好、不易腐蚀等。常用的材料有钢、铜、铝等，以下介绍几种常用电镀挂具材料的特点。

a. 铜　铜的导电性能好，有良好的力学性能，但成本比较高，一般用做电镀挂具的挂钩。

b. 钢　钢的资源丰富，成本较低，机械强度高；导电性能较差，容易腐蚀。一般适用于钢件的磷化、氧化、酸洗等。电流密度不宜过大。

c. 铝以及铝合金　铝的导电性能很好，质量比较轻，机械强度好。但在使用过程中容易发生表面氧化而影响其导电性能，在碱中的化学稳定性差。可以用做铝工件阳极氧化的挂具和钢工件混合酸洗的挂具。

④ 挂具的绝缘处理　为了减少电镀过程中电流在挂具上的分布，以增加工件的电流密度，加速镀层的生长，并减少挂具在退镀和酸浸蚀过程中的腐蚀，延长挂具的使用寿命，需要对电镀挂具的非接触导电的部分进行绝缘处理。

a. 包扎法　该方法使用比较普遍，使用聚氯乙烯或聚四氟乙烯薄膜带，对挂具需要绝缘的部位自下而上进行包扎。这种方法简便易行，但在使用中应注意对其清洗，避免膜层与挂具间隙残留的电解液对挂具的腐蚀。

b. 浸渍法　通常将挂具经过表面除油和浸蚀处理后，浸入绝缘材料如聚苯乙烯、过氯乙烯等，从而在挂具表面覆盖一层绝缘层。

c. 沸腾流化法　先将挂具表面除油，加热到250℃后立即放入流化桶内，利用挂具的余热，使塑料粉（通常采用聚乙烯塑料）在其表面黏附，随后在220～250℃进行塑化处理，形成一层薄膜，为了避免膜层老化，塑化时间不宜过长，塑化后应在冷水中冷却。为了使塑料涂覆均匀，挂具应减少棱角、锐边以及复杂的变形结构，而且挂具应用铜焊，不宜用锡焊。

1.6.4　电镀车间设计

1.6.4.1　电镀车间设计的内容

电镀车间是用电化学和化学方法在金属、合金制品或非金属制品表面上形成一层成相膜（化学氧化或阳极氧化、磷化、发蓝等形成膜层工艺生产也可在电镀车间进行）的生产车间。电镀车间在生产过程中，会产生大量有害气体及废水，车间内的温度高，湿度也较高。当车间内有磨光及抛光工序时，还会产生大量含有金属或砂子的微粒及纤维毛的尘埃。这些特别的情况不但对生产操作者的身体健康有影响，而且污染环境。此外，电镀车间对土建部门要求也比较特殊，车间内管道复杂，与供电、动力、土建等工程密切相关。因此，电镀车间设计是一项综合、系统的工作。它主要包含以下四个方面的内容。

(1) 电镀车间的生产过程设计　电镀车间的设计，应满足工厂整体设计的要求和特点。对应工厂不同的生产性质，电镀车间应完成相应的任务。例如柴油机厂的电镀车间，则以镀锌、松孔镀铬、黑色氧化为主。仪器仪表厂的电镀车间，则可能以按特殊性能镀层（金、银、黑镍、黑铬）、铝氧化、轻金属电镀为主。因此，在设计电镀车间时，必须根据车间所承担的任务并结合工厂的具体条件，选择适宜的工艺、采用最合适的设备。如果是旧厂或车间改建或扩建，则应在充分考虑利用原有厂房及设备基础加以技术改造，以节约投资，并尽可能获得高的产出和性能。

(2) 生产路线、供电、动力设施设计　设计电镀车间时，必须对全厂的生产路线、供电、动力设施等做全盘考虑，密切与各工种主动配合，经过周密和慎重的思考、调查、对比，才能使设计达到既顾全大局，又有利于本身的生产。

(3) 通风设计　电镀车间一般都有完善的机械通风系统。由通风系统排出的废气及夹带雾沫，会污染周围环境。因此设计时，应考虑电镀车间在工厂整体中的位置。同时要考虑废气的处理、各镀种的电镀液也不允许其他车间产生的污物污染，这就关系到工厂中各类性质生产车间在厂区合理的平面布局。通常的原则是电镀车间应放在全厂全年主导风向的下侧，而磨光、抛光工序则应设在电镀车间的下风侧。工厂中的铸造车间、喷砂车间、锅炉房应远离电镀车间为宜，切不可把它们放在电镀车间的上风侧。

(4) 废水、废气处理设计　电镀车间每天要排出大量具有腐蚀性、毒性的废水、废气。为了消除对工农业及生活用水的污染，应妥善加以处理。根据国务院对环境保护的要求，电镀的三废处理设施应与工艺同时设计、同时施工、同时投产，这是电镀车间设计中的重要组成部分之一。

1.6.4.2 电镀车间的设计步骤

对新建电镀车间进行设计时，一般分为 3 个阶段：初步设计（概略计算）、技术设计（扩大初步设计）、施工设计。在进行初步设计之前，建设单位及其主管部门必须在基本建设项目可行性研究的基础上，编制基本建设项目环境影响报告书，经过环境部门审查同意之后，再编制建设项目的计划任务书，计划任务书是一项指令性文件，经过建设单位的主管部门批准后，作为初步设计的设计依据。

对于环境影响报告书通常内容为：建设项目的一般情况包括建设项目的名称、性质、地点、规模、工艺、三废处理方案等，建设项目周围地区的环境状况，建设项目对周围地区环境影响，以及建设项目环境保护的可行性技术经济论证等。

1.6.5 电镀自动生产线

电镀自动生产线，是工件通过机械装置，自动地完成电镀和电镀前、后处理等各工序的全部过程。因此，它具有生产效率高、劳动强度低、占用生产面积小、操作人员少、产品质量稳定及改善了操作条件等优点。电镀生产线按结构类型分为直线吊车式电镀自动生产线、环式电镀自动生产线及其他特殊形式（如线材、带材等）的电镀自动线。随着工业的迅速发展，我国自行设计、制造了各种类型的电镀自动生产线，目前电镀自动生产线已得到了普遍的发展和应用。

(1) 直线吊车式电镀自动生产线　直线吊车式电镀自动线，是把各工艺槽排成一条直线，在它的上空用带有特殊吊钩的电动吊车来传送挂有工件的极杆或滚筒。其传送可程序自动控制，也可手动控制。按电镀方式不同又可分为波动自动线和挂镀自动线两种，两者对吊车的要求相同。根据工艺的要求在自动线后部可设干燥装置，有的镀槽可设阴极杆移动装置等。

吊车有单钩和双钩吊车两种。单钩吊车只有一套升降传动装置及一对同步吊钩，双钩吊车则有两套升降传动装置和两对同步吊钩。在滚镀自动线上由于滚镀持续时间长，都用单钩吊车，在挂镀自动线上为了缩短吊车水平行走的空程时间，大多采用双钩吊车。当吊车水平行走时，可同时吊运两根极杆。单钩吊车与双钩吊车的基本结构相同。双钩吊车两对吊钩的水平间距取决于挂具及工件的尺寸，以互不干扰为准。

轨道有两种型号，一种是用工字钢作轨道，吊车悬挂在轨道的下翼缘；另一种是用工字钢与轻型钢轨组合的轨道，吊车轮在轻型钢轨上行走。这两种轨道在安装时均需很好地找正。轨道固定的可靠性及找正质量，对吊车能否按照要求良好地运行有很大的影响，应予以足够的重视。轨道在安装前必须首先进行校直。直线度用绷紧拉直的细钢丝校正，轨距用刚性轨距尺校正。

(2) 环形电镀自动生产线　环形电镀自动生产线，按工艺槽排列方式可分马蹄形（U形）、圆形及其他形状等。其中以马蹄形电镀自动生产线较为普遍，又可分为潜浸式滚镀线和挂镀线两种。环形电镀自动线由于改变工艺程序较困难，只适用于工艺成熟、批量大、连续生产的场合。

在马蹄形挂镀自动线中，挂具作摆动升降的电镀自动线的槽容量利用率低，机动升降装置容易损坏，不如垂直升降的挂具好。而在挂具垂直升降的电镀自动线中，全液压传动自动线具有工作稳定可靠的特点。

参 考 文 献

[1] 张宏祥，王为. 电镀工艺学. 天津：天津科学技术出版社，2002.
[2] 徐滨士，刘世参. 表面工程技术手册. 北京：化学工业出版社，2009.
[3] 赵文光，杨影洲. 实用电镀技术. 哈尔滨：哈尔滨地图出版社，2005.
[4] 杜贵平，姜立新. 电镀电源的现状及展望. 新技术新工艺，2005，6：68-70.
[5] 弗利德里克·A·洛温海姆. 现代电镀. 北京一〇三教研室译. 北京：机械工业出版社，1982.
[6] 金海波. 现代表面处理新工艺、新技术与新标准. 北京：当代中国音像出版社，2005.
[7] 电镀手册编写组. 电镀手册. 北京：国防工业出版社，1979.
[8] 张胜涛等编著. 电镀工程. 北京：化学工业出版社，2002.

第 2 章　材料表面化学镀镍工艺与设备

2.1　概述

　　化学镀是在材料表面的催化作用下，经控制化学还原进行金属沉积的工艺方法。

　　化学镀的发展史主要就是化学镀镍的发展史。虽然早在 1844 年 A. Wurtz 就发现次磷酸盐在水溶液中还原出金属镍，以后也有相继报道，但都没有实用价值。而美国国家标准局的 A. Brenner 和 G. Ridell 开发了可进行实际工作的镀液并进行了相关的科学研究，因此他们被认为是化学镀镍技术的真正奠基人。第二次世界大战末，A. Brenner 和 G. Ridell 正在从事轻武器的改进研究，他们考虑在枪管内壁电镀热硬性好的镍-钨合金。由于所得的镍-钨合金层内应力很高，总是开裂，他们将之归咎于镀液中柠檬酸的氧化分解。为了克服这一缺点，他们尝试给镀液中添加各种还原剂，当加入次亚磷酸钠时，意外发现虽然仅在钢管中心装了阳极，但外表面也沉积了镀层，并且电流效率高达理论值的 130%，这是常规电镀无法达到的。经过反复试验研究，他们最终确认镍在次亚磷酸盐中具有自催化还原性质，并于 1946 年在《国家标准局研究杂志》上发表了化学镀镍的第一篇文章："用化学还原法在钢上镀镍（Nickel Plating on Steel by Chemical Reduction）"（该文 1998 年为纪念作者 A. Brenner 的 90 诞辰重新发表于《Plating and Surface Finishing》杂志上），经过三年申请，于 1950 年获得了最早的两个化学镀镍专利。由于用次亚磷酸钠还原获得镀层不需要外加电源，因此被取名为无电解镀（electroless plating or non electrolytic plating），以示与电镀（electroplating）的区别。反应必须在具有自催化特性的材料表面进行，美国材料试验协会 ASTMB-347 推荐使用 "自催化镀"（autocatalytic plating）一词。由于金属的沉积过程是纯化学反应，所以将这种金属沉积工艺称为 "化学镀"（chemical plating）最为恰当，这样它才能充分反映该工艺过程的本质。通常说来，电镀的成本较化学镀低，而化学镀的主要优点集中在镀层性能方面。

　　(1) 镀层厚度均匀，无明显的边缘效应，特别是对复杂形状的基体，在尖角或凹穴部位没有额外的沉积或沉积不足，在深孔、盲孔件、腔体件的内表面也能得到和外表面同样厚度的镀层。因而对尺寸精度要求高的零件进行化学镀特别有利。

　　(2) 镀层晶粒细、致密、孔隙少，呈光亮或半光亮，比电镀层更加耐腐蚀。

　　(3) 无需电镀设备及附件。这对设计和工艺操作都带来很大的方便。设计人员可以在同一零件上设计有绝缘部位，工艺操作人员也无需带电操作，均可在所需部位镀出合乎要求的镀层。

　　(4) 能在非导体（塑料、玻璃、陶瓷等）上沉积。

　　(5) 某些镀层具有特殊的化学、机械或者磁性能。

　　化学镀可以镀镍、铜、钴、银、金、钯、铂等多种金属、合金以及复合镀层。化学镀镍是化学镀中应用最早也最广泛的方法，磁带、磁鼓、半导体接触件的制造以及电磁屏蔽、玻璃与金属封接等方面都用到化学镀镍。仅次于化学镀镍的是化学镀铜，主要用于电子工业中。本章将集中介绍不同基材的化学镀镍工艺及相关的化学镀设备。

化学镀镍按照不同的分类方法，可以有不同的分类。按镀液的 pH 值分类，有酸性、中性和碱性三类。按沉积温度分类，有低温 50℃、中温 65～75℃、高温 85～95℃三类。按所用还原剂分类，有 Ni-P、Ni-B 等。使用的还原剂如表 2-1 所示，主要有次亚磷酸盐，如 NaH_2PO_2，使用该还原剂，得到的镀层通常会含 P。硼氢化物型，如 $NaBH_4$，使用该还原剂得到的镀层通常会含有 B。肼型，如 $N_2H_4 \cdot H_2O$，使用该还原剂得到的镀层很少含 N，可以得到纯镍镀层（97%～99%），颜色发黑，脆性大，且有很高的应力，耐蚀性也差，至今没有实用价值。

表 2-1　化学镀镍的还原剂

化合物	分子式	相对分子质量	自由电子	氧化还原电势/V
次磷酸钠	$NaH_2PO_2 \cdot H_2O$	107	2	-1.4
硼氢化钠	$NaBH_4$	38	8	-1.2
二甲基胺硼烷	$(CH_3)_2NH \cdot BH_3$	59	6	-1.2
二乙基胺硼烷	$(C_2H_5)_2NH \cdot BH_3$	87	6	-1.1
肼	$H_2N \cdot NH_2$	32	4	-1.2

注：氧化还原电势是在碱性溶液中测定的近似值。

2.1.1　化学镀镍原理

2.1.1.1　次亚磷酸盐

目前工业上应用最普遍的是以次磷酸钠为还原剂的化学镀镍工艺。在工件表面化学镀镍，以 $H_2PO_2^-$ 作还原剂在酸性介质中反应式为：

$$Ni^{2+} + H_2PO_2^- + H_2O \longrightarrow H_2PO_3^- + Ni + 2H^+ \tag{2-1}$$

它必然有几个基本步骤：

① 反应产物（Ni^{2+}、$H_2PO_2^-$ 等）向表面扩散；
② 反应物在催化表面上吸附；
③ 在催化表面上发生化学反应；
④ 产物（H^+、H_2、$H_2PO_3^-$ 等）从表面层脱附；
⑤ 产物扩散离开表面。

这些步骤中按化学动力学基本原理，最慢的步骤是整个沉积反应的控制步骤。

化学镀 Ni-P 合金有四种沉积机理：原子氢理论、氢化物传输理论、电化学理论以及羟基-镍离子配位理论。目前，普遍被接受的是"原子氢理论"和"氢化物传输理论"。

（1）原子氢理论　原子氢理论认为，溶液中的 Ni^{2+} 靠还原剂次亚磷酸钠（NaH_2PO_2）放出的原子态活性氢还原为金属镍，而不是 $H_2PO_2^-$ 与 Ni^{2+} 直接作用。首先是在加热条件下，次亚磷酸钠在催化表面上水解释放出原子氢，或由 $H_2PO_2^-$ 催化脱氢产生原子氢，然后，吸附在活性金属表面上的 H 原子还原 Ni^{2+} 为金属 Ni 沉积于镀件表面。同时次磷酸根被原子氢还原出磷，或发生自身氧化还原反应沉积出磷。H_2 的析出，既可以由 $H_2PO_2^-$ 水解产生，也可以由原子态的氢结合而成。

$$H_2PO_2^- + H_2O \xrightarrow[\text{加能量}]{\text{催化}} H^+ + HPO_3^{2-} + 2H_{ads} \tag{2-2}$$

$$Ni^{2+} + 2H_{ads} \longrightarrow Ni + 2H^+ \tag{2-3}$$

$$2H_{ads} \longrightarrow H_2 \uparrow \tag{2-4}$$

$$H_2PO_2^- + H_2O \xrightarrow[\text{加能量}]{\text{催化}} H_2PO_3^- + H_2 \uparrow \tag{2-5}$$

$$H_2PO_2^- + H_{ads} \longrightarrow H_2O + OH^- + P \tag{2-6}$$

$$3H_2PO_2^- \xrightarrow[\text{加能量}]{\text{催化}} H_2PO_3^- + H_2O + 2OH^- + 2P \tag{2-7}$$

加能量指的是在较高的温度下进行（60℃≤T≤95℃）。

（2）氢化物理论 氢化物理论认为，次磷酸钠分解不是放出原子态氢，而是放出还原能力更强的氢化物离子（氢的负离子H^-），镍离子被氢的负离子所还原。

这种理论认为，次亚磷酸盐的分解是由于溶液中氢离子同次亚磷酸根作用生成还原能力更强的氢负离子。

酸性溶液：水解反应
$$H_2PO_2^- + H_2O \longrightarrow H^+ + H_2PO_3^- + H^- \tag{2-8}$$

$$Ni^{2+} + 2H^- \longrightarrow Ni + H_2 \uparrow \tag{2-9}$$

$$H_2PO_2^- + 2H^+ + H^- \longrightarrow 2H_2O + \frac{1}{2}H_2 \uparrow + P \tag{2-10}$$

$$H^+ + H^- \longrightarrow H_2 \uparrow \tag{2-11}$$

碱性溶液：
$$H_2PO_2^- + 2OH^- \longrightarrow H^- + H_2PO_3^- + H_2O \tag{2-12}$$

$$Ni^{2+} + 2H^- \longrightarrow Ni + H_2 \uparrow \tag{2-13}$$

$$H_2PO_2^- + H^- \longrightarrow 2OH^- + \frac{1}{2}H_2 \uparrow + P \tag{2-14}$$

$$H_2O + H^- \longrightarrow OH^- + H_2 \uparrow \tag{2-15}$$

镍离子被氢负离子所还原，即氢负离子H^-同时可与H_2O或H^+反应放出氢气，同时有磷还原析出。

2.1.1.2 硼氢化物

常用作化学镀镍还原剂的硼化物为硼氢化钠和氨基硼烷，氨基硼烷包括二甲氨基硼烷（DMAB）、二乙氨基硼烷（DEAB）、三甲氨基硼烷等。

G. O. Mallor 在1971年发表他所提出的以硼氢化钠为还原剂的镍硼共沉积机理，具体内容如下：

$$4NiCl_2 + NaBH_4 + 8NaOH \longrightarrow 4Ni + NaB(OH)_4 + 8NaCl + 4H_2O \tag{2-16}$$

$$4NiCl_2 + 2NaBH_4 + 6NaOH \longrightarrow 2Ni_2B + 8NaCl + 6H_2O + H_2 \uparrow \tag{2-17}$$

由上可见，析出物就是镍硼合金。与用次亚磷酸盐做还原剂相比，还原剂的消耗量较少，并且可以在较低温度下操作，但是由于硼氢化物价格高，在加温时易分解，使镀液管理存在困难，一般只用在有特别要求的电子产品上。

2.1.1.3 肼型

以肼（联氨）为还原剂的化学镀镍溶液所得的镍镀层纯度较高，含镍量可达99.5%以上，有较好的磁性能，可用于生产磁性膜，特别适用于要求沉积纯镍的场合。此外，肼的氧化产物是水和氮，不存在有害物质的积累，所以不会造成像以次磷酸钠、硼化物为还原剂时，由于氧化产物的积累而导致镀液性能逐渐恶化直至无法使用的问题。但是以肼为还原剂的化学镍镀层外观、抗蚀性、硬度、耐磨性都不如镍-磷和镍-硼合金镀层。

$$2Ni^{2+} + N_2H_4 + 4OH^- \Longleftrightarrow 2Ni + N_2 \uparrow + 4H_2O \tag{2-18}$$

2.1.2 化学镀镍溶液

以次亚磷酸钠为还原剂时，化学镀镍的典型溶液配方及工艺组成如表2-2和表2-3所示，其中表 2-2 是酸性化学镀镍溶液的组成及工艺条件，表 2-3 是碱性化学镀镍溶液的组成及工艺条件。

表 2-2 酸性化学镀镍溶液的组成及工艺条件

组成与工艺	1	2	3	4	5	6	7	8
硫酸镍/(g/L)	25	20	30	25	28	30	25	30
次亚磷酸钠/(g/L)	30	25	20	30	35	36	20	30
醋酸/(g/L)		12						
柠檬酸/(g/L)						20	15	
乙醇酸/(g/L)								
乳酸/(g/L)				27	30		20	
苹果酸/(g/L)			18				15	20
丙酸/(g/L)				2.2		5	12	16
丁二酸(钠盐)/(g/L)			16			5		10
醋酸钠/(g/L)	20							
羟基乙酸钠/(g/L)	30					15		
氟化钠/(g/L)				0.5				
稳定剂/(mg/L)	2	1		2			2	
pH 值	5	4.5	5.5	4.5	4.8	4.8	5.0	5.5
温度/℃	90	93	90	88	87	90	90	85
镀速/(μm/h)	15		25				12	
磷含量(质量分数)/%	6~8			8~12	8~9		9~12	

表 2-3 碱性化学镀镍溶液的组成及工艺条件

组成工艺	1	2	3	4	5	6
硫酸镍/(g/L)	20	30	25	30	33	30
次亚磷酸钠/(g/L)	15	25	30	30	17	30
柠檬酸钠/(g/L)	30	50			84	10
焦磷酸钠/(g/L)			50	60		
三乙醇胺/(g/L)				100		
氯化铵/(g/L)					50	30
pH 值	7~8.5	8	9~11	1	9.5	8
温度/℃	45	90	75	35	88	45
镀速/(μm/h)			20	3	10	8
磷含量(质量分数)/%			7~8	4		3

2.1.2.1 化学镀镍溶液组成和工艺条件

(1) 化学镀镍溶液组成

① 主盐 化学镀镍溶液中的主盐就是镍盐，一般采用氯化镍或硫酸镍，有时也采用氨基磺酸镍、醋酸镍等盐。早期酸性镀镍液中多采用氯化镍，但氯化镍会增加镀层的应力，现大多采用硫酸镍。目前已有专利介绍采用次亚磷酸镍作为镍和次亚磷酸根的来源，一个优点

是避免了硫酸根离子的存在，同时在补加镍盐时，能使碱金属离子的累积量达到最小值。但存在的问题是次亚磷酸镍的溶解度有限，饱和时仅为35g/L。次亚磷酸镍的制备也是一个问题，价格较高。如果次亚磷酸镍的制备方法成熟以及溶解度问题能够解决的话，这种镍盐将会有很好的前景。

在酸性化学镀镍液中镍离子浓度增加，可以提高镍的沉积速率。特别是当镍盐浓度在10g/L以下时，增加镍盐浓度，镍的沉积速率加快。

在碱性化学镀镍液中，镍盐的浓度在20g/L以下时，提高镍盐浓度使化学沉积速率有明显的提高；但当镍盐的浓度高于25g/L以上时，虽继续提高镍盐含量，其沉积速率趋于稳定。

② 还原剂　化学镀镍的反应过程是一个自催化的氧化还原过程，镀液中可应用的还原剂有次亚磷酸钠、硼氢化钠、烷基胺硼烷及肼等。它们在结构上共同的特征就是含有两个或多个活性氢，还原 Ni^{2+} 就是靠还原剂得催化脱氢进行的。在这些还原剂中以次亚磷酸钠用得最多，这是因为其具有价格便宜，且镀液容易控制，镀层抗腐蚀性能好等优点。次亚磷酸钠在水中易于溶解，水溶液pH值为6。

次亚磷酸钠浓度对沉积速率的影响比镍盐明显。试验还发现，只有在络合剂比例适当条件下，次亚磷酸钠浓度变化对沉积速率才有明显影响。表2-4的数据说明只有在20g/L醋酸钠存在下，次亚磷酸根离子浓度增加沉积速率才明显提高。一般镀液中次亚磷酸钠浓度维持在20～40g/L。

表 2-4　沉积速率与次亚磷酸钠浓度的关系

次磷酸钠浓度/(g/L)	当醋酸钠浓度为10g/L时		当醋酸钠浓度为20g/L时	
	沉积速率/(μm/h)	外观质量	沉积速率/(μm/h)	外观质量
10	16.7	光亮	8.8	无光泽,有条纹
20	16.6	光亮	20.7	光亮
30	14.3	光亮	24.5	光亮
40	15.5	光亮	24.0	光亮
50	15.0	光亮	23.4	光亮

研究还发现影响沉积速率的因素不单是主盐或者还原剂各自的浓度，最主要的应该是它们的浓度比。图2-1所示为为 $Ni^{2+}/H_2PO_2^-$ 摩尔比与沉积速率的关系。当 $Ni^{2+}/H_2PO_2^-$ 摩尔比为0.25～0.6之间，沉积速率较高，为0.3～0.45时，则达到最高值（pH=4.6镀液）。如 $Ni^{2+}/H_2PO_2^-$ 摩尔比低于0.25时，即 Ni^{2+} 浓度过小，这时镀速急剧下降、镀层发暗；反之，$Ni^{2+}/H_2PO_2^-$ 摩尔比大于0.6，表示 Ni^{2+} 浓度过大，$H_2PO_2^-$ 浓度过小，这时镀速也急剧降低、镀层中磷含量也减少。

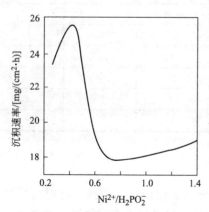

图 2-1　在醋酸盐溶液中镀速与 $Ni^{2+}/H_2PO_2^-$ 摩尔比的关系

③ 络合剂　化学镀镍溶液中除了主盐与还原剂以外，最重要的组成部分就是络合剂。镀液性能的差异、寿命长短主要决定于络合剂的选用及其搭配关系。络合剂除了能控制游离镍离子的浓度外，还能抑制亚磷酸镍的沉淀，提高镀液的稳定性，延长镀液的使用寿命。有的络合剂还能起到缓冲剂和促进剂的作用，提高镀液的沉积速率。化学镀镍的络合剂一般含

有羟基、羧基、氨基等。

在镀液中每一个镍离子可与 6 个水分子微弱结合成 $[Ni(H_2O)_6]^{2+}$，它有水解倾向，水解后呈酸性，这时即析出氢氧化物沉淀。

$$Ni(H_2O)_6^{2+} \longrightarrow Ni(H_2O)_5OH^+ + H^+ \longrightarrow Ni(H_2O)_4(OH)_2 + 2H^+ \quad (2-19)$$

如果六水合镍离子中有部分络合剂分子（离子）存在，则羟基、羧基或氨基可以取代水合分子，形成一个稳定的镍配位体，可以明显提高其抗水解能力，甚至有可能在碱性环境中以 Ni^{2+} 形式存在（不以沉淀形式存在）。在镀液配方中，络合剂的量不仅取决于镍离子的浓度，而且也取决于自身的化学结构。如果络合剂含有一个以上的官能团，则通过氧和氮配位键可以生成一个镍的闭环络合物。

加络合剂以后溶液中游离 Ni^{2+} 浓度大幅度降低，可以抑制镀液后期亚磷酸镍的沉淀析出。当镀液中无络合剂时，镀液使用几个周期后，由于亚磷酸根聚集，浓度增大，产生亚磷酸镍沉淀，镀液加热时呈现糊状，加络合剂后能够大幅度提高亚磷酸镍的沉淀点，即提高了镀液对亚磷酸镍的容忍量，延长了镀液的使用寿命。

酸性化学镀镍液中常用的络合剂有氨基乙酸、乳酸、丁二酸、苹果酸、硼酸、水杨酸、柠檬酸、醋酸等。碱性化学镀镍液中常用的络合剂有焦磷酸钠、氯化铵、醋酸铵等。

不同络合剂对镀层沉积速率、镀层表面状态、磷含量、耐腐蚀性等均有影响。因此，选择络合剂不仅要使镀液沉积速率快，而且要使镀液稳定性好，使用寿命长，镀层质量好。通常镀液都有一个主络合剂，然后再辅以其他的络合剂。络合剂用量不够，镀液容易析出沉淀；用量过多，镀速会急剧下降，镀层质量也会受到不良影响。

④ 缓冲剂 由于在化学镀镍反应过程中，副产物氢离子的产生，导致镀液 pH 值会下降。为了稳定镀速和保证镀层质量，镀液必须具备缓冲能力，也就是说使之在施镀过程中 pH 值不至于变化太大，能维持在一定 pH 值范围内。某些弱酸（或碱）与其盐组成的混合物就能抵消外来少许酸或碱以及稀释剂对溶液 pH 值变化的影响，使之在一个较小范围内波动，这种物质称为缓冲剂。

缓冲剂能有效地稳定镀液的 pH 值，使镀液的 pH 值维持在正常范围内。一般能够用作 pH 值缓冲剂的为一元或二元有机酸及其盐类，不仅具有络合 Ni^{2+} 能力，而且具有缓冲能力。

⑤ 稳定剂 化学镀镍液是一个热力学不稳定体系，常常在镀件表面以外的地方发生还原反应，当镀液中产生一些有催化效应的活性微粒——催化核心时，镀液容易产生激烈的自催化反应，即自分解反应而产生大量镍-磷黑色粉末，导致镀液寿命终止，造成经济损失。

在镀液中加入一定量的吸附性强的无机或有机化合物，它们能优先吸附在微粒表面抑制催化反应从而稳定镀液，使镍离子的还原只发生在被镀表面上。稳定剂的作用就在于抑制镀液自发分解，使施镀过程在控制下有序进行。同时，必须注意的是，稳定剂是一种化学镀镍毒化剂，即负催化剂，稳定剂不能使用过量，过量后轻则降低镀速，重则不再起镀，因此使用必须慎重。

所有稳定剂都具有一定的催化毒性作用，并且会因过量使用而阻止沉积反应，同时也会影响镀层的韧性和颜色，导致镀层变脆而降低其防腐蚀性能。试验证明，稀土也可以作为稳定剂，而且复合稀土的稳定性比单一稀土要好。

稳定剂主要包括：重金属离子，如 Pb^{2+}、Bi^{2+}、Sn^{2+}、Zn^{2+}、Cd^{2+} 等；含氧酸盐，如钼酸盐、碘酸盐、钨酸盐等；含硫化合物；有机酸衍生物等。

⑥ 加速剂 在化学镀溶液中加入一些加速催化剂，能提高化学镀镍的沉积速率。加速

剂的使用机理可以认为是还原剂次亚磷酸根中氧原子被外来的酸根取代形成络合物，导致分子中 H 和 P 原子之间键合变弱，使氢在被催化表面上更容易移动和吸附。也可以说促进剂能起活化次亚磷酸根离子的作用。常用的加速剂有丙二酸、丁二酸、氨基乙酸、丙酸、氟化钠等。

⑦ 其他添加剂　在化学镀镍溶液中，有时镀件表面上连续产生的氢气泡会使底层产生条纹或麻点。加入一些表面活性剂有助于工件表面气体的逸出，降低镀层的孔隙率。常用的表面活性剂有十二烷基硫酸盐、十二烷基磺酸盐和正辛基硫酸钠等。

稀土元素在电镀液中可以改善镀液的深镀能力、分散能力和电流效率。研究表明，稀土元素在化学镀中同样对镀液的镀层性能有显著改善。少量的稀土元素能加快化学沉积速率，提高镀液稳定性、镀层耐磨性和耐腐蚀性能。

化学镀镍磷合金镀层，硬度可高达 HV1000，相当 HRC69，具有很高的耐磨性和耐腐蚀性，镀层结合力好，厚度均匀，镀速快，可达 $20\mu m/h$。

(2) 化学镀镍工艺条件

① 温度　温度是影响化学镀镍沉积速率的最重要参数。化学镀镍的催化反应一般只能在加热条件下实现、许多化学镀镍的单个反应步骤只有在 50℃ 以上才有明显的沉积速率，特别是酸性次亚磷酸盐溶液操作温度一般都在 85~95℃ 之间。镀速随温度升高而增快，图 2-2 是沉积速率与温度的关系，试验条件是 30g/L 氯化镍，10g/L 次亚磷酸钠，10g/L 羟基乙酸钠，pH=5。从图中可以看见，在特定的 pH 值条件下，只有在温度大于 80℃ 时才有较快的沉积速率。图 2-3 表示在 90~100℃ 温度范围内，镀液沉积速率与温度的关系，可以看出，温度每升高 10℃，沉积速率就加快 1 倍。但需要指出的是，高温下沉积速率越快，镀液就越不稳定，容易发生自分解，因此应该根据实际情况选择合适的温度，并尽量保持这一温度恒定。

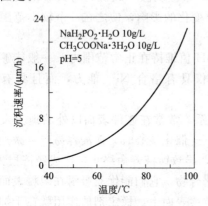

图 2-2　沉积速率与镀液温度的关系

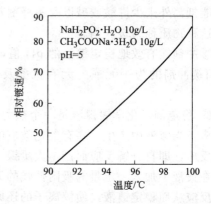

图 2-3　相对镀速与镀液温度的关系

一般的碱性化学镀镍溶液在中等温度范围内就可以沉积。这类镀液适合于耐热性能不好的非导体材料，如 ABS 塑料的金属化等。

温度除了影响镀速外，还会影响镀层的磷含量，因而也影响镀层的性能。温度升高，镀层磷含量降低，镀层的应力和孔隙率增加。降低了镀层的耐蚀性，所以说控制镀镍过程中的温度是很重要的。

在施镀过程中温度要严格控制，不能发生大幅度变化，最好维持溶液的工作温度变化在 ±2℃ 内，因为沉积层中的磷含量会随温度而变化。若施镀过程中温度波动过大，会发生片状镀层，镀层质量不好并影响镀层结合力。

② pH 值　化学镀镍施镀过程中，随着镍-磷的沉积，H^+ 不断生成，镀液的 pH 值不断降低，使络合物的结构和沉积速率受到影响。因此，在施镀过程中必须不断添加稀碱（氨水或氢氧化钠），进行补充调整。在酸性次亚磷酸钠镀液中，pH 值对沉积速率影响很大，pH 值升高，镍离子还原速率加快，沉积速率随之而增快，如图 2-4 所示，在 pH=4 时，镀速为 $8\mu m/h$，pH=5 时，镀速升高到 $10\mu m/h$，沉积速率对 pH 值很敏感，pH 值升高明显加快镀液的沉积速率。

pH 值对磷含量的影响比温度对镀层磷含量的影响更为明显。pH 值越低，镀层磷含量越高，见图 2-5。同温度一样，镀液 pH 值越高，不稳定系数就增加，镀液容易发生自分解，pH 值应保持在正常的工艺范围。

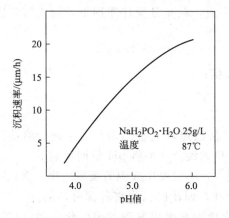 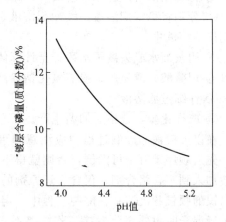

图 2-4　pH 值对沉积速率的影响　　　　图 2-5　镀层含磷量随镀液 pH 值的变化

pH 值除通过影响磷含量而影响镀层性质外，它还影响镀层中的应力分布。pH 值高的镀液得到的镀层磷含量低，这时镀层表现为拉应力，反之，则表现为压应力。镀液的 pH 值还影响镀层的结合力，对碳钢的试验发现，pH 值由 4.4 升高到 6.6 会使镀层与碳钢的结合力有所下降。pH 值太高或太低都不利于结合力，所以一般 pH 值以 4.5～5.2 为宜。

一般新配制的溶液 pH 值掌握在配方规定范围的上限，用旧了的溶液，由于亚磷酸盐的积聚量较大，为避免沉淀物析出，可掌握在配方规定范围的下限。但用控制 pH 值来避免亚磷酸盐沉淀的产生也有一定限度，当亚磷酸盐积聚量超过 130g/L 时，溶液就很难继续使用。

碱性化学镀镍液的沉积速率受 pH 值的影响不大。为使 pH 值维持在工艺规定范围内，用添加氨水来补充蒸发了的氨和中和沉积反应时所产生的酸。

2.1.2.2　化学镀镍溶液的配制

化学镀镍的研究往往偏重于配方和添加剂，而对溶液的配制、调整与维护却很少涉及。在实际生产中，不仅要有好的原始配方，更要有好的镀液的配制与操作，以便在连续变化的镀液中获得稳定的沉积速率以及含磷量、性能均稳定的镀层。目前任何一种商品化的镀液，都是分两个以上的部分销售的，包括开缸溶液和补充溶液，因而仅仅给出配方是远远不够的。要合理地操作镀液，必须了解其在使用过程中的变化。下面主要介绍如何控制 pH 值、补加镍盐及还原剂、补加络合剂及稳定剂、净化镀液、提取镀液中积累的副产物、提高镀液的寿命以及如何分析镀液的组成。

化学镀镍的工艺要求比一般电镀严格，镀液使用、调整维护问题较多，不作特殊处理时，镀液很难维持使用 6 个周期以上。因此，化学镀镍液的配制与调整维护，是一个很值得注重研究的课题。

(1) 用次亚磷酸盐作还原剂时一步法酸性镀液的配制　一步法酸性镀液，采用的配制原则，是按配方直接配制化学镀镍液，具体操作步骤如下：

① 准确称取计算量的镍盐（如硫酸镍）、还原剂（如次亚磷酸钠）、络合剂（如柠檬酸钠）、缓冲剂（如硼酸钠）、促进剂（如天冬氨酸）、稳定剂（如硝酸铅），分别用少量蒸馏水或去离子水溶解；

② 将已完全溶解的镍盐溶液，在不断搅拌下倒入含络合物的溶液中；

③ 将完全溶解的还原剂溶液，在剧烈搅拌下，倒入按②配制好的溶液中；

④ 分别将稳定剂溶液、缓冲剂溶液、促进剂溶液，在充分搅拌作用下，倒入按步骤③配制好的溶液中；

⑤ 用蒸馏水或去离子水稀释至计算体积；

⑥ 用硫酸、或氨水、或氢氧化钠稀液调整 pH 值；

⑦ 仔细过滤溶液；

⑧ 取样化验，合格后加温生产。

在以上镀液的配制过程中应注意的事项有：严格按照以上①~⑧的工序进行溶液的配制，先后顺序千万不可颠倒，否则就得不到性能合格的镀液，如将 pH 值调整剂的氢氧化钠溶液加入到不含络合剂、仅含有还原剂的镍盐溶液中，不仅要生成镍的氢氧化物，而且会还原出镍的颗粒状沉淀；在配制过程中一定要进行搅拌，即使已预先将各部分药品完全溶解，在进行混合时也要充分搅拌，若搅拌不充分也会生成肉眼难以发现的镍的化合物；在进行 pH 值调整时，除了应在剧烈搅拌下进行外，药品的加入还应缓慢少量地进行，不可加入太快，否则会使局部 pH 值过高，容易产生氢氧化镍的沉淀；在化验过程中，如化验后某种成分不合格，应严格按上述配制程序加入，不可直接加入。

在化学镀镍液的配制时，由于分析纯硫酸镍的价格昂贵，建议采用工业一级硫酸镍。使用前可对硫酸镍进行净化处理。首先将硫酸镍溶解于水中制成饱和溶液，再采用煮沸的方法，除去其中的钙、镁离子，而后加入双氧水及活性炭除去有机物；再将上步清液抽出，在搅拌的状态下，进行小电流电解（$0.2A/dm^2$）以除去重金属离子，再进行大电流（$10A/dm^2$）电解，以除去其中的贱金属离子，最后将溶液过滤后加入事先调好的络合剂中，以备配制镀液时使用。另外，目前我国已经能够生产出满足化学镀需要的次磷酸钠，在选择好厂家的情况下不必进行特别的净化处理便可使用。

为了进一步降低成本，在选用柠檬酸、乳酸、丙酸、苹果酸、乙酸等有机酸作为 pH 稳定剂或络合剂的时候，都可以选用食品级的原料，通过采用适当的净化方法以获得质量优异的镀液。

(2) 以次亚磷酸作还原剂时两步法镀液配制程序　在工业生产中多采用两步法配制镀液，即首先将镀液的组分进行分类，分成开缸液、补加液、急救液等，然后按照设定的浓缩倍率分别配制各个类别的浓缩液，在使用前由浓缩液再配制工作镀液，并进行镀液的补充。目前公开的配方大多数都不对镀液进行分类配制，但由于还原剂次亚磷酸与氧化剂镍离子在高浓度的情况下共存于一个体系时是亚稳态的，所以几乎所有的商品镀液都是将其分开进行配制的。

首先，将镀液的组分进行分类，A 与 B 为开缸液，C 与 D 为补加液，E 为急救溶液。以表 2-5 的配方为例进行介绍。

表 2-5 镀液组分及其在浓缩液的划分

组分	工作镀液浓度	A	B	C	D	E
$NiSO_4 \cdot 6H_2O$	20g/L	◎			◎	
$NaH_2PO_2 \cdot H_2O$	30g/L		◎	◎		
醋酸钠	10g/L		◎	◎		
乳酸(88%)	15mL/L		◎	◎		
丙酸	5mL/L		◎			
柠檬酸	10g/L	◎				
琥珀酸	5g/L	◎			◎	
苹果酸	10g/L	◎				
碘酸钾	15~20mg/L		◎			
硫酸	10%					◎
pH	4.7~5.1					
温度/℃	90±5					

在表2-5中，将工作镀液的组分划分成A、B、C、D四个部分，在实际生产中并不是直接配制工作液，而是首先配制A、B、C、D四种组成镀液的浓缩液。一般应配制5倍稠的浓缩液。在配制镀液时应首先确定各浓缩液的组分及浓度，如表2-6所示。

在浓缩液的配制时，有关所用药品的净化处理与步骤相同。

在配制浓缩液A时，首先将作为络合剂的柠檬酸、琥珀酸、苹果酸在蒸馏水中溶解，控制用水量为浓缩液总体积的20%以内，再将溶于水中的净化过的浓度为300g/L的硫酸镍按计量加入已溶解好的络合剂溶液中，充分搅拌后稀释到设定体积。

在配制浓缩液B时，首先用氢氧化钠水溶液将乳酸的pH值调至5.0左右，此时要注意氢氧化钠要缓慢地加入，以防因反应剧烈而发生溅射，再将调制好的乳酸与醋酸分别加入到蒸馏水中，使总体积为所定体积的70%以内，而后将次磷酸钠在搅拌的条件下加入上述酸的水溶液中，并加入蒸馏水到所定体积。在整个溶解的过程中不允许采用任何加热及升高pH值的操作，以防次磷酸钠的分解。

浓缩液C与D的配制参考浓缩液A与B的配制方法进行。

表 2-6 浓缩液配方及浓度

A		B		C		D	
组分	浓度/(g/L)	组分	浓度	组分	浓度	组分	浓度/(g/L)
$NiSO_4 \cdot 6H_2O$	100	$NaH_2PO_2 \cdot H_2O$	150g/L	$NaH_2PO_2 \cdot H_2O$	150g/L	$NiSO_4 \cdot 6H_2O$	100
柠檬酸	50	醋酸钠	50g/L	醋酸	20mL/L	柠檬酸	50
琥珀酸	25	乳酸(88%)	75mL/L	乳酸(88%)	75mL/L	琥珀酸	10
苹果酸	50	丙酸	25mL/L				
		碘酸钾	120mg/L				

镀液的配制原则是在使用前定量取出A液和B液，在不加热条件下混合后，用10%的稀氨水调至所定的pH值，再将其稀释到所定体积。在镀液工作过程中，主要消耗的是次亚磷酸及镍的离子，而络合剂及稳定剂的消耗只是镀液的带出，因而采用的补加原则是少量地补加pH缓冲剂和部分络合剂。由于琥珀酸具有稳定镀液并有促进剂的功能，因而在补加液

D中进行适量的补加。镀液的补加，既可按经验曲线进行，也可按分析结果进行，在自动补加与调整的系统中由计算机按测试结果自动补加。按我们实际经验上述镀液可以很好地工作8个周期。

配制急救液E采用的是10%的硫酸水溶液，其目的是万一镀液出现分解的前兆时，进行镀液的抢救，任何的局部过热、pH值过高以及杂质的引入都会导致镀液的分解，而且几吨甚至几十吨的镀液在工作温度下瞬间能分解完毕，所造成的损失不仅使镀液报废，由分解所造成的镍渣，还会沉积在镀槽内壁和工件表面上，造成严重的损失。在这时，降低温度来防止分解已经来不及。加入稳定剂虽然能稳定镀液，但往往使镀液失去活性不能再工作。因而以上两种方法均非上策，而加入适当量的酸，使镀液的pH值在3.8以下，则可以迅速地稳定镀液，在排除分解因素后，再调高pH值，溶液就能继续工作。

(3) 用次亚磷酸盐作还原剂时碱性镀液的配制 用次磷酸盐作还原剂的碱性镀液的配制程序如下：

① 准确称取计量的镍盐（硫酸镍）、还原剂（次亚磷酸钠）、调节剂，分别用蒸馏水溶解；

② 将已完全溶解的镍盐，在不断搅拌下，加入到含络合剂的溶液中；

③ 将已完全溶解的还原剂，在剧烈搅拌下，缓慢地加入到按步骤②配制的溶液中；

④ 将已溶解好的pH调节剂（氨水等），一点一点地在搅拌条件下倒入按步骤③配制的溶液中；

⑤ 测试pH值直至其合乎工艺要求后，加入稳定剂溶液；

⑥ 再次测试pH值，调整pH值至合格；

⑦ 过滤溶液；

⑧ 取样化验合格后，加温施镀。

在配制时应注意，在调整pH值时，应注意随时测量pH值。氨水等pH调整剂，必须在搅拌的情况下加入；如果化验镍盐含量低，不可单独加入镍盐，必须经过溶解、络合、加还原剂、调pH值后加入；如还原剂不足，也应按工序加入，不可直接加入。

2.2 钢铁化学镀镍工艺

化学镀镍可以直接沉积在具有催化作用的金属材料上（如镍、钴、钯、铑）和电位比镍为负的金属材料上（如铁、铝、镁、铍、钛）。后一类金属是靠溶液中的化学置换作用，使在其表面上产生接触镍，因镍自身是催化剂，从而使沉积过程能继续进行下去。同时，还可以在非金属基体材料上进行化学镀镍，需要经过粗化、活化、敏化等处理。

化学镀工艺的基本流程包括：化学镀前处理、化学镀及化学镀后处理。化学镀前处理是非常关键的步骤，对最后的产品质量有很大的影响。经过化学镀前处理，以获得清洁、具有均匀活性的表面。如果镀前处理不好的话，将会造成镀层与基体结合强度不合格、针孔、粗糙、镀层不均匀、晦暗等问题。

化学镀镍的对象经常是具体的工件，而进厂待镀的工件状况各不相同，因此镀前处理方法应有所不同。在确定正确的镀前处理工艺流程时，必须对工件有充分的了解，主要包括工件材质、制造或维护方法、工件尺寸等。

由于钢的广泛应用，再加上钢基体化学镀镍相对较为容易，所以钢基体的化学镀镍的应用也较多。如航空航天工业中的发动机轴，施以中磷或低磷镀层，既耐磨，又便于镀后修复。发动机的座架进行 25μm 的中磷或高磷镀层，耐磨耐蚀性均得以提高。

汽车工业中的销紧零件，只要镀 10μm 的中磷或高磷镀层，就可以达到耐磨耐蚀效果，并且有润滑作用。渗碳钢的齿轮和传动装置，施镀 25μm 的中磷或高磷镀层，耐蚀性好，磨损后还可以再行施镀，提高了零件设备的寿命，节省了资金。

化学工业中的压力容器、反应容器等都要求有很好的耐蚀性，钢基体化学镀镍后可以达到性能要求，对于反应容器来说，还可以提高产品的纯度。另外，钢制热交换器、过滤器、涡轮机叶轮转子等镀一层较厚的高磷镀层可以使其更耐蚀，尤其是耐冲蚀。

2.2.1 化学镀镍前准备

(1) 合金类型　为保证镀层足够的结合力以及镀层质量，必须鉴定基体材质。某些含有催化毒性合金成分的材料在镀前处理时加以表面调整，保证除去这些合金成分后才能进行化学镀镍。例如：铅（含铅钢）、硫（含硫钢）、过量的碳（高碳钢）、碳化物（渗碳钢）等。因为这些物质的残留，会产生结合力差和起泡问题。而且，在未除净这些物质的表面，镀层会产生针孔和多孔现象。另一种处理方法是，在镀前，采用预镀的方法，隔离基体材料中有害合金元素的影响。在不清楚待镀工件材质，而且又不可能进行材料分析的情况下，必须进行预先试验，试合格后方可进行处理工作。

(2) 工件的制造历史　钢件表面由于渗碳、渗氮、淬火而具有不同的表面硬度。而化学镀镍，在 HRC58～62 硬度范围的铁件表面很难获得结合力良好的镀层。一方面，上述硬度范围的工件，必须进行特别的清洗，即在含氰化物的溶液中周期换向电解活化或其他合适的电解清洗，以便溶解除去表面的无机物质诸如碳化物。另一方面，在施镀中产生的表面应力，诸如航天工业用的表面有较高张应力的工件，必须在镀前、镀后进行去应力处理，以获得合格的结合力。在制造过程中，工件表面大量的机械润滑油和抛光剂等，也必须在镀前清除干净。

(3) 工件的维修历史　工件维修时，为除去表面的有机涂层、铁锈或氧化皮，采用喷砂处理，这种工件是化学镀前最难处理的。因为这些工件表面不仅嵌进了残留物质，而且腐蚀产物附着得很牢。在这种情况下，应先采用机械方法清洁表面，以保证后续化学清洗和活化工序的质量。为除去工件表面嵌进的油脂和化学脏污，有时预先烘工件十分有效，尽管这不是唯一好用的清除方法。

(4) 工件的几何尺寸　通常清洗和活化钢件，应包括电解清洗和活化，工件尺寸过大或形状太复杂影响前处理，如大尺寸的容器以及内表面积很大的管件就是如此，这时应采用机械清洗、化学清洗和活化更为可行。对于具有盲孔和形状复杂的零件，需要加强清洗工序以解决污垢、氢气泡逸出和溶液带出的问题。在工件吊挂和放置方法上也应考虑解决上述问题。

(5) 工件非镀面的阻镀问题　许多工件要求局部化学镀镍，因此必须采用屏蔽材料将非镀部分保护起来。屏蔽材料可用压敏胶带、涂料、专用塑料夹具等。当然市场上现在有商品的阻镀涂料（或叫保护漆）出售，并且高级一点的，可以镀后轻松除去，用专用溶剂溶解后可以反复使用。

在对工件状况充分了解后，制定合理的前处理工艺。前处理工序基本包括除油、酸洗、活化等工序。

2.2.2 化学镀镍前处理工艺

化学镀镍就是一个自催化的水法冶金过程，化学镀镍的关键就在于解决好"自催化"和"水"（泛指除油溶液、酸洗、活化溶液、预镀溶液、化学镀槽溶液以及清洗用的自来水、去离子水）两大问题。整个过程一直在"水"中进行，目的是为了把一个脏的不催化的表面转变成洁净的、能够牢固附着镀层的自催化表面。这里"脏"的含义不仅是宏观意义上的油脂、污物等，也指微观意义上的杂质元素、夹杂物、微观表面变形等。在整个过程中，是"水"把零件表面上的脏物和氧化皮去除，露出纯净的表面并转化成催化表面，使零件获得需要的金属镀层；但也是由于这种"水"或是除不尽表面的脏物或缺陷，或是使基体的"健康"表面破坏而不能形成活性的覆盖均匀的催化层，最终得不到需要的合格镀层。

因此，要制定合理的前处理工序，以保证能得到纯净的且具有自催化性的表面。

(1) 除油　除油前，最好先弄清零件上残留的是什么油（包括脏物），是润滑油、冷却用肥皂油、还是防锈油，针对不同的油污采用相应的配方。更重要的是弄清楚基体是什么，确认了基体后才能确定除油工艺，例如钢材、镁合金可以用较强的碱除油；合金钢、铜用中强碱除油。铝、锌等则用弱碱除油。当然还要合适的除油温度和时间。

最简单的工艺方法是浸泡除油，但浸泡除油只适用于零件不脏、形状简单、表面光洁等有限情况。多数情况下为了达到更好的除油、除锈效果需要采用电解除油。电解除油是利用电解过程中释放的气体对结合牢固的脏物起冲刷作用，用电解力把它"刷除"。电解除油还要根据基体的性质选择阳极除油、阴极除油或正反循环除油以及合适的温度、时间和电流密度等。阴极除油是指工件放置在负极位置，此时正离子向负极移动，当氢离子在负极与电子结合便形成氢气释放，但当除油液中有重金属离子时，这些金属离子向负极移动，会析出金属，形成灰黑色的污斑，俗称挂灰。而当工件放置在正极时为反向除油，又称阳极除油，此时工件上释放氧气，虽不会形成挂灰，但会使零件表面氧化。最好的除油方法是采用正反向除油，视具体合金成分特点，最后在阳极除油时或阴极除油时取出零件。

除油彻底与否的最简单的检验方法是水膜破裂检验。除油彻底的清洁表面应在酸洗之后，洗净零件表面均匀覆盖的水膜，无水珠或水膜破裂。如果这时的零件上有水珠或水膜破裂，则需要重新处理。

(2) 酸洗活化　酸洗的目的是除去表面的氧化膜和锈蚀，对酸洗液的配方要根据基体确定，钢材、不锈钢和钛合金可以用强酸，而锌、镁只能用弱酸或稀酸，含硅的材料用含有氢氟酸的酸洗液，铝可以用硝酸，镁可以用氢氟酸，黄铜要用适当配比的硝酸和盐酸。盐酸有较强的浸蚀和活化作用，主要用于钢材化学镀镍的酸洗。关于酸洗液的成分、温度、浓度、混合酸配比应根据基体特性和实际使用效果决定。化学镀镍的酸洗一般不加缓蚀剂。

与除油一样，仅凭酸洗有时无法去尽致密的氧化膜和附着牢固的氧化皮，此时需要采用电解酸洗。电解酸洗不仅可以去除上述氧化膜和氧化皮，还可以去除毛刺和小瘤改善光洁度。

(3) 预镀　预镀是许多难镀基体化学镀镍采用的有效措施。它一般针对的是表面有氧化膜或钝化膜且去除后极易再生的基体。不同的基体采用不同的预镀工艺。

对铝合金，目前比较成熟且被普遍采用的方法是浸锌后预镀碱性化学镍的方法。不锈钢与铝一样，表面有一层致密的氧化膜覆盖着，为了获得结合良好的镀层也必须去除氧化膜，去除后一般用电镀方法预镀一层镍后再化学镀镍。铍、镁、锌和钛等基体也采用类似的预镀方法，但工艺不同。

以上是各种基体金属一些相同的镀前处理工艺的基本操作步骤，具体到各种材料会有所不同。

2.2.3　钢铁化学镀镍工艺

目前化学镀的大多数零件都是钢铁制造的，约占整个化学镀镍市场的70%。钢铁也被认为是最容易化学镀的一种基材。而对于钢材里面的高碳钢、合金钢的化学镀镍（约占化学镀镍市场的7%），则远没有像普通碳钢那么简单，影响这类材料化学镀镍质量的主要因素，就是其中所含合金元素的含量和性质。钢材按含碳量分可分为工业纯铁（<0.02%）、低碳钢（<0.25%）、中碳钢（0.25%～0.6%）和高碳钢（>0.6%），按合金元素分有低合金钢（<5%）、中合金钢（5%～10%）、高合金钢（>10%）。根据钢中合金元素的种类及组合又有锰钢、硅锰钢、铬镍钢、铬镍铝钢、铬铝钨钒钢等。除了成分以外，还要注意钢的热处理状态、拉伸强度等因素。对于合金钢零件，在化学镀前弄清热处理状态也十分重要，因为一些经过淬火处理的高强度钢，有很高的内应力，这样的钢材在前处理时，有时会产生开裂或得不到结合良好的镀层。因此对这类钢材，除需在前处理时采用防止容易造成应力裂纹的介质外，必要时在镀前就要进行消除应力热处理。而且经过热处理的钢材，表面一般都有一层结合非常牢固的氧化皮，这层氧化皮去除不尽，就得不到结合良好的镀层。

化学镀镍前，事先了解钢铁零件的状态（包括成分及特性、含量、热处理条件等），选择合适的处理液成分、浓度和处理工艺是非常重要的。化学镀前处理过程需要多道工序，每道工序，都是浸在不同成分的水溶液中，以便最终获得覆盖均匀、结合良好、符合要求的化学镀镍层。

2.2.3.1 低碳钢化学镀镍工艺

① 碱性除油（温度为75～85℃，时间为5min）。
② 清洗。
③ 碱性电解除油（阳极或定期反向，并在阳极除油时结束除油）。
工艺条件：温度51～68℃；电流密度2～10A/dm^2；时间2min。
④ 清洗（温水）。
⑤ 冷水清洗。
⑥ 室温浸蚀（在50%HCl和10%H$_2$SO$_4$混合液中浸蚀1min）。
⑦ 清洗。
⑧ 清洗。
⑨ 室温下在0.25%～0.5%（体积分数）的氨水中浸30s。
⑩ 化学镀镍。
⑪ 后处理。

2.2.3.2 高碳钢化学镀镍工艺

① 碱性除油（75～85℃，5min）。
② 清洗。
③ 碱性电解除油（阳极或定期反向，在阳极除油时结束除油）。
工艺条件：温度51～68℃；电流密度2～10A/dm^2；时间2～4min或至污斑除尽。
④ 清洗（温水）。
⑤ 清洗（冷水）。
⑥ 室温浸蚀（在30%HCl和5%H$_2$SO$_4$混合液中浸蚀1min）。
⑦ 清洗。
⑧ 清洗。
⑨ 碱性电解除油（阳极或定期反向，并在阳极除油时结束除油）。
工艺条件：温度51～68℃；电流密度2～10A/dm^2；时间2～4min或至污斑除尽。

⑩ 清洗。
⑪ 清洗。
⑫ 浸在弱酸中中和电解除油残留的碱膜。
⑬ 清洗。
⑭ 清洗。
⑮ 0.25%～0.5%（体积分数）氨水浸 10～30s。
⑯ 化学镀镍。
⑰ 后处理。

2.2.3.3 淬火高碳钢的化学镀镍工艺

① 碱性除油（75～85℃，5min）。
② 清洗。
③ 清洗。
④ 在 30% HCl 和 50% H_2SO_4 中去除氧化皮，然后阳极浸蚀（15%～33% H_2SO_4，在室温、电流密度为 10～20A/dm^2 的条件下加氟化物有助于去除较厚的氧化皮，但会产生过多的污斑）。
⑤ 清洗。
⑥ 清洗。
⑦ 碱性电解除油（阳极或定期反向，在阳极除油时结束除油）。
工艺条件：温度 51～68℃；电流密度 2～10A/dm^2；时间 2～4min 或至污斑除尽。
⑧ 清洗。
⑨ 清洗。
⑩ 浸在弱酸中中和除油产生的碱膜。
⑪ 清洗。
⑫ 清洗。
⑬ 0.25%～0.5%（体积分数）氨水浸 10～30s。
⑭ 化学镀镍。
⑮ 后处理。

从上面可见，高碳钢前处理的工艺比低碳钢要复杂，多了一道去除污斑的阳极除油和一道中和除油碱膜的弱酸浸蚀，并且高碳钢酸浸蚀时，酸的浓度比低碳钢的低。有氧化皮的高碳钢，可考虑阳极浸蚀以加快氧化皮的去除。另外，高碳钢有较高的强度，对氢脆比较敏感，电解除油时，特别在零件从电解槽取出时，一定要在阳极位置，以免零件吸氢。

2.2.3.4 不锈钢化学镀镍工艺

不锈钢化学镀镍与碳钢的区别在于不锈钢的表面有一层致密的氧化膜，化学镀镍前必须去除。为此，不锈钢电解除油时零件需放置阴极，以免加重氧化膜的形成，而且不锈钢化学镀镍要获得良好的镀层结合，必须采用 Woods 预镀镍（或氨基磺酸盐镀镍），不锈钢表面的氧化膜在强酸性的电镀液中溶解，并电镀上一层镍保护不锈钢表面不再被氧化，同时电镀上的镍，便成为化学镀镍的自催化基底。

其他所有难镀合金钢，都可以参照不锈钢化学镀镍的工艺。

① 高碱度浸泡除油（75～85℃，5min）。
② 清洗。

③ 碱性电解除油

工艺条件：温度 51～68℃；电流密度 2～10A/dm²；时间 2min。

④ 清洗。

⑤ 清洗。

⑥ 室温浸蚀（在 50%HCl 和 10%H₂SO₄ 混合液中浸蚀 2min）。

⑦ 清洗。

⑧ 清洗。

⑨ Woods 预镀镍或氨基磺酸镍。

第一种是最常用的是伍兹（Woods）

氯化镍(NiCl₂·H₂O)	240g/L	温度	室温
盐酸(HCl,32%)	320mL/L	时间	2～6min
电流密度	2A/dm²		

这种预镀镍溶液的优点是氯离子浓度高，活化零件表面的能力强。在阴极处理前，零件可以先"浸泡"或阳极处理 30～60s。这种方法的缺点是氯离子会腐蚀零件表面或沾污镀液，因此进入化学镀镍镀槽前零件必须彻底清洗干净。

第二种　氨基磺酸镍配方（镍阳极）

氨基磺酸镍	300g/L	pH 值	1.5(最大)
镍(金属)	75g/L	电流密度	3～10A/dm²
硼酸	30g/L	温度	室温
氨基磺酸	20g/L	时间	1～3min
盐酸	12mL/L		

这种方法没有 Woods 预镀镍用得广，但它可以产生无应力的镀层。对于要求压应力的高磷和低磷镀层，最好选用这种预镀方法。另外的优点是它不会沾污化学镀镍溶液，产生氢脆的危险少，操作和控制也比较容易。

⑩ 清洗。

⑪ 化学镀镍。

⑫ 后处理。

2.3　化学镀镍组织及性能

2.3.1　化学镀镍的组织

在化学镀中，如果采用次亚磷酸钠做还原剂时，会有磷随镍沉积夹杂在镀层中，使镀层结晶细化，细化程度由磷含量决定。化学沉积的镍-磷层是由极细小的晶体或非晶组成的，主要取决于沉积条件（镀液成分、pH 值、温度等），并决定了镀层的性能。

纯镍，具有面心立方（fcc）晶体结构，晶格常数 $a=0.352$nm。类金属磷进入 Ni-P 镀层中，使镍原子按面心立方结构排列受阻，低磷含量的镀层是由尺寸仅为几个纳米的微晶组成的（电镀镍的晶粒尺寸约 100nm）；随着磷含量的增加，微晶尺寸进一步减小，镀层组织逐渐转变为原子无序排列的非晶。

镍-磷合金的平衡相图见图 2-6。从相图中可以看出，镍-磷体系在室温下，磷在镍基中的溶解度极低，不存在磷的固溶体。在平衡条件下，室温时合金的组织主要是镍和 Ni_3P 两相。

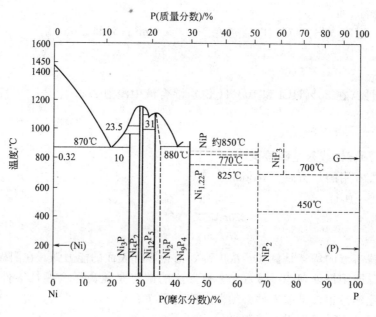

图 2-6 镍-磷合金平衡相图

在实际的化学镀镍-磷过程中,并非平衡态,而是亚稳态的。传统的镍磷合金相图显示镀层中只有晶体相,但化学镀镍镀层在热处理之前大部分却是非晶材料。R. N. Duncan 标定出化学镀镍-磷合金的亚稳态相图,如图 2-7 所示。磷含量小于 4.5%(质量分数)时,镀层为磷在镍中过饱和固溶体(β 相),为微晶态(纳米晶态);磷含量超过 11%(质量分数)时,镀层为完全非晶态(γ 相);磷含量介于两者之间时,镀层为两相的混合物(β+γ)。磷含量的改变导致了结构的改变,相的转变会引起镀层性能的显著变化。

2.3.2 一般物理性能

2.3.2.1 外观

与具有淡黄色的电镀镍层相比,大多数化学镀镍-磷或镍-硼镀层的银白色看上去像光亮的不锈钢。但用肼作还原剂得到的镀层是暗灰色无光泽的,用 Nibodur 工艺得到的镍-硼镀层也无光泽。

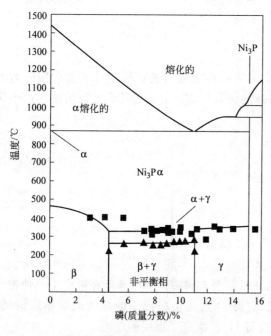

图 2-7 镍-磷合金亚稳态相图

镀层的亮度取决于多种因素,一般可以用镀层表面反射的物体图像的清晰度来判断。一般,镍-硼镀层的反射率明显低于镍-磷镀层。由于化学镀镍的镀液几乎没有整平作用,镀层的光亮度强烈依赖于基底表面的粗糙度,薄镀层更是如此。镀液中的其他金属元素,如 Cu、Pb、Zn 等有提高镀层光亮度的倾向。

2.3.2.2 镀层厚度均匀性

虽然厚度本身不是性质,但均匀完整覆盖的镀层有好的耐腐蚀性。化学镀镍优于电镀镍的一个主要特点是，沉积金属的厚度在整个基底表面是均匀的，化学镀是利用还原剂以自催化反应在工件表面得到镀层，不存在电镀中由于工件几何形状复杂而造成的电流密度分布不均、均镀（分散）能力和深镀（覆盖）能力不足等问题。不管所镀工件形状如何复杂，只要表面的所有部分已经催化活化，并被溶液所浸润，且镀液有自动流动的通道，产生的氢气可从表面去除，无论深孔、凹槽甚至盲孔部位均可获得厚度均匀的镀层。所谓"面面俱到"、"无微不至"等正是形象描述了化学镀镍工艺的厚度均匀性。表2-7是柴油机燃油泵的柱塞（图2-8为其示意图）化学镀镍和电镀铬后沿柱塞长度方向厚度均匀件的比较，可见化学镀镍层沿厚度方向的均匀性明显优于电镀。

表2-7 柱塞化学镀镍和电镀铬后厚度均匀性比较

镀层沉积方法	沿柱塞长度方向各段镀层厚度/μm				
	Ⅰ	Ⅱ	Ⅲ	Ⅳ	Ⅴ
无辅助阳极镀铬	19.0	10.5	8.0	7.0	5.0
有辅助阳极镀铬	11.0	7.5	6.0	5.0	4.5
化学镀镍	8.5	8.0	9.0	8.75	8.75

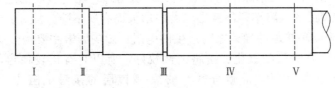

图2-8 柴油机燃油泵的柱塞

2.3.2.3 孔隙率

稳定的化学镀镍层的孔隙率是一个非常重要的参数。孔隙率在很大程度上决定了镀层的耐腐蚀性。其他性质如密度、可焊性和延展性，同样也受孔隙率影响。

孔隙对基体和镀层抗腐蚀能力的影响很大。镀层比基体活泼的金属，会与基体形成局部原电池对，对基体产生阳极（牺牲）保护作用；而比基体稳定的镀层起不了这种作用，会通过裂纹或孔隙产生腐蚀，只有当沉积的这些金属完全无孔状态时，才能起到真正有效的腐蚀阻挡层的作用。

一般，相同条件下镀层愈厚孔隙率愈小，图2-9为Novotect镀液所得镀层的孔隙率，随着镀层厚度增加，孔隙率几乎成指数下降，厚度达到30μm以后，孔隙率接近0。

镀层表面孔隙率还与以下因素有关。

(1) 施镀工艺 通常碱浴镀层的孔隙率比酸浴大1~2倍，得到的镀层比用次亚磷酸盐高。镀速快，孔隙率高，施镀过程中的杂质及悬浮物不仅增加表面粗糙度，同时也增加孔隙率。

(2) 镀件表面粗糙度 孔隙的形成与否取决于表面形貌，镀件表面越光洁平整其孔隙率越小。

(3) 热处理 热处理有助于降低镀层孔隙率。

2.3.2.4 镀层密度

电镀镍的密度与金属镍的理论密度相同，室

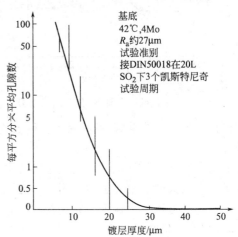

图2-9 Novotect镀层的孔隙率与厚度的关系

温下金属纯镍的密度为 8.9g/cm³，但含磷或硼的化学镀镍层密度随磷（硼）含量增加而降低。磷含量小于 15%（质量分数）的镍-磷合金镀层密度计算式为：

$$\rho = (113.6 - c_P)/12.7 \ (g/cm^3) \tag{2-20}$$

式中　c_P——镍-磷合金中的磷含量（质量分数），%。

由于化学镀镍层中含有杂质，所以不同的工艺得到的同样磷含量的镀层密度也有所不同。

2.3.3　电、磁、热性能

2.3.3.1　电阻率与接触电阻

在高频情况下，大部分电流，由于集肤效应而流过导体外层的镀层，所以化学镀镍-磷合金的电性质非常重要。常用的反映电性质的参数是：电阻率和接触电阻值。

化学镀 Ni-P 镀层是一种金属镀层，有良好的导电能力。但由于镀层含磷，致使电阻值随磷含量增加而增高。由于固溶体中存在的合金元素，阻碍了自由电子的扩散，使电阻值升高；偏离规则的晶体也使电阻升高，因而非晶材料的电阻比晶体要大。磷含量 5%～7%（质量分数）的化学镀镍-磷镀层，电阻率为 52～80μΩ·cm，要比纯镍的（6.8μΩ·cm）高一个数量级。镀层电阻率的大小除了与磷含量关系密切外，还与镀液的组成、温度、pH 值有关。此外，镍-磷镀层的电阻率还随镀层厚度的增大而有所下降。

接触电阻是两个物理接触的导体之间产生的电阻，影响因素主要是介质系统、镀层硬度和接触压力。由于 Ni-P 镀层耐氧化、耐腐蚀性较好，所以它有比较稳定的接触电阻。Bogenschutz 认为磷含量为 10%（质量分数）的镍-磷镀层的接触电阻为 30mΩ（纯镍约为 2mΩ，接触压力为 1N），含硼 7%（质量分数）的镍-硼镀层接触电阻为 15mΩ。

2.3.3.2　电阻温度系数与热电势

化学镀镍-磷合金镀层的电阻温度系数与磷含量有关，在磷含量 5%～15%（质量分数）范围内，Ni-P 镀层电阻温度系数从大变小，与磷含量基本上成负的线性关系。在 13.5%（质量分数）左右电阻温度系数由正变负。

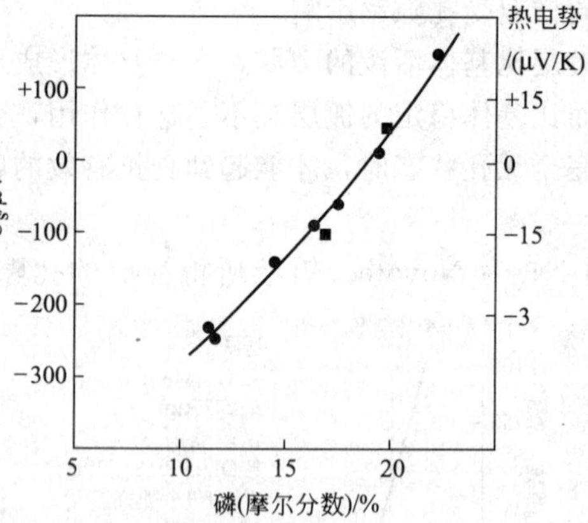

图 2-10 是不同磷含量化学镀镍-磷合金的热电势，可见 Ni-P 合金镀层的热电势随着磷含量增加由小变大，从 -4μV/K 到 2μV/K，在某一磷含量〔约 10%（质量分数）〕时热电势为零。

图 2-10　不同磷含量镍-磷合金的热电势

2.3.3.3　电磁屏蔽性

装在塑料外壳中的电子仪器产生电磁波，会严重干扰收音机、电视机和侦察用的无线电通信机的正常工作，而化学镀镍层会起到电磁波屏蔽效果，且屏蔽效果随镀层中合金元素及其含量的不同而不同。化学镀镍-磷镀层中，磷含量越低，镀层的导电性越好，电磁波的屏蔽效果就越好。

化学镀镍层的导电性能远低于铜等良导体，因此它的电磁屏蔽性能不是最好的，但它具有优良的耐磨性、耐腐蚀性。因此，在电磁屏蔽应用场合，往往先镀铜，再在铜上面化学镀镍。这样既可以消除铜容易氧化的缺点，又消除了化学镀镍层屏蔽性较差的缺点。

2.3.3.4　磁学性质

化学镀镍层的磁性质非常重要，在数据磁性储存方面有重要作用。目前绝大部分磁盘采用化学镀镍-磷。化学镀镍-磷合金的磁性能决定于磷含量和热处理工艺,及其结构属性——晶态或非晶态。

共沉积磷或硼对化学镀镍层的磁性有强烈影响,如图 2-11 表示,镀态化学镀镍-磷合金的磁矩随磷含量的增加而减小。这是因为镀层的磁性随着磷含量的增加,使镍的铁磁性受到抑制。在磷含量足够高时,Ni-P 合金从铁磁性转变为顺磁性,一般认为,这一转变发生在磷含量为 9.8%~10.4%(质量分数)之间。总的说来,随着磷含量的增高,磁矩以及居里温度都降低。纯镍的饱和磁化强度为 0.616A/m,而高磷[>11%(质量分数)磷]Ni-P 镀层的饱和磁化强度可低至 $128×10^{-4}$ A/m 以下。这种镀层已经用作计算机铝合金硬盘基底与磁性记录薄膜之间的中间层,能够满足无磁性的要求。

镍与钴和铁一样是铁磁性材料,其磁性可用磁滞回路图表示。含磷 3%~6%(质量分数)的化学镀层矫顽磁力在 0.8~6.4kA/m 之间,磷含量 7%~8%(质量分数)的为 80~160A/m,含磷 9%(质量分数)以上基本无磁性。可以认为磷含量大于 8%(质量分数)的非晶态镀层是非磁性的;磷含量 5%~6%(质量分数)的镀层有很弱的铁磁性,只有小于 3%(质量分数)的镀层才具有铁磁性,但磁性仍比电镀镍小。

热处理对镀层的磁性也有很大的影响,热处理后由于磷以磷化物形式析出。降低了基体中的磷含量,并形成铁磁相镍而使镀层的磁性明显提高。例如含磷 7%~8%经热处理的 Ni-P 镀层,矫顽磁力增大,达

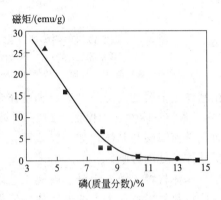

图 2-11 不同磷含量镀态镀层的磁性能
$1emu/g = 1A·m^2/kg$,下同

8.8~12kA/m。镀液的成分及操作条件对镀层的磁性也有影响,一般提高还原剂如次亚磷酸钠的浓度,可以使镀层铁磁性有所减少。降低主盐浓度也会使镀层磁性降低。

2.3.3.5 耐温性、熔点、热膨胀

如同所有的固体物质一样,化学镀镍层的大多性质都与温度有关。原则上,镀层能够在绝对零度一直到它的熔点范围内的任意温度下使用。差不多所有化学镀镍层在 250℃ 以上,都要经历晶体结构、显微组织和与之相关的性质的变化。值得一提的是,这种变化是不可逆的。即基底回到常温后,变化将保持下来。

纯镍的熔点是 1455℃,共沉积的合金元素(磷、硼等)比例越大,熔点就越低。化学镀镍合金,一般随着镀层中的磷含量的变化,其熔点也在很大温度范围内变化,但所有镀层的共晶温度均为 880℃。

化学镀 Ni-P 镀层的热膨胀系数影响镀层的内应力与结合力,随磷含量不同而变化,在 0~100℃ 之间,磷含量 8%~9% 的镀层约为 13μm/(m·℃)。镀层在加热后发生晶化、析出金属间化合物及体积变化,均可以从热膨胀系数反映出来。图 5-15 为含磷 8.2%、11.5% 和 13.0% 的 3 种镀层随着温度升高而发生的热膨胀变化。从室温到 150℃(或更高),磷含量越高,热膨胀系数越大。在 150~240℃ 温度范围,低磷镀层(图 2-12 曲线 3)因发生结构转变(晶化析出镍),镀层收缩;在 320~340℃ 温度范围,高磷镀层(图 2-12 曲线 1 和曲线 2)发生结构转变,镀层发生剧烈收缩,而且磷含量越高,收缩越大。低磷镀层在 360℃ 左右还发生第二次结构转变(富磷相转变为 Ni_3P),出现第二次收缩。Ni-P 镀层的结构转变为不可逆转变,经 400℃ 处理(完成结构转变)的镀层,热膨胀随着温度升高而单值增加,不再出现收缩,此时含磷高的镀层热膨胀系数小。

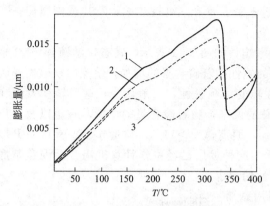

图 2-12 镀态镀层的热膨胀变化
1—13.0%（质量分数）磷；2—11.5%
（质量分数）磷；3—8.2%（质量分数）磷

2.3.3.6 热导性

电镀镍层的热导率为 58.608W/(m·℃)，熔炼纯镍 100℃时为 82.872W/(m·℃)。化学镀镍的热导率比电镀镍低，化学镀镍-磷层的热导率与磷含量有关，磷含量高，则热导率低，磷含量 8%～9%（质量分数）的镍-磷镀层的热导率约为 4.396～5.652W/(m·℃)，磷含量为 10.5%（质量分数）的镀层约为 4.19W/(m·℃)。

2.3.4 力学性能

2.3.4.1 镀层与基体结合强度

镀层与基体的结合强度对实际应用非常重要，结合的牢固程度通常用结合力来衡量。在基体是金属的情况下，镀层和基体金属之间要形成真正的金属与金属的结合，从而保证镀层-基体的整体性。为保证达到镍-磷镀层的良好结合，被镀零件的预处理起着重要的作用。而化学镀镍层与基体，如塑料或氧化物基陶瓷的结合强度，取决于范德华力和异极键合力，受基体预处理影响。

基体材料、镀液组分、施镀工艺以及随后的热处理都对镀层的结合力有重要影响。其中基体材料的影响最大。酸性镀液中所得镀层的结合力比碱性镀液的高。一定温度下，热处理使得镀层与基体相互扩散，可以提高镀层与基体的结合。

2.3.4.2 内应力

化学沉积镀层会产生内应力，这些应力来自沉积金属和合金的原子堆积缺陷。通常最初沉积上的化学镀镍层不是连续的原子层，而是岛状的分散粒子。粒子的形成、而后的连接以及扩展很可能就是镀层增厚的方式。当表面层被新的镀层所覆盖或进行热处理时，会发生原子重排而改变原子间距。如果原子间距缩短，应力为拉应力；当发生气体共沉积时会产生压应力；如果气体扩散出镀层或进入基体，镀层就会产生拉应力。

高的拉应力使镀层从基体剥离，或开裂或鼓泡，而压应力则有助于改善结合强度。化学镀层内应力是影响镀层与基底结合强度和耐腐蚀性的重要因素，可分为热应力和固有应力两类。前者是因为镀层与基材热膨胀系数不同而产生的。固有应力来自镀层沉积过程中的晶体生长缺陷等内在因素。

2.3.4.3 硬度

硬度是指材料对外力引起表面局部变形的抵抗程度，化学镀镍层的硬度比电镀镍层高得多。化学镀镍磷合金镀层的镀态硬度可达 HV400～600，经热处理硬度提高到 HV1000 以上。镀态镀层硬度除了与镀液有关外，还与镀层磷、硼含量有关。化学镀镍-磷合金的硬度可以依靠热处理大大提高。

2.3.4.4 耐磨性

耐磨性是材料在一定摩擦条件下表现出的抗磨损能力。它不是材料固有的属性，而是一个系统特性。耐磨性与硬度有比较直接的关系，一般来说硬度越高越耐磨。Ni-P 镀层有比较高的硬度，因而也是比较理想的耐磨镀层。由于热处理可以进一步提高硬度，因而其耐磨性也可进一步提高。

镍-磷镀层是一种很有实用价值的耐磨防护涂层，可用于零件摩擦表面以减轻或消除黏着磨损和低应力的磨料磨损。必须注意的是，镍-磷镀层是脆性镀层，热处理后尤甚，经受不起冲击载荷，也不适用于较高应力状态下的疲劳磨损工况，但轻载或润滑条件下轴颈类的滑动零件采用化学镀镍仍可取得较好的耐磨效果。

2.3.4.5 弹性模量

化学镀镍是脆性镀层，其力学性能与玻璃类似，抗压强度高。但弹性模量与延伸率低。其原因在于它的非晶或微晶结构阻碍塑性变形，在发生弹性变形后随即断裂。

2.3.4.6 拉伸强度

镀层的拉伸强度与镀层磷含量有很大关系，图2-13是不同磷含量的镍-磷合金镀层的拉伸强度，对于低磷镀层，拉伸强度在200～450MPa；磷含量大约为7%（质量分数）时，抗伸强度骤升，此点刚好是微晶结构向非晶结构过渡的转折点。在2%～9%（质量分数），随着磷含量的增加，拉伸强度提高，最高可达900MPa。热处理后拉伸强度一般有所上升，200℃处理15min拉伸强度从450MPa增加到550MPa，但高温热处理会使得强度减小，600℃热处理之后，强度降到200～300MPa。

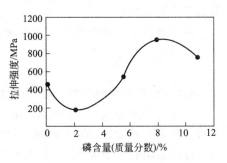

图2-13 镀层镀态下拉伸强度与磷含量的关系

2.3.4.7 延展性

化学镀镍-磷镀层的延展性如同其他许多性质一样与磷含量有关。镀态高磷镀层，延伸率与磷含量成正比。热处理的样品，情况刚好相反，延性随磷含量增加而下降。

2.3.4.8 氢脆

当原子氢进入钢、镍等金属中后，会导致镀层韧性降低、负荷能力下降或产生裂纹（通常是微裂纹）以及在远低于屈服强度，甚至低于合金的标准设计强度下使用时，会因应力而导致灾害性脆断。而在镀前处理（清洗、酸洗、活化等）及施镀过程中（反应产生氢气）均会造成钢基体吸氢，另外对基体采取阴极保护也会导致氢气产生。

热处理会减少镀层中的氢气含量，一般需要对欲镀材料在镀前和镀后尽快（最好在1h内，一般不超过3h）进行去氢热处理。化学镀镍的高强度钢，经200℃左右若干小时热处理，氢脆将降低到最低限度。

2.3.5 化学性能

化学镀镍层的化学性能主要指耐化学性、耐腐蚀性和耐变色性。耐化学性是足够厚（且无孔）的化学镀镍层在给定介质（一般是流体）中的行为。耐腐蚀性是关于基底材料上几微米厚的化学镀镍层，在大气条件下或在一种或几种气体的腐蚀性气氛中的行为。在这种情况下，孔隙率以及在给定环境中基底和镍之间的电位差具有实际意义。耐变色性是镀层自身在给定的腐蚀环境（一般是气体）中的耐化学性。三者互相联系，彼此加强，是不能截然分开的。

化学镀镍层的耐化学性，很大程度上取决于所用镀液的类型以及沉积条件，即磷或硼的含量、其他杂质以及镀层的晶体结构和显微组织。通常镍-磷镀层的耐化学性优于镍-硼镀层。

化学镀镍层腐蚀反应往往发生在通至基体的孔洞处，所以许多腐蚀试验实质上是评估镀层的孔隙率。化学镀镍层（实际上包括基底）的耐腐蚀性受许多因素影响，如镀层的类型、基体的类型和结构、镀层厚度、沉积条件、预处理和所用试验方法等。高磷合金具有较好的耐酸性和耐中性盐雾腐蚀的能力。化学镀镍层的耐变色性是与其耐化学性密切关联的。

2.3.6 工艺性能

2.3.6.1 扩散阻挡性

电子工业中有许多元器件要求有良好的、长期稳定的导电性能，铜由于导电性能良好被广泛应用。但铜容易氧化，使接触电阻升高，为了保持良好的导电性，有的元件上还要镀金。但是铜和金之间会发生相互扩散，一段时间之后，铜会扩散透过金层到表面，又使电阻升高。为了解决这一问题，就在铜和金之间镀上一层镍-磷合金，该中间层能够有效地阻挡铜和金之间的互扩散，使元件长期保持良好的导电性。而且还可以减小镀金层的厚度，从而节约昂贵的金用量。

在提高合金表面强度而采取渗碳、渗氮等工艺中，经常会碰到某些部件不需要渗碳或渗氮，此时可以在这些部位预先镀上一层化学镍，从而可以在渗碳或渗氮时保证不让碳或氮渗入。

2.3.6.2 金刚石切削性能（可抛光性）

金刚石车削是制备高精密零件的一种加工方法。对于加工表面光洁度要求很高的光学反射镜、计算机硬盘等精密零件时，化学镀 Ni-P 合金镀层的金刚石车削性能是十分有用的性能。高磷镀层有非常好的金刚石车削性能。经过这种加工，镀层表面的光洁度最高已达 1nm。

2.3.6.3 钎焊性

由于化学镀镍-磷合金兼有硬度高、耐磨、耐腐蚀、能阻挡铜和金的互扩散以及可镀非导体等特性，因而它的可焊性在电子工业中显得尤为重要。在电子工业中用化学镀镍-磷改善其钎焊性能。镍-磷镀层的钎焊性与它的含磷量成反比，低磷镀层容易钎焊。当磷含量升高时，钎焊性能逐渐变差。

2.4 铝合金化学镀镍工艺

铝有一系列优良的特性，因而在工农业各部门，特别是航空、航天、国防工业、乃至人们的日常生活中，都有广泛的应用。铝的标准电极电势为 -1.66V，是一种非常活泼的金属。它与氧有很高的亲和力，与氧反应生成氧化铝（Al_2O_3）的生成热很大（399kJ/mol），能够从许多金属氧化物中把相应的金属置换出来。铝及其氧化物和氢氧化物均表现为两性，既可以与酸反应生成盐，也可以与碱反应生成盐：

$$Al(OH)_3 + 3H^+ = Al^{3+} + 3H_2O \tag{2-21}$$

$$Al(OH)_3 + OH^- = [Al(OH)_4]^- \tag{2-22}$$

铝与氧的亲和力很高，铝的表面始终覆盖着氧化膜，而且这层氧化膜非常致密，它可以将金属铝与外界环境气氛隔离开来，避免进一步受到氧化。同时这层氧化膜不会和大气、水、大部分中性溶液与介质发生反应，因而铝在这些介质中有很高的腐蚀稳定性。但是这层氧化膜易受较强的还原酸（例如盐酸）和强碱的腐蚀，而且铝的质地较软，因此遇到这样一些介质或是需要铝制零件耐磨时，就必须对铝进行表面处理，使表面形成更耐腐蚀和更耐磨的保护层。铝及铝合金的表面处理方法有化学和电化学抛光、化学氧化、阳极氧化、着色处理、电镀和化学镀等。化学氧化和阳极氧化所获得的膜层是非金属，只具有非金属的特性。当铝和铝合金零件表面必须有金属镀层才能达到防护和使用要求时，可以采用电镀和化学镀的方法获得需要的金属镀层。下面详细介绍铝和铝合金化学镀镍工艺。

2.4.1 铝及铝合金化学镀镍的应用

随着铝及铝合金化学镀镍技术的不断改进，铝制件化学镀镍的工业应用越来越多，在各种金属制品中，铝材的化学镀镍产品数量仅次于钢铁，应用还在不断扩大。下面介绍一些铝合金化学镀镍的应用。

(1) 计算机的硬盘　计算机用的硬盘一般用 5086 铝合金制造，表面化学镀镍-磷后，再溅射磁性记忆薄膜。现在计算机使用的硬盘多采用化学镀镍，全世界每年有数亿个硬盘要进行化学镀镍处理。出于硬盘的技术特性，对铝镁合金基体和镍-磷镀层的质量要求都非常高，要求与读取信息磁头接触的盘面镀层，没有超过 25.4nm 的缺陷，否则在硬盘高速转动时，会撞坏磁头；同时镀层要有足够的硬度和良好的耐磨、耐腐蚀性，以保证硬盘有足够的使用寿命；还要确保镀层本身没有磁性，以免干扰硬盘的正常工作。采用 12~13μm 的高磷 [含磷 11%~12% (质量分数)] 无磁性的镍-磷镀层能完全满足上述要求。

(2) 反射镜　反射镜是光学系统（望远镜、潜望镜、导航系统和卫星成像系统等）中常用的一种精密零件，也有用铝合金制造的。在这些仪器加工过程中，化学镀镍层同样也起着重要的作用。除了利用它硬度高、耐磨性好以及耐腐蚀性好等优点外，最重要的是这种镀层的可抛光性。高磷化学镀镍层有非常好的抛光性能。德国豹 I 型坦克火控系统，用碳化硅颗粒增强铝基复合材料作反射镜的底坯，表面镀镍-磷镀层，经光学加工之后，镜面光学反射性能很好。

为了减轻汽车重量，汽车上有更多零件采用铝合金制造，像其他材料（钢、铸铁、锌合金等）的汽车零件采用化学镀镍保护一样，铝合金同样也需要用化学镀镍保护。目前已经采用化学镀镍保护的汽车零件有铝制车轮、制动活塞、铝制电子连接元件等。

(3) 塑料模具　用于塑料挤压成型的模具许多是用铝合金制造的，模具的表面要求耐磨、耐腐蚀，一般铝模可施镀 15μm 中磷 [含磷 6%~9% (质量分数)] 镀层。如果塑料有腐蚀性，就要使用高磷镀层，以便使模具表面不变色或受腐蚀，如果塑料中掺有磨料，那就要使用硬度更高更耐磨的低磷镀层或镍-硼镀层。

(4) 电气连接元件　航空电子设备中要用到大量铝质圆形连接元件，对这些元件的耐腐蚀性和耐磨性要求很高，为了保证其可靠性，一般都采用化学镀镍层保护。这些元件一般施镀中磷或高磷镀层，厚度一般为 15~30μm。

(5) 鱼雷　一直采用 Type-Ⅲ 型硬质阳极氧化处理的一些水下运载工具和 MK-50 鱼雷的蒸汽冷凝部位有望采用化学镀镍代替，以达到更好的性能。以往用 5061 铝合金基体经阳极氧化获得的阳极氧化膜，硬度和耐腐蚀性均符合要求，但导热性达不到要求。镍-磷镀层是金属镀层，导热性比阳极氧化膜要高一个数量级，同时又有优良的耐磨、耐蚀性能。但由于镍-磷镀层很难达到完全无孔，一旦存在针孔。针孔处的铝基体就会加速腐蚀。采取先在 6061 铝合金上镀 50μm 镍-磷镀层，再镀 10μm 锌-镍合金，这也为其他类似的应用提供了借鉴。

2.4.2 铝及铝合金化学镀镍工艺

铝对氧有很高的亲和力，因此清洁的铝表面会快速形成氧化膜。一般情况下，这层氧化膜厚 5~20nm，尽管不厚，但非常致密，且与铝基体结合牢固，就是因为有这层天然的氧化膜，使铝及铝合金制品在常规环境中性能稳定，不易腐蚀。但是，在氧化膜上无法获得结合牢固的金属镀层，为了能在铝的表面获得结合牢固的金属镀层，必须事先除掉这层氧化膜，并在金属镀层镀上之前不让其重新生成。这是铝及铝合金化学镀镍前处理的关键。

20 世纪 70 年代末，铝及铝合金化学镀镍在技术上有了突破，取得了广泛的应用。在这一技术中,最重要的是有了可靠的、重复性好的前处理技术。至今,两次浸锌工艺(又称锌酸盐处理)仍被确认为适用于大多数铝合金的最可靠技术。

2.4.2.1 二次浸锌工艺

目前认为成熟可靠的铝及铝合金化学镀镍的工艺流程为:铝零件→除油→浸蚀→第一次浸锌→硝酸退除→第二次浸锌→碱性化学预镀镍→酸性化学镀镍→烘烤→成品。

这一工艺简称为二次浸锌工艺。每步之间必须彻底用水清洗避免前道工序的残液带入下道工序。

(1) 除油 任何零件在表面处理之前,都要经过除油,目的是去除零件表面的脏物、防锈油、润滑油和前道工序加工和铸造等留在表面的物质。

铝是一种活泼金属,与酸碱都能强烈反应,因此与钢铁基体相比,采用碱性除油溶液时铝使用的碱性不能太强,以免对铝基体产生过度的腐蚀。在铝的除油溶液的配方中,氢氧化钠的含量一般较低,以磷酸钠、硅酸钠和碳酸钠等为主。表2-8是铝和铝合金常用的除油液配方。

表2-8 铝合金除油液配方

组分及工艺参数	1	2	3	4
磷酸钠(Na_3PO_4)/(g/L)	50	20	25	
硅酸钠(Na_2SiO_3)/(g/L)	30			20
氢氧化钠(NaOH)/(g/L)	10	5		
碳酸钠(Na_2CO_3)/(g/L)		10	25	5
三聚磷酸钠($Na_5P_3O_{10}$)/(g/L)				20
润湿剂/(g/L)				2
温度/℃	60~70	45~60	70~85	70~82
时间/min	3~5	3~5	3	5~10

试验证明,除油液中的硅酸钠对铝有很好的缓蚀作用,即使除油液温度较高,除油时间较长,它对铝的腐蚀也很小,因此可以用于尺寸精度要求较高的零件除油。但是含硅酸盐的碱液,必须彻底清洗干净,否则残留的硅酸盐在浸蚀时遇酸会生成不溶于水的、难以去除的硅酸膜,造成镀层结合不良。除油后最好先用热水清洗,再用冷水,而且应尽快清洗。在除油的过程中,切忌高温碱液因蒸发而干结在零件上,从而导致零件腐蚀。

(2) 浸蚀 浸蚀是前处理中较为重要的一道工序。其目的是为了进一步去除铝表面的缺陷,并从铝合金表面去除各种合金元素和夹杂物,形成均匀的富铝表面,为后一道工序提供良好的基底。铝合金中有铜、镁、硅、锰和锌等合金元素,如果不能去除干净,在含有这些合金成分的基体上不能直接化学镀镍,容易产生结合不良或针孔。

浸蚀可以用碱浸蚀或酸浸蚀。近期研究表明,采用酸浸蚀对铝的腐蚀小,不仅可以保证表面光洁度和尺寸公差,而且由于合金元素去除比较彻底,所得镀层的结合强度也高。表2-9为铝合金浸蚀溶液的配方。

表2-9 铝合金浸蚀溶液的配方

碱	性	酸	性		
磷酸三钠	20g/L	硝酸	10%	磷酸	15%
碳酸钠	20g/L	氢氟酸	10%	硫酸	4%
				盐酸	0.05%
				柠檬酸	20g/L
				氟化氢铵	25g/L

酸性浸蚀的腐蚀量远低于碱性浸蚀。而对有些合金采用碱性浸蚀的效果更好，3003 铝合金便是如此。另外，对于表面光洁度较差，或经过机加工车削后有螺纹的零件，碱性浸蚀有助于去除化学镀镍时难以完整覆盖的毛刺和锐边。此外，碱性浸蚀还有助于在氧化严重的铸件上获得更薄、更均匀的去除氧化膜的新鲜表面。

(3) 第一次浸锌　化学镀镍时，浸锌处理（又称锌酸盐处理）是一种比较可靠并得到广泛应用的工艺。铝的表面有一层天然的致密的氧化膜，就氧化膜本身来说，去除并不难，问题是去除氧化膜后的表面与大气接触后，新的氧化膜又会迅速形成。浸锌的目的，一方面是去除这层氧化膜；另一方面是去除氧化膜的同时，在铝的表面形成一定锌的置换层，起阻挡作用，使去除了氧化膜的表面与大气隔绝，而免受氧化。浸锌溶液多为强碱性溶液，是将氧化锌溶解在浓的氢氧化钠溶液中，生成锌酸钠：

$$2NaOH + ZnO \rightleftharpoons Na_2ZnO_2 + H_2O \tag{2-23}$$

当铝零件浸入这一溶液中时表面的氧化铝被强碱溶解：

$$Al_2O_3 + 2OH^- \rightleftharpoons 2AlO_2^- + H_2O \tag{2-24}$$

暴露出来的铝，立即与锌酸钠反应，发生如下置换反应

$$2Al + 3ZnO_2^{2-} + 2H_2O \rightleftharpoons 3Zn + 2AlO_2^- + 4OH^- \tag{2-25}$$

表 2-10 是常用的几种浸锌溶液配方。

表 2-10　常用碱性浸锌溶液配方

组分及工艺参数	1	2	3	4	5	6
氢氧化钠(NaOH)/(g/L)	500	75	120	50	500	10
氧化锌(ZnO)/(g/L)	100	10	50	5	100	5
酒石酸钾钠($KNaC_4H_4O_6$)/(g/L)	10		50	50		500
三氯化铁($FeCl_3$)/(g/L)	1	1	2	2		
硝酸钠($NaNO_3$)/(g/L)			1	1		
氟化钠(NaF)/(g/L)		1				
氰化铜[$Cu(CN)_2$]/(g/L)					20	
氰化钾(KCN)/(g/L)					45	
温度/℃	15~25	10~25	20~25	20~25	20~25	25
时间	<30s	30~60s	30s	30s	30s	约2min

浸锌溶液的配方中加入少量的金属盐，是为了与置换的锌产生合金化作用，改变锌层的晶体学结构，获得细小的晶粒。更重要的是，可以改善锌层与各种铝合金的结合力。

浸锌在室温下进行，第一次浸锌一般为 30~50s。浸锌以后，原来白色的表面被一层均匀的青灰色锌层所代替。

(4) 硝酸退除　第一次浸锌获得的锌层一般比较粗糙，覆盖不完全，而且浸锌时对基体的腐蚀可能又使合金夹杂物暴露出来。为了获得表面更均匀、质量更好的浸锌层，一般采用体积比 1:1 的硝酸将第一次浸锌层退除，退除的同时将暴露的夹杂去除，使第二次浸锌的基底更均匀。

(5) 第二次浸锌　经过硝酸退除，进一步纯化了铝的基体，露出更均匀的富铝表面。第二次浸锌就可以获得更薄、更均匀、更致密的浸锌层。如果发现第二次浸锌层的色泽不均或有斑点，需要重新退除后再浸。第二次浸锌溶液的配方与第一次相同，也可以是同一缸，但

浸入的时间更短，一般 15～20s。浸锌层的厚度约为 50nm。

浸锌用的锌酸盐溶液是碱性很强的溶液，对铝有相当强的腐蚀作用。浸锌的时候，首先溶解掉铝表面的氧化膜，进而又腐蚀晶界处和合金元素周围的铝，容易形成毛细孔洞，成为镀层与基体结合的隐患。因此，浸锌与除油、浸蚀一样，要十分注意不使铝基体产生过腐蚀。

(6) 碱性化学预镀镍　工业上普遍采用 pH 值为 4.2～4.5 的酸性化学镀镍溶液。当经过浸锌处理的铝零件浸入这种镀液时，锌层迅速被溶解。这一结果带来两个不利影响：锌层的迅速溶解使它失去了对铝表面的保护作用，仍易产生结合不良等问题，对于老化的镀液，这一问题尤为突出。老化镀液中积累的各种副产物，使镀液的离子浓度不断提高，加速了对浸锌层的溶解。浸锌层溶解进入镀液、会沾污镀液，使镀液寿命缩短。多数镀液对锌的容忍量是 $(60～100)×10^{-6}$，超过这一范围，镀层与基体的结合力就得不到保证。碱性化学镀镍就是将经过浸锌处理的零件，先在碱性化学镀镍溶液中预镀镍，其镀液配方和工艺规范见表 2-11。由于锌在这种碱性介质中的腐蚀速率较小，当由于置换反应覆盖上极薄一层 ($0.5\mu m$) 镍后，再进入酸性化学镀镍溶液时，与镀液接触的阻挡层不再是锌层，而是不会在酸性镀液中溶解的、可以迅速引发自催化镀镍的镍层。这层镍层既保证了锌层不被过度腐蚀，保护了去除氧化膜的新鲜的铝表面，从而保证了镀层的结合质量，同时又避免锌层溶解到酸性镀液，延长了镀液的使用寿命。事实已经证明，采用这一步骤可以显著减少镀层缺陷，改善镀层与基底的结合。所谓两种阻挡层，指的就是浸锌层和预镀镍层。

表 2-11　碱性化学镀镍的溶液配方和工艺规范

组分及工艺参数	工艺一	工艺二
硫酸镍($NiSO_4·6H_2O$)/(g/L)	25	25
次亚磷酸钠($NaH_2PO_2·H_2O$)/(g/L)	25	20
焦磷酸钠($Na_4P_2O_7$)/(g/L)	50	
柠檬酸铵($NH_4C_6H_5O_7·H_2O$)/(g/L)		50
pH 值	10～11	9～9.5
温度/℃	室温	85～95
时间/min	5	1

由于碱性化学镀镍的镀层厚度仅为 $0.5\mu m$ 左右，故不需经常补充调换。但每次使用之后溶液需经过过滤，并在下次使用前重新调整 pH 值。

(7) 烘烤　为了驱除化学镀镍时吸附的氢气，并释放镀层中存在的应力，提高镀层与基体的结合强度，化学镀镍后的铝零件需要进行烘烤处理，一般在 130～150℃保温 1～1.5h。

2.4.2.2　其他前处理工艺

铝及铝合金化学镀镍工艺的主要差异，在于前处理中采用的预镀层不同，除了碱性浸锌之外，还有酸性浸锌层、浸锡层、浸镍层。

为了避免出现过腐蚀，对于像计算机磁盘那样的表面质量要求很高、镀层不允许有缺陷的场合，可以用酸性浸锌法来代替碱性浸锌，酸性浸锌液对铝基底的腐蚀要小得多。也用两次浸锌，但第一次浸锌层的退除不用硝酸，而用弱酸氧化性溶液，因为硝酸盐带入会沾污酸性浸锌溶液，造成结合力问题。第二次酸性浸锌的时间也比第一次短。但两次浸锌的时间都比相应的碱性锌酸盐浸锌的长，而对铝的浸蚀仍很小。这样的处理使形成毛细管腐蚀孔的概率大大减小，针孔和镀层起瘤基本消除。

还有一种类似锌酸盐处理的方法，即锡酸盐浸锡法。两种方法原理相同，某些研究表明，浸锡法对某几种铝合金特别有效。文献报道的浸镍法较多，其中表2-12和表2-13是两种浸镍法配方。

表 2-12 浸镍法配方一

组分及工艺参数	含量及工艺条件
氯化镍（$NiCl_2 \cdot 6H_2O$）/(g/L)	140
磷酸（$d=1.7g/cm^3$）/(mg/L)	11
温度/℃	40～50
处理时间/s	10～20

表 2-13 浸镍法配方二

组分及工艺参数	含量及工艺条件
氯化镍（$NiCl_2 \cdot 6H_2O$）/(g/L)	350～400
氢氟酸（48%HF）/(mol/L)	3
温度/℃	25
处理时间/s	5～6

2.4.3 铝及铝合金化学镀镍层的后处理

化学镀镍后的铝零件，经烘烤后，有的可以直接使用，而有的需要进一步处理。后处理主要根据所镀零件的使用要求确定，而且还要综合考虑镀层的成分（磷含量）、铝合金的热处理状态等。镀层的后处理主要有下面几种。

（1）热处理 镍-磷镀层的镀态硬度为HV500～700。对于要求表面镀层硬度更高、更耐磨的零件，则需采用热处理，这时常规的烘烤可以省略。热处理工艺要根据镀层磷含量、要求的硬度以及铝材牌号、铝材热处理状况等确定。热处理工艺包括温度、保温时间和保护气氛。

（2）钝化和双镀层处理 镍-磷镀层的钝化和双镀层处理，主要有以下两个原因：①镍-磷镀层是一种阴极镀层，它是靠把基底完全包裹起来与环境隔离而实现保护的，如果由于种种原因，而实际镀层无法达到无孔状态时，镀层与基体铝便构成了原电池，由于两者电极电位相差很大，而造成大阴极（Ni-P镀层）和小阳极（针孔中的基底）的局面，加速针孔下基体的腐蚀；②严酷的工况条件，单一镀层达不到防护要求。

（3）精密加工 镍-磷镀层，尤其是高磷镍-磷镀层［含磷11%（质量分数）左右］，具有非常好的抛光性能，可以采用金刚石车削等精密加工方法，加工达到极高的光洁度。像铝镁合金的计算机硬盘和光学反射镜等类精密零件，就是在化学镀镍后经过精密加工达到使用要求的。

（4）钎焊前的处理 电气和电子工业用到化学镀镍的铝制零件越来越多，除了镀层耐磨、耐蚀以外，许多这类零件还需钎焊。铝本身不能钎焊，而化学镀镍层可以锡焊、铜焊，也可以丝焊、芯片焊接。为了获得更好的钎焊性能，镍-磷镀层需要在空气或潮湿的氢气中高温处理，磷在这样的气氛中会氧化去除，使镀层表面形成易于钎焊的低磷或无磷镍层，改善镍-磷镀层的钎焊特性。

2.5 镁合金化学镀镍工艺

镁合金在航空、汽车和电子等各行各业的应用越来越广泛。据统计，近年来，镁合金用量在全球范围内的年增长率高达20%，显示了极好的应用前景。但是，镁合金的耐蚀性较差，这一直是妨碍其进一步开发使用的一个主要因素。镁的化学性质很活泼，电负性很强，这一点更甚于铝。与铝不同的是，镁表面生成的氧化膜疏松多孔，不能起到显著的保护作用。因此，镁在潮湿大气、淡水、海水、大多数有机酸及其盐、无机酸及其盐中都会受到较强烈的腐蚀破坏。对于镁合金，由于合金中的第二相、杂质相等可以和镁构成电偶对，腐蚀情况可能更加严重。所以，镁合金工件在使用前，必须经过一定的表面处理工序来提供保护。通常采用的表面处理方法有：化学转化、阳极氧化、铬酸钝化、电镀或化学镀。与前3种表面处理方法相比，通过电镀或化学镀得到的镀层不仅具有较高的耐蚀性和耐磨性，并且还具有金属所特有的导电、导热、钎焊以及磁等性能，在某些情况下是不可替代的。尤其是化学镀层，不仅本身耐蚀性高，硬度一般情况下也大于阳极氧化膜的硬度，并且不受工件形状和尺寸的影响，在凹槽、盲孔、深孔等部位都能得到厚度均匀的镀层，而不像阳极氧化和电镀工艺易受电场分布和介质性能的影响，所以特别适合形状较复杂的镁合金铸件。在镁合金上进行化学镀镍，可以赋予镁合金表面以上这些特性，从而使镁合金零件能够在更恶劣的环境中应用，更好地发挥其功能，并延长其使用寿命，因此，化学镀镍正成为国内外镁合金表面处理研究的一个重点。

2.5.1 镁合金化学镀镍的应用

在航空航天领域，镁合金的应用较为广泛，如通信卫星上使用的行波管的散热器、顶部收集器、基板都是镁合金 ZM21 制造的，要求这些部件表面有良好的耐蚀性、钎焊性，并且在高温长时间不降解。航空飞机的电子线路外卡壳是镁合金，要求在表面镀金之前采用化学镀镍层作为底层。

在机械工业中，某些部件希望采用镁合金减轻重量，以减少能源的消耗，如纺织机械中的转子，采用 MgAl8Zn 制造则可以达到 153000r/min，在这一方面，化学镀镍层较高的硬度和耐磨性也十分具有吸引力。

在电子工业方面，手机外壳被认为是镁合金化学镀镍最具潜力的市场。手机成为越来越重要的通信工具，每年全世界有大批量的手机市场，而镁合金不仅质量轻，比强度和比刚度高，还可以有效地对电磁波进行屏蔽，已成为塑料和铝合金在这一领域强有力的竞争对手。计算机的磁盘现在都采用铝合金作为基底材料，有研究尝试用镁合金代替。在这一方面，作为磁性薄膜底层的高磷化学镀层的非磁性是十分有用的性能。

目前，镁合金最大的应用出路在汽车工业，轿车和轻型卡车的全身部件、发动机和传动装置（如曲柄和齿轮箱）、内部装置（如车座和方向盘）、底盘装置（如车轮轮毂）等都是镁合金可以适用的场合。在这些部件的使用中，表面的耐蚀、耐磨性是十分重要的性能指标。如果镁合金的化学镀镍能够满足这些使用要求，必将会有更为广阔的应用前景。

2.5.2 镁合金化学镀镍工艺

如前所述，对所有的化学镀镍工艺而言，大体都分为镀前处理、化学镀镍和镀后处理3个阶段，但不同的基底侧重阶段不同，对于镁及镁合金、铝及铝合金等这些难镀基材来说，前处理可以说是至关重要的，对化学镀镍成功与否起着决定性的作用。

前处理目的在于获得一个适合于化学镀镍的清洁的基底表面，还应当不产生过强的腐蚀和过多的金属损失，不产生明显的选择性腐蚀。对于镁合金，预处理的要求尤其严格。这首先是因为镁的化学性质活泼，容易与各种酸或碱溶液发生剧烈反应；其次是镁合金表面能迅速形成氧化膜，妨碍与金属镀层的结合。如何控制与处理工艺参数，在除尽影响与镀层结合的外来物质的同时，不使镁合金的表面受到过度的腐蚀，是镁合金化学镀镍成功的关键。

2.5.2.1 浸锌工艺

镁合金的化学镀镍研究开始于 20 世纪 50 年代，早期镁合金化学镀镍工艺也出现了浸锌工艺。经过浸锌和预镀铜之后的镁合金，可以按照铜合金的方法进行化学镀镍工艺。这一工艺是由 Dow 化学公司的 H. K. DeLong 等研究设计的,所以简称 Dow 工艺。表 2-14 列出了这一工艺的流程和操作条件。在 Dow 工艺出现以后,出现了很多对这一工艺的改进,比如 A. L. Olsen 等提出的 Norsk Hydro 工艺,对 Dow 工艺中酸洗、活化和浸锌等工序都作了较大的改动(见表 2-15)。

表 2-14 镁合金化学镀镍的 Dow 浸锌工艺

工艺操作			条 件
三氯乙烯或丙酮脱脂			
水洗			
阴极清洗			$I = 8A/dm^2$
水洗			
酸性浸油	CrO_3	180g/L	室温;2min
	$Fe(NO_3)_3$	40g/L	
	KF	3.5g/L	
水洗			
酸性活化	NH_4HF_2	105g/L	室温;2min
	$H_3PO_4(85\%)$	200mL/L	
水洗			
浸锌	$ZnSO_4 \cdot H_2O$	30g/L	80℃;2min pH=10.2~10.4
	$Na_4P_2O_7$	120g/L	
	LiF	3g/L	
	Na_2CO_3	5g/L	
水洗			
氰化物镀铜	配方1	CuCN	38~42g/L	$I=2A/dm^2$ pH=9.6~10.4 54~60℃
		KCN	64.5~71.5g/L	
		KF	28.5~31.5g/L	
		游离 KCN	7~8g/L	
	配方2	CuCN	38~42g/L	
		KCN	50~55g/L	
		KF	40~48g/L	
		游离 KCN	7~8g/L	
水洗			
化学镀镍(按铜合金的方法)			

表 2-15 镁合金化学镀镍的 Norsk Hydro 工艺

工艺操作			条 件
三氯乙烯或丙酮脱脂			
水洗			
酸性浸蚀	$H_2C_2O_4$ 润湿剂	10g/L	室温;1min
	润湿剂		

续表

工艺操作			条　件
水洗			
碱性活化	$K_4P_2O_7$	65g/L	60℃；1min
	Na_2CO_3	15g/L	
	润湿剂		
水洗			
浸锌	$ZnSO_4 \cdot 7H_2O$	50g/L	65℃；3min pH=10.2～10.4
	$K_4P_2O_7$	150g/L	
	KF	7g/L	
	Na_2CO_3	5g/L	
水洗			
氰化物镀铜			
化学镀镍（按铜合金的方法）			

J. K. Dennis 通过对 Dow 和 Norsk Hydro 工艺的研究表明，浸锌工艺的关键在于控制锌在镁合金表面局部阴极区域的择优生长，以获得均匀的新分布。在表 2-14 和表 2-15 列出的两种浸锌工艺中，介质溶液均含有锌盐、焦磷酸盐和氟化物盐，外加少量的碳酸盐。其中焦磷酸盐通过和镁表面的氧化膜反应，有助于形成新结合层，氟化物的存在会控制沉积速度，加入碳酸钠可以调节 pH 值。因基底合金成分、溶液温度以及表面预处理的不同，浸锌时间从 2～15min 不等。活化和浸锌溶液的成分、pH 值、浸锌处理的温度和时间，对于浸锌成功与否十分重要。

虽然浸锌工艺可以在镁合金上较成功地进行化学镀镍，但是这一方法的缺点也很明显。

(1) 工艺复杂，不容易实现工业化应用。

(2) 浸锌层不容易与镁合金基底结合牢固。因为在浸锌溶液中的焦磷酸盐除去镁合金表面的氧化物或氢氧化物后，浸锌反应实际上是按照如下过程发生的。

阳极（基体相）：$Mg \longrightarrow Mg^{2+} + 2e$

阴极（第二相）：$Zn^{2+} + 2e \longrightarrow Zn$

在第二相上沉积的锌层是无结合力的，所以对某些镁合金，如含铝量较高的 AZ91 合金，浸锌工艺较难得到满意的结果。I. C. Hepfer 和 A. L. Olsen 认为浸锌工艺比较适合铝含量较低的合金如 AZ61，但是 AZ61 力学性能和铸造性能明显比 AZ91 差。

(3) 由于镁合金绝大部分以铸件形式使用，而铸件通常形状复杂。在采用浸锌工艺处理后，在氰化物预镀时，低电流密度区域，如凹槽和小孔处，铜的沉积较慢，所以这一区域很难得到满意的镀层。

(4) 使用氰化物还会产生安全和废液处理问题。

2.5.2.2　直接化学镀镍工艺

浸锌工艺存在诸多缺陷，镁合金工件直接化学镀镍的方法逐渐受到重视。这种方法不经过浸锌和氰化物预镀铜，仅通过改变化学镀液的成分就可以对活化后的镁合金进行化学镀镍，工艺较简单。表 2-16 列出了这一工艺的流程和操作条件。以后的大部分研究者基本沿袭了 Delong 的这一基本工艺与配方。前几年曾报道，英国的 Ingran&Glass 公司实现了规模化生产。

表 2-16 镁合金直接化学镀镍工艺

工艺操作				条 件
碱性除油				
水洗				
酸性浸蚀	A	含铝合金		室温；0.5～2min
		CrO_3	120g/L	
		HNO_3(68%)	110mL/L	
	B	其他合金		
		CrO_3	60g/L	
		HNO_3(68%)	90mL/L	
水洗				
活化	A	铝含量大于5%合金		室温；10min
		HF(70%)	220mL/L	
	B	其他合金		
		HF(70%)	54mL/L	
水洗				
化学镀镍		HF(70%)	5mL/L	77～82℃ pH=4.5～6.8
		$2NiCO_3 \cdot 3Ni(OH)_2 \cdot 4H_2O$	10g/L	
		$NaH_2PO_2 \cdot H_2O$	20g/L	
		$C_6H_8O_7$	5g/L	
		NH_4HF_2	10g/L	
		$NH_3 \cdot H_2O$(30%)	30mL/L	

I. Rajagopal 等人对 RZ5 铸造镁合金化学镀镍进行了研究。他们发现镀层沉积不均匀，并且出现剥落现象，要想在 RZ5 镁合金上获得均匀一致的锌层是非常困难的，甚至采用二次浸锌也无多大效果，因为二次浸锌时，第一层锌会溶解在磷酸/氟化铵中产生大量气体，从而导致镁合金表面有一层不均匀的镀覆。对于该镁合金采用直接化学镀镍的方法施镀也会导致不均匀沉积，究其原因有以下几点。

① 基底本身是粗糙和不均匀的。

② 合金铸造时其化学成分也随部位不同有所差异。

③ 一些稀土元素会沿着晶界形成团状化合物。由于化学成分的不均匀分布，使得合金表面各部位的自催化行为不同，从而获得不均匀的镀层，这些问题可通过预处理克服，以减少成分及冶金工艺对基底预处理的影响。推荐的预处理工艺如下。

其中氢氟酸活化配方为：

48%HF　　　　　　　　7.3%(体积分数)　　时间　　　　　　10min
温度　　　　　　　　　25～30℃

在 5V 电压下对 RZ5 试样电解处理 2min，会退除表面的氧化物和氢氧化物膜。这一步对其后的化学镀镍是非常有用的，其重要性在于它可以使整个表面对化学镀镍呈均匀的活性，从而避免了不规则沉积。

PMD 公司的 W. A. Fairweather 对 AZ91 镁合金化学镀镍进行了研究，尤其是前处理中的酸洗和活化。结果表明，酸洗和活化不充分，如浓度或温度过低，时间过短，都会造成镀层结合不牢。为了使用安全和健康，可以采用氟化氢铵代替氢氟酸进行活化，但是这样做会导致正常施镀工艺范围减小，从而不容易得到结合良好的镀层。

Y. Sakata 设计的工艺虽然也属于直接化学镀镍，但是明显不同于 Dow 公司的工艺。它采用碱性溶液浸蚀，分酸性和碱性两次活化，并且在碱性活化后不经水洗直接进入碱性化学镀镍打底，最后再在普通的酸性化学镀液中加厚。通过外观、结合强度和耐蚀性的检验，证明这一工艺优于 Dow 和 Norsk Hydro 的浸锌工艺。

2.5.2.3 镁合金化学镀镍溶液

镁合金化学镀镍的镀液配方是专门的。DeLong 的早期工作表明，适用于钢铁等基底材料的普通化学镀液不适用于镁合金，镁合金在这种镀液中得到的结果只能是表面受到腐蚀、产生松散的粉状沉积以及过早的镀液分解，而不能发生化学沉积。这主要是由于镁合金具有极强的化学活性，容易受到溶液的腐蚀，容易与溶液中的金属离子发生过强的置换反应所导致。所以必须针对镁合金的特点选择合适的化学镀液成分。

已知镁合金在含有 Cl^- 和 SO_4^{2-} 的溶液中腐蚀速度较快，所以化学镀镍溶液中不应含有 Cl^- 和 SO_4^{2-}。主盐可选择 $NiCO_3 \cdot 2Ni(OH)_2 \cdot 4H_2O$，采用该主盐，既可以控制基体的腐蚀，又可以降低镀层的内应力，主盐含量一般为 10g/L。还原剂仍是应用最普遍的次亚磷酸盐，因为其价格低廉，而且镀液容易控制，还原剂含量约为 20g/L。大部分镀液中都含有氟化物，目的是使镁的表面保持一层氟化物薄膜。由于氟化镁在水溶液中溶解度很小，可以抑制镍在镁上的起始沉积速率，获得均匀、致密、结合良好的置换层（如果置换反应速度太快，将产生粗糙、疏松、结合不良的镍层），为自催化沉积提供良好的底镀层。镁在酸性溶液中极易溶解，而氟离子可以有效防止镁的腐蚀，这就是为什么处理镁的溶液中含有氟化物和 pH 值偏碱的原因。通常采用氢氟酸和氟化氢铵，其含量分别约为 12mL/L（40%）和 10g/L。氟离子对化学镀覆过程有十分明显的加速作用，而铵离子还对镍离子有络合作用。大部分的镁合金化学镀液中络合剂均采用柠檬酸，柠檬酸络合能力强，络合效果好，更有利于镀液的稳定，其含量约为 5g/L。除上述成分之外，还可以加入硫脲等稳定剂来提高镀液的寿命。对于镁合金化学镀镍来说，其镀液稳定性是一个值得重视的问题，如果镀液不稳定，镀速过高，获得的镀层不致密，镀层孔隙率的增加，极易在镀层表面形成电化学腐蚀，导致基底严重腐蚀的后果。另外，施镀过程中最好加以缓慢的机械搅拌，用稀释的氨水调节其 pH 值。典型的镁合金化学镀镍工艺见表 2-17。

表 2-17 典型的镁合金化学镀镍工艺

镀液成分	含量	工艺条件
碱式碳酸镍[$NiCO_3 \cdot 2Ni(OH)_2 \cdot 4H_2O$]	10g/L	
次亚磷酸钠(NaH_2PO_2)	20g/L	
柠檬酸($C_6H_8O_7 \cdot H_2O$)	5g/L	pH 值:6.5±1.0 温度:(80±2)℃ 缓慢机械搅拌
氢氟酸(HF,10%)	12mL/L(40%)	
氢氟酸铵(NH_4HF_2)	10g/L	
硫脲(CH_4N_2S)	1mg/L	
氨水($NH_3 \cdot H_2O$,25%)	30mL/L(25%)	

2.6 非金属材料化学镀镍工艺

随着新材料的不断出现,许多非金属表面也要进行金属化处理。在汽车与家电行业中广泛使用着塑料电镀件。在计算机和印刷电路板行业中以及许多素烧陶瓷的表面也越来越多地采用了化学镀镍工艺。许多采用碳纤维与尼龙纤维制备复合材料的场合也需要进行化学镀镍处理。在电池行业,镀在聚氨酯泡沫上的发泡镍板作为极板的导电材料已普遍应用,在制备金属基陶瓷功能梯度材料和在提高粉末储氢材料性能等方面,往往都要对超细的陶瓷粉末进行金属化处理。这里仅介绍用途最为广泛的几种非金属基体上的化学镀镍技术。

众所周知,非金属一般不具备导电性,特别是在化学镀镍中不具备催化活性,因而要获得与非金属基体结合力良好的化学镀镍层,最为重要的是这些材料的镀前处理工作。化学镀往往作为非金属导电化的处理方法,而后多要进行电镀加厚处理,因而人们常常在塑料电镀里介绍化学镀的方法。

非金属导电化处理方法有3种:第1种是采用粗化、敏化、活化法;第2种是采用非金属无机导电膜法(石墨、金属硫化物等);第3种是采用涂覆有机导电高分子膜层的方法。其中第2种方法对于塑料件的导电化处理是非常简单和实用的。由于铬、铅、锌、铁、镍、钴、钯、银、铜都十分容易生成硫化物,例如铜和硫反应生成非整比的硫化物的分子式为 $Cu_{2-x}S$ ($0<x<1$),而且这些金属的硫化物都具有导电性。

2.6.1 ABS塑料化学镀镍工艺

理论上,任何一种塑料都可以通过适当的前处理后,进行化学镀镍。然而目前最为广泛应用的是被称为"可镀塑料"的ABS塑料。ABS塑料是由A组分(丙烯酯)、B组分(丁二烯)、S组分(苯乙烯)三元共聚而成的。其中A与S发生的是共聚,B组分是自聚成球形状态后分散在AS共聚组分中。丁二烯自聚后存在着大量的碳碳双键,碳碳双键容易发生氧化断键,丁二烯能够溶解在强氧化性的铬酸与硫酸的混合溶液中。ABS塑料之所以容易进行金属化处理就在于其中存在高度弥散的球状丁二烯组分。ABS塑料化学镀镍及后续工艺流程框图,如图2-14所示。ABS塑料处理后的断面示意图,如图2-15所示。

溶剂除油→碱性除油→水洗→化学粗化→中和→水洗→敏化→水洗→活化→水洗→化学镀镍→活化→闪镀镍→镀铜→半光亮镀镍→光亮镀镍→镀铬→干燥→质量检查

图2-14 ABS塑料化学镀镍生产流程框图

2.6.1.1 粗化

粗化的目的是增大零件表面的微观粗糙度和接触面积以及亲水能力,以此来保证镀层有良好的附着力。它是决定镀层附着力大小的最关键的工序。粗化方法有多种,效果不一,就提高镀层附着力而言,化学浸蚀粗化优于溶剂溶胀粗化,而机械粗化又不如溶剂溶胀粗化。

在工业生产中,ABS塑料已不采用机械粗化和溶剂溶胀粗化。化学浸蚀粗化是用硫酸和铬酐将ABS塑料中的B组分溶解掉,同时在其表面引入亲水的基团如羟基、磺酸基、羰基使工件表面由憎水变为亲水。ABS塑料粗化后的表面形貌及ABS粗化的抛锚作用示意图,如图2-16所示,ABS粗化工艺如表2-18所示。

最初采用的是高浓度的硫酸,而后采用的是高浓度的铬酐,这是由于高浓度硫酸溶液中的粗化时间要长,条件范围窄,粗化液不能再生使用。高铬酐溶液的优点是不容易粗化过度,得到的表面粗糙度均匀,容易获得均匀光亮的化学镀镍层。

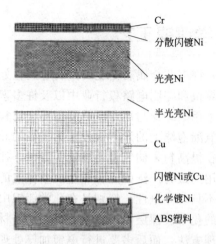

图 2-15 处理后的 ABS 断面示意图

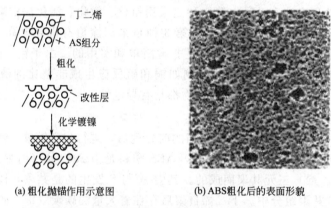

(a) 粗化抛锚作用示意图　　(b) ABS粗化后的表面形貌

图 2-16 ABS粗化抛锚作用、粗化后的表面形貌示意图

表 2-18 粗化液的组成及工艺条件

粗化液的成分及工艺条件	浓硫酸溶液	高铬酐溶液
H_2SO_4/(mL/L)	550	200
CrO_3/(g/L)	饱和	400
温度/℃	65~70	65~70
时间/min	20~30	5~15

2.6.1.2 中和处理

塑料零件经过化学粗化处理后,其表面微孔结构中含有一些六价铬和其他杂质,如清洗不彻底,会影响塑料与镀层的结合力,还会污染敏化液或活化液,为此可在下述溶液中进行处理。

① 在10%氨水溶液中进行中和处理。

② 在10%氢氧化钠溶液中进行中和处理。

③ 在10~50g/L亚硫酸钠溶液中进行还原处理。

④ 在2~10mL/L水合肼($N_2H_4 \cdot H_2O$)和10~15mL/L盐酸溶液中进行还原处理。

⑤ 在100~200mL/L盐酸溶液中进行浸酸处理。

处理条件均为室温，时间为1~3min。

2.6.1.3 敏化

经过粗化处理的塑料零件，表面具备了亲水能力，敏化就是在经过粗化后的塑料表面上，吸附一层容易被还原的物质，以便在活化处理时通过还原反应，使塑料表面具备化学镀镍的催化活性。氯化亚锡是普遍使用的一种敏化剂，在含氯化亚锡40g/L、盐酸100mL/L的溶液中浸渍，进行敏化处理。其他可用作敏化剂的，还有酸性或碱性的锡盐，钛、锆和钍的化合物也可以作为敏化剂材料。

向溶液中加入锡条或锡粒，可延缓Sn^{2+}氧化。此外，Sn^{2+}还很容易水解生成$Sn(OH)Cl$沉淀，当溶液中有白色沉淀产生时，可加入盐酸。若仍不能使溶液澄清，则应进行过滤。

配制溶液时，必须用去离子水和试剂级化学药品配制。其方法是把氯化亚锡溶于盐酸水溶液中，切不可将氯化亚锡用水溶解后再加入盐酸中，否则氯化亚锡会水解。溶液中的Sn^{2+}能很快地被空气中的氧气氧化，形成Sn^{4+}，积累在敏化溶液中。Sn^{4+}在pH值为0.5的强酸性介质中，容易水解，而使敏化液浑浊。当Sn^{4+}超过Sn^{2+}，所得沉积层为暗色，且不均匀。因此，敏化溶液pH值最好控制在0.1~2。

2.6.1.4 活化

除化学镀镍可在敏化后直接进行外，其余的化学镀均必须在活化后进行。活化处理是使零件形成具有催化活性的表面层。

（1）离子型活化　氯化钯活化液对化学镀铜、镍和钴等均有催化活性作用，而且溶液比较稳定，所以应用较广，配方如表2-19所示。使用过程中，溶液会逐渐变脏发黑，但经过过滤后仍可使用，当钯含量降低时应及时补充，升高温度能提高活化效果。

表2-19　活化液的组成及工艺条件

活化液组成			工艺条件	
$PdCl_2 \cdot 2H_2O$	$SnCl_2 \cdot 2H_2O$	$HCl(1.18g/cm^3)$	温度	时间
0.1~0.3g/L	10~20g/L	150~250mL/L	30~40℃	1~3min

（2）胶体钯活化　把敏化、活化两道工序并在一起进行，用它代替离子型敏化、活化，可提高镀层附着力，在工业中已得到广泛应用。配方如下。

① 氯化钯　　　　　　　　　　1g　　② 氯化亚锡　　　　　　　　　75g
　氯化亚锡　　　　　　　　　2.53g　　　锡酸钠　　　　　　　　　　7g
　蒸馏水　　　　　　　　　　200mL　　　盐酸　　　　　　　　　　　200mL
　盐酸　　　　　　　　　　　100mL

2.6.1.5 还原或解胶

（1）还原　为了除尽零件表面上的活化剂（Pd^{2+}），防止将它们带入化学镀溶液中去，必须先将其还原。如果不事先进行还原，则有被优先还原而导致溶液的提前分解、过早失效的危险。还原还可以提高催化层的活性，从而加快化学沉积的速率。

施镀不同的金属有不同的还原方法。

① 化学镀铜采用甲醛（37%）100mL/L溶液于室温下浸10~30s的还原处理方法。

② 化学镀镍采用次亚磷酸钠10~30g/L溶液于18~30℃保持0.5~3min的工艺进行还原处理。

（2）解胶　至于胶态钯活化后的零件，其表面吸附的是胶态钯微粒，它并没有催化活性，而必须把它周围吸附的Sn^{2+}水解胶层除去露出钯粒子，为此要进行解胶处理。解胶所采用的溶液是硫酸溶液。

2.6.1.6 化学镀镍

由于 ABS 塑料不耐高温，因而不应采用高温的化学镀镍液进行化学镀，一般采用以次亚磷酸钠为还原剂的中温和低温化学镀镍液。W. Reksc 和 A. Idziak 开发了一种以硼氢化肼 $N_2H_4 \cdot BH_4$ 为还原剂的中性化学镀镍液，工作温度为 30~35℃。其工艺规范如表 2-20 所示。

表 2-20 塑料基体化学镀镍液的组成及工艺条件

镀液组成				工艺条件		
$NiSO_4 \cdot 6H_2O$	$N_2H_4 \cdot BH_4$	CH_3COONa	$Na_2S_2O_3$	pH	温度	载荷量
75g/L	1~1.5g/L	20g/L	0.1×10^{-3} mol/L	7.5	30~35℃	1~2dm²/L

2.6.2 陶瓷化学镀镍工艺

陶瓷的种类很多，具有高硬度、高耐蚀性、高介电性等诸多优点。但是，陶瓷不具有导电性、韧性、可焊性等性能，这些缺陷同时又限制了陶瓷的应用范围。所以需要对陶瓷进行适当的表面处理，以满足不同的应用条件。素烧陶瓷表面存在大量的孔隙，传统的方法是，首先用树脂将陶瓷表面封闭，避免处理液浸入其中，给后处理带来困难，然后再进行一系列的粗化、敏化、活化处理以获得具有催化活性的可镀表面。陶瓷的化学镀镍工艺流程如下：

除油→超声波清洗→脱水烘干→粗化→超声波清洗→

脱水烘干→敏化→活化→水洗→化学镀镍

清洗通常采用有机溶剂或弱碱性除油液，辅以超声波可以更加彻底地清除浸在陶瓷微孔中的除油液，以免影响后续的化学镀镍。陶瓷的粗化方法，主要有两种：一种是化学粗化法；另一种是薄膜改性粗化法。化学粗化法，所采用的溶液成分及工艺规范见表 2-21。还有一种化学粗化液是由 400~900g/L 的强碱性的氢氧化钠或氢氧化钾组成，陶瓷粗化的时间要视陶瓷种类而定。薄膜改性粗化也有两种方法：一种是在氧化铝陶瓷表面涂覆耐热玻璃进行烧结，从而使得陶瓷表面凹凸不平；另一种方法是采用无机化合物进行浸渍干燥，之后再进行 500~700℃ 的热处理，在工件纹面形成几个微米的薄膜改性层。经过这样的薄膜改性处理，可使镀层与陶瓷基底之间有良好的结合力。

陶瓷敏化是使陶瓷表面吸附一层易于还原的物质，以便在活化时被还原，表面形成具有催化的表面，使后续化学镀能顺利进行，应用最广泛的是采用氯化亚锡作为敏化液，敏化液的配方和工艺条件见表 2-22。经过敏化处理的陶瓷基体，还需要在活化液中进行活化。活化液的工艺条件和配方见表 2-23。

陶瓷化学镀镍层有着很广泛的应用，尤其在电子行业中，如印刷电路板、微型电容器、薄膜电阻和集成电路等诸多方面。

表 2-21 陶瓷化学浸蚀粗化工艺规范

组成 \ 配方号	1	2	3	4	5
铬酐(CrO_3)/(g/L)	50				
氢氟酸(HF,40%)/(mL/L)	100	70	80	100	200
硫酸(H_2SO_4,98%)/(mL/L)	180	125			
硝酸(HNO_3,65%)/(mL/L)		230			600
氟化铵(NH_4F)/(g/L)			30	40	
温度/℃	室温	室温	室温	室温	室温
时间/min	20~40	1~30	3~30	3~40	1~30

表 2-22 敏化液的配方及工艺条件

工艺参数	实施条件	工艺参数	实施条件
氯化亚锡/(g/L)	1.8	温度/℃	22
盐酸/(mL/L)	3.5	时间/min	3~10
水/(mL/L)	100	蒸馏水清洗	

表 2-23 活化液的配方及工艺条件

工艺参数	实施条件	工艺参数	实施条件
氯化钯/(mg/L)	50	温度/℃	30
酒精/(mL/L)	100	时间/min	2~10
水/(mL/L)	100	蒸馏水清洗	

2.7 化学镀镍生产设备

化学镀镍的基本设备由镀槽、加热设备、过滤设备、搅拌设备、补充调整和自动控制等设备所组成。化学镀镍设备对化学镀镍工业生产能否正常进行关系重大，对镀层质量、生产成本也有重要影响。化学镀镍的很多生产设备与电镀相同，有简单的手工操作生产线，也有微机控制的自动生产线，有挂镀生产线，也有滚镀生产线。在溶液补充方式上有间歇的，也有连续的。

在化学镀镍的车间设计中，要求设备具有多样性，主要原因如下。

① 工件材料的多样性：化学镀镍可以在钢铁件上进行，也可以在各种有色金属和陶瓷以及塑料件上进行，甚至还可以在植物和昆虫上进行。这种工件材料的多样性，决定了镀前处理方式的多样性。

② 所镀工件尺寸的多样性：大尺寸工件，如 8m 长的 102 型管束式散热器，在粉体上的化学镀镍也有着广泛的应用。这种尺寸的不同，对化学镀镍车间的设计有着根本不同的要求。尺寸大的工件，要求车间有一定的高度和面积，而细小的工件，特别是集成块和粉体上的化学镀镍就要求特别清洁的生产环境，而对车间的高度和面积没有特别的要求。

③ 溶液补加与调整方式的多样性：最简单的也是最原始的镀液调整与补加方式是，根据经验对溶液的组分及 pH 值进行补加与调整。目前一些厂家仍旧使用依据对镀液中镍离子的间隔测试结果，及次磷酸根与镍的消耗比对镀液进行补加与调整。较为先进的调整与补加方式是采用在线的连续测试与连续补加的生产方式。镀槽的温度、溶液 pH 值、溶液的组分的补加和溶液的连续净化等众多参数都能得到严格的控制，在这种生产方式中可以获得性能优异的镀层。

④ 镀层种类的多样性：虽然我们介绍的是化学镀镍，但是实际生产中每种镀层都对磷含量、其他合金组分的含量及性能参数有着具体的要求。

⑤ 镀层用途的多样性：化学镀镍层是典型的功能性镀层，具体的工件对某些性能有着严格的要求。例如耐蚀性的镀层就要求极低的孔隙率，耐磨性镀层就要求很好的硬度和减摩性，磁性与非磁性镀层就要求严格地控制磷含量，超精密件就需要严格控制镀层的厚度，用于薄膜电阻的多元合金镀层就要求严格控制各组分的含量，而那些镀在非金属上的镀层就要求在热膨胀系数上尽可能和基体匹配。

2.7.1 化学镀镍车间设计及自动控制系统

化学镀镍在车间设计上与电镀大同小异，只是在化学镀车间设计上要考虑到在化学镀镍槽附近要留有充分的空间,其原因是化学镀镍属于亚稳态体系,一旦分解就会造成大量的损失,因而往往设置一个备用镀槽。另外,化学镀镍槽都需要做保温处理,也需要一定的空间。镀槽附近还要放置自动检测设备以及补加所需要的浓缩液等。在主镀槽侧,往往还设置净化与再生槽。在采用不锈钢镀槽的时候,有时还采用双槽系统,也就是一个镀槽在化学镀,一个镀槽在硝酸溶液中进行镀槽壁上的化学镀镍层的退镀及不锈钢槽体的钝化。同时化学镀反应要析出大量的氢气,高温下镀液会迅速挥发,因而要设置抽风装置,所以要留有充分的空间。图 2-17 为化学镀镍车间实际生产线的照片。

图 2-17　化学镀镍车间实际生产线照片

由于镀液在使用过程中各项参数在不断地变化。目前最先进的化学镀镍生产线在主镀槽上往往设置了两套系统,一套是镀液的自动检测与调整,一套是镀液的连续净化与再生。

化学镀镍车间的自动检测控制系统,主要包括镀液的液位自动控制、溶液温度的自动控制、镀液 pH 值的自动控制、主要成分的自动控制等。

(1) 液位自动控制　由于化学镀镍槽温度高、溶液蒸发较快,所以控制溶液体积是十分必要的。实现液面控制主要是靠液位传感器,当液面达到某一个位置时,发出一个信号给控制电脑,由电脑控制电磁阀门的启动或停止,从而自动将液面保持在某一规定范围内。

(2) 溶液温度的自动控制　为了提高镀层质量和节约能源,应对化学镀槽、热水槽、除油槽、中和槽等槽液温度进行自动控制。槽液温度控制,传感器使用热电偶,通过温度指示控制仪来控制加热器及冷却水阀门。热电偶、温度指示控制仪、加热器启动(停止)、冷却水开关,需要一定的调整试验后才能达到预期目的。不管提高槽液温度,还是降低槽液温度都需要一段时间,即时间常数。由于时间常数的关系,即使及时启、停加热器也不可能立即提高或降低槽液温度。因此,必须调试好时间常数,即当温度将接近上限时,应提早关加热器或开冷却水阀。当温度接近下限时应提早启动加热器或关闭冷却水。如果采用智能 PID 控制,精度会更高。

(3) pH 值的自动控制　化学镀镍槽液的 pH 值的控制是通过玻璃电极和参比电极,将溶液中的氢离子浓度转换成电势来实现的。所谓玻璃电极,是用于测量溶液中 pH 值的传感器,其敏感膜是一个玻璃球泡,玻璃膜表面在水溶液中形成的水化凝胶层,仅对氢离子敏感,而不受其他离子的干扰。在实际测量中要使 pH 值与电极电位产生联系,就要涉及使用变换器——电极。当测量与 pH 值对应的电极电位时,总是以另一个电极为标准,并与之组成测量电池,用来提供电位标准的电极称为参比电极。常用参比电极为甘汞电极和银-氯化银电极。

(4) 关于溶液成分的自动检测与控制　应该说,上面提到的液面、温度、pH 值的自动检测控制是比较容易实现的。而实现溶液成分的自动检测与控制是比较困难的。但是由于电化学分析方法及光谱分析技术的突飞猛进,对于镀液成分的自动检测分析,还是可以实现的。如用离子选择电极法及原子吸收光谱技术,可以对溶液中的 Ni^{2+}、Na^+ 进行自动分析,并根据分析结果进行补给。

由于化学镀镍过程中镍离子不断减少，而镍离子的补充不能像电镀镍时那样由阳极的溶解来补给，另外还原剂及添加剂等也不断消耗需要补充，所以对化学镀镍液成分进行连续自动补给是十分必要的。自动补给系统是由检测部分和补给部分组成的。检测部分包括自动采样、自动分析记录，能将分析结果迅速反馈给补给部分，并自动计算出补给量，对镀槽进行自动补给。自动补给系统用吸光光度法进行镍离子的连续定量分析，根据分析结果对还原剂、pH 值调整剂、添加剂等进行自动补给。此系统还可根据成分的分析结果和补给液的消耗量对镀液蓄积的反应副产物、亚磷酸盐、硫酸盐的生成量进行自动计算。操作人员可以按蓄积的反应副产物的含量进行必要的处理。

2.7.2 化学镀镍设备

2.7.2.1 化学镀镍槽

化学镀镍槽与电镀槽不同之处在于它不需要外接电源。在工作状态下，化学镍镀层易沉积在镀槽内壁和辅助设备上，因此应配备相关的镀层退除设备。另外，化学镀镍的工作温度大大高于电镀镍，对制造镀槽的材料有特殊要求。

选择合适的镀槽尺寸很重要，如果镀槽体积过大，则一方面会因为装载量过小而使镀液不够稳定，另一方面会因为加热和生产效率低而使生产成本过高；如果镀槽体积过小，一方面生产量太小，另一方面装载量过大，镀液同样不稳定，且镀液搅拌对流困难，无法使新鲜镀液到达被镀零件的各部分，从而使镀层均匀度下降。根据实践经验，在化学镀镍槽的体积设计时，可以使 $V/A=10$，其中 V 为镀液的体积，单位为 cm^3；A 为被镀部件表面积，单位为 cm^2。

镀槽材料的选用，通常要考虑以下因素：

① 化学镀镍的温度通常高达 85～95℃，因此选用的材料必须能在此温度下长期工作；

② 化学镀镍能在一些有催化活性的材料表面沉积，因此选用的材料必须对化学镀镍反应表现出惰性；

③ 对化学镀镍反应呈惰性的材料在长期使用时，上面仍可能有镍的沉积，要用硝酸退除，因此选用的材料应耐硝酸多次长期浸泡。

2.7.2.2 加热设备

为了保证化学镀镍得以正常进行，必须将镀液加热到规定的工作温度。加热的方式有蒸汽加热和电加热。蒸汽加热价格便宜、安全，但设备复杂，一次性投资大。电加热设备简单，效率高，控温方便，但价格贵，镀液的局部温度高。最近出现了用柴油或煤气热水炉加热镀液的设备，在一些无蒸汽、电价高的地区十分流行。考虑到镀槽加热要均匀且不能有局部过热的现象，在给镀槽加热时，一般情况下多用蒸汽先加热水套，再用水套间接加热镀槽；在无蒸汽时，应使用电热管加热水套，小型镀槽也可用电热板（电炉）由槽底加热水套。镀槽不管是电加热或蒸汽加热，绝不能用蒸汽管或电热管直接加热镀液，也不能将镀槽直接置于电热板上加热。

2.7.2.3 循环过滤系统

化学镀镍要求镀液非常清洁。工件质量与镀液清洁程度密切相关。由此应对镀液进行循环过滤。对循环过滤系统材料的要求与镀槽材料的要求相同，即要求耐高温、耐腐蚀、不易沉积化学镍镀层。除此之外，就是对过滤泵流量和滤径的要求。要求过滤泵流量要足够大，滤径要足够小。

2.7.2.4 搅拌

化学镀镍时，对镀液进行搅拌会使镀液稳定，有利于得到均匀的镀层。浸入或电加热管周围和槽壁处的镀液应加快流动,槽底的固体颗粒被拨动后容易被过滤泵吸走,工件上的气泡可以通过搅拌来消除。通常的搅拌方式有空气搅拌和机械搅拌。对于空气搅拌应采用无油空气来进行搅拌,防止机油污染镀液和工件。循环过滤系统也可以起到搅拌作用,但由于滤芯造成的压力降,使搅拌效果不好,因此可专门安装一台高流量泵来对镀液进行搅拌。

在泵顶上安装一个有磁性转子的搅拌器套筒的方法一般应用于实验室中,而不用于生产中。磁性转子上涂覆聚四氟乙烯能延长泵膜的寿命,同时也能减少微粒引起的问题。泵里面的粒子倾向于进入间隙子的尾部。然后或者塞满泵或者阻塞转子,或者两种情况都发生,对于应用中的实际情况,应按需要进行合理修改。

镀槽风罩盖除酸蚀时要盖上外,施镀时也应盖上,以免镀液蒸发的气体散发到车间,经由风管导入大气。

抽风机在施镀过程中最好不要使用,否则会加速镀液水分蒸发,在冬天还会使槽液温度加快降低。

参 考 文 献

[1] 李宁,袁国伟,黎德育编著. 化学镀镍基合金理论与技术. 哈尔滨:哈尔滨工业大学出版社,2000.
[2] 胡文彬,刘磊,午亚婷编. 难镀基材的化学镀镍技术. 北京:化学工业出版社,2003.
[3] 沃尔夫冈·里德尔著. 化学镀镍. 罗守福译. 上海:上海交通大学出版社,1996.
[4] 伍学高,李铭华,黄渭成编著. 化学镀技术. 成都:四川科学技术出版社,1985.
[5] 姜晓霞,沈伟著. 化学镀理论及实践. 北京:国防工业出版社,2000.

第 3 章 材料阳极氧化处理工艺与设备

3.1 氧化处理概述

许多单金属表面会存在一层自然生成的氧化膜，除 Al 表面的氧化膜比较致密，有一定防护作用外，其他单金属表面的氧化膜不均匀，且多孔，起不到防护作用。即使铝表面的自然氧化膜有一定防护作用，也不能在腐蚀性较强的介质下使用。

为提高防护性能，可采用人工方法使金属氧化。氧化处理是在可控条件下人为生成特定氧化膜的表面转化过程。氧化处理常用于铝材及钢铁，有化学氧化和电化学氧化两种方法。

（1）化学氧化法 化学氧化法得到的氧化膜具有质地柔软、吸附力强的特点，常用作涂装底层。工艺特点是设备简单，操作方便，适用性强，不受零部件大小和形状的限制。化学氧化法又包括以下几种。

① 热氧化法 将金属制品加热到 600~650℃，然后用热蒸汽和还原剂处理，或将金属制品浸渍在约 300℃ 的熔融的碱金属盐中进行处理。

② 碱性氧化法 处理时把零件浸渍在调配好的碱性溶液中加热到 135~155℃，处理时间的长短取决于零件中的碳含量的高低。

③ 酸性氧化法 即将零件置于酸性溶液中进行处理。与碱性氧化法比较，酸性氧化法较为经济，处理后金属表面所生成的保护膜，耐腐蚀性和机械强度均超过碱性氧化处理后所生成薄膜的性能，故应用广泛。

（2）电化学氧化，又称为阳极氧化法，是有色金属氧化的另一种方法。它是将金属零件作阳极，利用电解法使其表面形成氧化膜的过程。阳极氧化（电解氧化）和化学氧化的区别是，阳极氧化是通过电化学作用来获得人工氧化膜的，其厚度为 $0.5\sim250\mu m$。

电化学氧化是在电解质溶液中，以被处理的零件为阳极，用耐蚀性导电材料做阴极，通过电化学处理方法，在金属表面形成具有耐磨性、耐蚀性及其他功能或装饰性的氧化膜层的工艺过程。

阳极氧化处理得到的膜层在致密性、硬度、耐磨性、耐蚀性及其他性能方面比化学氧化方法的好。因此，阳极氧化具有更重要的应用价值，在工业上它具有更重要的地位。

阳极氧化早已在工业上得到广泛的应用，常用的阳极氧化方法，有硫酸阳极氧化法、草酸阳极氧化法、铬酸阳极氧化法、硬质和瓷质阳极氧化法等。阳极氧化主要用于有色轻金属材料（如 Al、Mg、Ti 等）、黑色金属（钢铁等）。

3.2 铝及铝合金阳极氧化处理

3.2.1 概述

铝及铝合金在大气中会与氧生成氧化膜，由于这种自然氧化膜极薄，耐蚀性很低，远不能满足工业应用的要求。为了提高铝及铝合金的防护性、装饰性和其他功能性，大多数情况下可以采取阳极氧化处理。

铝的阳极氧化是应用最为广泛和最成功的技术,也是研究和开发最深入和最全面的技术。铝的阳极氧化膜具有一系列的优越性能,可以满足多种多样的需求,因此被誉为铝的一种万能的表面保护膜。

铝的阳极氧化膜,按组织结构分有两大类:壁垒型阳极氧化膜和多孔型阳极氧化膜。壁垒型阳极氧化膜是一层紧靠金属表面的致密无孔的薄阳极氧化膜,简称壁垒膜,其厚度取决于外加的阳极氧化电压,但一般非常薄,不会超过 $0.1\mu m$,主要用于制作电解电容器。壁垒型阳极氧化膜也叫屏蔽型阳极氧化膜,也称之为阻挡层阳极氧化膜。壁垒型阳极氧化膜(barrier-type)与多孔型阳极氧化膜的阻挡层(barrier layer)应该明确地加以区分,实际上我国国家标准已经将壁垒膜与阻挡层的概念明确分开,阻挡层是指多孔型阳极氧化膜的多孔层与金属铝分隔的,具有壁垒膜性质和生成规律的氧化层。明确地说,多孔型阳极氧化膜,由两层氧化膜所组成,底层是与壁垒膜结构相同的致密无孔的薄氧化物层,叫做阻挡层,其厚度只与外加阳极氧化电压有关,而主体部分是多孔层结构,其厚度取决于通过的电量。本书涉及的阳极氧化膜通常就是指多孔型阳极氧化膜,用于保护和装饰的场合,其中建筑铝型材的阳极氧化膜占据应用的绝大部分。

3.2.1.1 不同电解质溶液中铝阳极的极化行为

铝在各种电解溶液中作为阳极,其极化行为至少可以分成 5 种情况,这取决于许多因素,特别是电解质的性质、最终反应产物的性质、工艺操作条件(例如电流、电压、槽液温度和处理时间)等因素。

① 电解溶液对阳极氧化膜基本不溶解的情况,比如中性硼酸盐、中性磷酸盐或中性酒石酸盐溶液中,开始时电压随阳极氧化时间迅速直线上升到比较高的电压,如果这个电压上升超过击穿电压 V_b,则氧化膜被击穿[见图 3-1(a)]。如果这个电压没有到达击穿电压,那么在这个电压下,电流又迅速下降到接近零或一个极小的所谓漏电电流值,此时电化学反应实际上停止了[见图 3-1(c)]。所谓"漏电电流值"主要可能是来自膜中的缺陷、杂质或局部薄膜的电子电流。此时生成的是壁垒型阳极氧化膜。

② 电解溶液对阳极氧化膜"有限度"溶解的情况,比如草酸、硫酸、磷酸或铬酸等溶液中,电压变化在开始时类似于上述情况,随后下降,但是下降尚未到达一个极小值时,稳定在一个相对恒定的稳态电压,维持着阳极氧化的电化学反应[见图 3-1(b)]。此时生成的是多孔型阳极氧化膜。

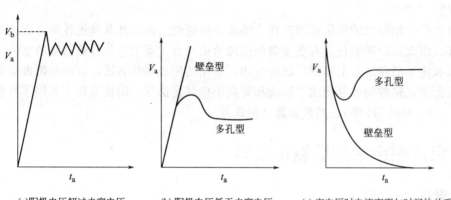

(a)阳极电压超过击穿电压　　(b)阳极电压低于击穿电压　　(c)定电压时电流密度与时间的关系

图 3-1　铝阳极氧化的阳极行为 (a)、(b) 为定电流时阳极电压与时间的关系

在直流阳极氧化时，可以采用定电压或定电流技术，壁垒型阳极氧化膜或多孔型阳极氧化膜的电流-时间（定电压时）曲线或电压-时间（定电流时）曲线各有明显的特征。图 3-1(a) 和图 3-1(b) 是定电流密度阳极氧化时电压随时间变化，如果电流密度很大使得电压直接到达击穿电压 [见图 3-1(a)]，则氧化膜被击穿。如果电压低于击穿电压 [见图 3-1(b)]，对于壁垒型膜电压直线上升，而多孔型膜的电压先上升后下降到一个稳定电压值不变，此时是多孔型膜的稳定生长阶段。而图 3-1(c) 是定电压阳极氧化时，电流密度与时间的关系，由于壁垒型膜致密无孔，电流密度以指数形式迅速下降，降到接近零或一个漏电电流值。而多孔型膜先下降，然后由于膜的溶解又上升到一个大体不变的数值，这个时候多孔型阳极氧化膜呈稳定生长。不同形式的电压随时间的变化曲线或电流随时间的变化曲线，可以判断生成的是壁垒型膜还是多孔型膜。

③ 金属溶解速率与阳极氧化膜的形成速率相等的情况，如某些有机酸溶液、中性硫酸盐溶液和含氯离子的电解溶液中，电压一般上升到一个极大值后，逐步下降。此时金属铝表面发生点腐蚀，不能生成完整的阳极氧化膜。

④ 金属溶解速率大于阳极氧化膜的形成速率的情况，如一些强酸介质中，电压发生周期性波动或者稳定在一个较低的电压值上，此时金属表面发生电解抛光。

⑤ 金属溶解速率远大于阳极氧化膜的形成速率的情况，如一些强酸或强碱溶液中，开始电压很低并维持在低电压水平，此时金属铝的大部分表面发生电解浸蚀。

上述 5 种情形中，其中第①种和第②种属于国家标准定义范围的铝阳极氧化，都可以生成阳极氧化膜。由于电解溶液对铝氧化膜的溶解能力强弱不同，如表 3-1 所示，分别生成壁垒型或多孔型阳极氧化膜。溶解能力较强的电解溶液生成多孔型阳极氧化膜，溶解能力较弱的电解溶液生成壁垒型氧化膜。

表 3-1　铝阳极氧化按电解溶液对氧化膜溶解能力的分类

第Ⅰ类,生成壁垒型阳极氧化膜的溶液	第Ⅱ类,生成多孔型阳极氧化膜的溶液	第Ⅰ类,生成壁垒型阳极氧化膜的溶液	第Ⅱ类,生成多孔型阳极氧化膜的溶液
硼酸	硫酸	中性酒石酸盐	磷酸
中性硼酸铵	草酸	中性柠檬酸盐	硫酸加有机酸等
中性磷酸盐	铬酸	中性乙二酸盐	

阻挡型氧化膜的厚度取决于阳极氧化时的电压，电压越高，膜越厚。但阳极氧化电压不能无限升高，临界值为 500～700V。如果超过该范围值，铝材表面会发生火花放电而破坏氧化膜的绝缘性。所以，临界电压也叫击穿电压。阻挡型氧化膜与多孔型氧化膜相比较，不同点就是其氧化膜厚度不受电解时间和电解液温度过高的影响。小型电容器主要采用阻挡型氧化膜。

多孔质层的厚度取决于电解时间、电流密度和电解液温度等。电解时间越长，电流密度越大，则多孔质层越厚，也就是说，电量（电流密度和电解时间之积）越大，多孔质层就越厚。但比由库仑定律（电解生成物的重量和电量成正比）所计算的氧化膜厚度要薄。电解液的温度降低，则使氧化膜的生长率增高，并且能形成硬质氧化膜。在 0℃ 左右的硫酸液中形成的阳极氧化膜实际是"硬质氧化膜"。在温度为 60～75℃ 的电解液中所形成的氧化膜则薄而软。

本节主要叙述铝在第Ⅱ类电解溶液中阳极氧化的规律及其多孔型阳极氧化膜的结构。

3.2.1.2　铝阳极氧化膜的特性

铝阳极氧化膜具有下面的特性。

(1) 耐蚀性 铝阳极氧化膜可以有效保护铝基体不受腐蚀,阳极氧化膜显然比自然形成的氧化膜性能更好,膜厚和封孔质量直接影响使用性能。

(2) 耐磨性 阳极氧化膜的硬度比铝基体的硬度高得多,纯铝基体的硬度在HV100,而普通的阳极氧化膜的硬度为HV300,硬质的阳极氧化膜的硬度可以达到HV500。耐磨性与硬度的关系一致。

(3) 透明性和装饰性 铝阳极氧化膜本身透明度很高,铝的纯度愈高,则透明度愈高。铝合金材料的纯度和成分都对透明性有影响。阳极氧化膜具有透明性,可以保护抛光表面的金属光泽;另外,阳极氧化膜具有多孔性,还可以染色、着色,获得丰富多彩的外观。

(4) 提高有机涂层、电镀层的附着性 铝阳极氧化膜是铝表面接受有机涂层和电镀层的一种方法,它有效地提高表面层的附着力和耐蚀性。

(5) 电绝缘性 铝是良导体,铝阳极氧化膜是高电阻的绝缘膜。绝缘击穿电压大于$30V/\mu m$,特殊制备的高绝缘膜甚至达到大约$200V/\mu m$。

(6) 功能性 利用阳极氧化膜的多孔性,在微孔中沉积功能性微粒,可以得到各种功能材料。正在开发中的功能部件功能有电磁功能、催化功能、传感功能和分离功能等。

3.2.1.3 铝阳极氧化膜应用

在铝的表面处理技术中,阳极氧化研究最深入,应用最广泛。铝合金挤压型材阳极氧化后广泛用于建筑物的门窗、幕墙和卷帘,21世纪初我国建筑用铝材接近铝总消费的30%,而建筑铝型材中阳极氧化技术占据市场60%以上。众所周知铝阳极氧化膜有两大类,一类是壁垒型膜,主要用于电解质电容器等方面;另一类是多孔型膜,使用面更加广泛。就多孔型阳极氧化膜而言,除了建筑和装饰用铝材之外,还有PS印刷版、光(热)反射器、工程用硬质阳极氧化膜等,应用面非常广泛。直接利用铝阳极氧化膜的可控制孔径和孔隙度的十分有规律的多孔结构,掺入功能材料,制成一系列功能性阳极氧化膜,如电磁膜、分离膜、光电膜、催化膜、传感膜等,在垂直记录高密度磁盘、超微过滤介质、土壤湿度测量等方面已经得到应用。20世纪80年代,国外曾经对铝的功能性阳极氧化膜给予极大希望,专门召集过多次国际性学术会议,描绘出极其美好的前景。但是之后十几年的发展还没有达到当年的预计目标和规模。

3.2.2 阳极氧化膜的形成机理

一百多年来,许多国家的科学家都对铝的阳极氧化规律和阳极氧化膜结构的理论进行了相当广泛和深入的研究工作,英国、日本和前苏联都发表过许多有价值的研究结果,其阳极氧化的规律基本上已经清楚。英国曼彻斯特大学的汤姆逊(Thompson)、伍德(Wood)等,日本北海道大学工学部永山政一(M. Nagayama)和高桥英明(H. Takahashi)等,前苏联科学院物理化学研究所托马晓夫(Tomashov)为代表的研究集体等都对其进行了卓有成效的理论研究。

3.2.2.1 阳极氧化的电极反应

制备多孔型阳极氧化膜时,电解液一般采用中等溶解能力的酸性溶液,如硫酸、草酸等,将铝及铝合金零件作为阳极,铅板为阴极,通以直流电,在两个电极上主要发生如下反应。

阴极上的反应为:

$$2H^+ +2e \longrightarrow H_2 \uparrow \tag{3-1}$$

阳极上的反应:主要是水的放电。

$$H_2O - 2e \longrightarrow [O] + 2H^+ \tag{3-2}$$

$$2Al + 3[O] \longrightarrow Al_2O_3 + 1670kJ \tag{3-3}$$

3.2.2.2 多孔型阳极氧化膜的生长过程和溶解过程

金属铝作为阳极，阴极材料在工业上可以用 Al、Pb 等金属，实验室常采用 Pt。铝阳极同时发生膜的形成和溶解两个过程，两个反应过程如下。

成膜过程：
$$2Al + 3H_2O \longrightarrow Al_2O_3 + 6H^+ + 6e \tag{3-4}$$

膜溶解过程：
$$Al_2O_3 + 6H^+ \longrightarrow 2Al^{3+} + 3H_2O \tag{3-5}$$

在生成多孔型阳极氧化膜的情形下，在阳极铝上，首先生成附着性良好的非导电薄膜（阻挡层），具有很高的绝缘电阻，薄膜要继续生长必定伴随着膜的局部溶解，这种溶解作用，包括化学溶解和电化学溶解两部分，化学溶解发生在氧化膜的所有面上，但由于在形成氧化铝时体积要膨胀，使得阻挡层变得凹凸不平，在膜层较薄的地方，氧化膜首先被电解液溶解并形成孔穴；而电化学溶解取决于电场的方向，溶解电流基本上使得孔底的氧化膜溶解，孔隙越来越深，电解液便通过孔穴到达铝基体表面，阻挡层便逐渐向铝基体方向扩展，这样便得到了多孔状的氧化膜。随着阳极氧化膜原"壁垒膜"上微孔的加深，即氧化膜的厚度增加，使得氧化膜的生长速率逐渐受到阻滞。当氧化膜的生长速率降低到膜在电解溶液中的溶解速率时，则阳极氧化膜的厚度不再增长。

3.2.2.3 电渗现象

氧化膜的生长与金属电沉积不同，不是在膜的外表面上生长，而是在已生成的氧化膜下面，即氧化膜与铝基体的交界处向着金属内部生长。为此必须使电解液达到孔隙的底部溶解阻挡层，而且孔内的电解液还必须不断更新。实验证明，膜孔的孔径为 $0.015 \sim 0.033 \mu m$，在电解液中水化了的氧化膜孔壁表面带负电荷，在其附近的溶液中紧贴着带有正电荷的离子（如由于氧化膜的溶解而大量存在的 Al^{3+}），在电场的作用下，贴近孔壁带正电荷的液层向孔外流动，而外部的新鲜溶液沿孔的中心轴流向孔内，如图 3-2 所示，使孔内的电解液不断更新，从而使孔加深并扩大，这种现象称之为电渗现象。电渗现象是氧化膜生长的必要条件之一。

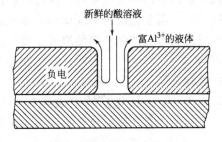

图 3-2 电渗过程示意图

电解溶液的性质和阳极氧化工艺控制着阳极氧化膜的结构和性能。因此，理解和掌握阳极氧化膜生长速率与氧化膜的溶解速率之间的平衡，是阳极氧化工艺的关键所在。在电解溶液中，阳极电流密度高、溶液温度低和酸浓度低有利于阳极氧化膜的生成。而阳极电流密度低、酸浓度高和温度高会加快和促进膜的溶解，不利于氧化膜的生长。

3.2.2.4 阳极氧化三个阶段

只有当氧化膜的生成速率大于氧化膜的溶解速率时，氧化膜才能生长和加厚。氧化膜的生长过程可以用阳极氧化测得的电压-时间特性曲线来证明，如图 3-3(a) 所示，图中曲线大致可分为 AB、BC、CD 三段，分别代表膜的不同形成过程。其中，AB 段为阻挡层形成阶段，相应于图 3-3(b) 中的 A，通电开始的几秒至十几秒时间内，电压随时间急剧增加到最大值，称为临界电压或形成电压。说明在阳极上形成了连续的、无孔的薄膜层，具有较高的电阻，称为阻挡层。随着膜层加厚，电阻增大，引起槽电压急剧地呈直线上升，阻挡层的出现阻碍了膜层的继续加厚。阻挡层的厚度与形成电压成正比，形成电压越高，阻挡层越厚。在普通硫酸阳极氧化时采用 $13 \sim 18V$ 槽电压，则阻挡层厚度为 $0.01 \sim 0.015 \mu m$。温度对形成电压的影响很大,温度高,溶液对膜的溶解作用强,阻挡层薄,形成电压低。这一段的特点是氧化膜的生成速率远大于溶解速率。

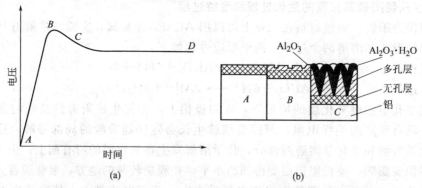

图3-3(a) 铝阳极氧化时间-电位曲线;(b) 阳极氧化膜生长过程示意图

BC段为多孔层生成阶段,相应于图3-3(b)中的B,阳极电压达到最大值后开始有所下降,这时由于阻挡层膨胀而变得凹凸不平,凹处电阻较小而电流较大,在电场作用下发生电化学溶解,以及溶液浸蚀的化学溶解,凹处不断加深而出现孔穴,这时电阻减小而电压下降。

CD段为多孔层增厚阶段,相应于图3-3(b)中的C,大约在阳极氧化20s后,电压趋向平稳,随着氧化的进行,电压稍有增加,但幅度很小。

这说明阻挡层在不断地被溶解,孔穴逐渐变成孔隙而形成多孔层,电流通过每一个膜孔,新的阻挡层又在生成。这时阻挡层的生长和溶解的速率达到动态平衡,阻挡层的厚度保持不变,而多孔层则不断增厚。多孔层的厚度取决于工艺条件,主要因素是温度。由于氧化生成热和溶液的焦耳热使溶液温度升高,对膜层的溶解速率也随之加大。当多孔层的生长速率与溶解速率达到平衡时,氧化膜的厚度也就不会再继续增加。该平衡到来的时间愈长,则氧化膜愈厚。

3.2.3 阳极氧化膜的组成和显微结构

铝及铝合金阳极氧化膜,由氧化物、水和阴离子组成,水和阴离子在氧化膜中除游离形态外,还常以键结合的形式存在,这就使膜的化学结构随溶液类型、浓度和电解条件而变得很复杂。如在硫酸溶液中形成的膜,硫的含量以SO_3计为13%,其中游离的和键结合的阴离子分别占总含硫量的5%和8%。游离的阴离子主要聚集在膜孔中,可以被水冲洗掉。膜中的水主要以水合物的形式存在,它可能促使氧化铝成为更稳定的结构类型。

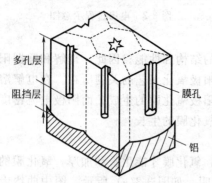

图3-4 多孔型氧化膜结构显微结构模型

从电子显微镜观察证实,多孔型阳极氧化膜由阻挡层和多孔层所组成。阻挡层是薄而无孔的,而多孔层则由许多六棱柱体的氧化物单元所组成,形似蜂窝状结构。每个单元的中心有一小孔直通铝表面的阻挡层,孔壁为较致密的氧化物。氧化物单元又称膜胞,图3-4所示是铝在4%磷酸中120V电压下形成的氧化膜显微结构模型。

除磷酸氧化膜外,硫酸、铬酸和草酸阳极氧化膜也都具有相似的结构,仅孔径、孔隙率等具体数值不同而已。不同类型溶液取得的氧化膜性质,如表3-2所示。

表 3-2　不同溶液所得氧化膜的性质

溶液	温度/℃	形成电压/V	阻挡层厚度/(nm/V)	孔径/nm	孔壁厚/(nm/V)	孔数/($\times 10^9$/cm^2)	孔体积/%
硫酸(15%)	10	15	1.00	12	0.80	77.0	7.5
铬酸(3%)	40	40	1.25	24	1.09	8.0	4
草酸(2%)	25	60	1.18	17	0.97	5.7	2

阻挡层主要由化学活性较大的非晶态 Al_2O_3 和部分 $\gamma'\text{-}Al_2O_3$ 晶体组成。$\gamma'\text{-}Al_2O_3$ 是非晶态 Al_2O_3 和 $\gamma\text{-}Al_2O_3$ 晶体之间的中间态。

$\gamma'\text{-}Al_2O_3$ 与 $\gamma\text{-}Al_2O_3$ 具有相同的氧晶格，两者的区别在于晶体结构中阳离子的排布不同。多孔层是由 AlOOH 和 $\gamma\text{-}Al_2O_3$ 混合组成。AlOOH 是膜中所含水分使非晶态氧化物逐渐形成的单分子水合物。

3.2.4　铝合金的阳极氧化性能

不同成分的铝合金分别适合于不同目的阳极氧化，比如铝-铜合金的阳极氧化性能（尤其是光亮阳极氧化）一般不好。表 3-3 所示为各种铝及变形铝合金的阳极氧化适应性。从中可以看出铝合金的成分和含量与阳极氧化难易程度的关系。

表 3-3　各种铝及变形铝合金的阳极氧化适应性

铝合金主成分	阳极氧化适应性		
	防蚀阳极氧化	阳极氧化染色	光亮阳极氧化
99.99%Al	极好	极好	极好
99.8%Al	极好	极好	极好
99.5%Al	极好	极好	很好
99.0%Al	很好	很好	好
1.25%Mn	好	好	中
2.25%Mg	很好	很好	好
3.25%Mg	很好	很好	好
5%Mg	好	好	中
7%Mg	中	中	中
0.5%Mg,0.5%Si	极好	很好	好
1%Si,0.7%Mg	很好	好	中
1.5%Cu,1%Si,1%Mg	好	中	不可
2%Cu,1%Ni,0.9%Mg,0.8%Si	中	中	不可
4.25%Cu,0.625%Mn,0.625%Mg	中	中	不可
4.25%Cu,0.75%Si,0.75%Mn,0.5%Mg	中	中	不可
4%Cu,2%Ni,1.5%Mg	中	中	不可
2.25%Cu,1.5%Mg,1.25%Ni	中	中	不可
1%Mg,0.625%Si,0.25%Cu,0.25%Cr	很好	好	中
1%Si,0.625%Mg,0.5%Mn	好	好	中
5%Si	好	中	不可

3.2.5　典型的阳极氧化工艺

铝及铝合金阳极氧化工艺流程，应根据材料成分、表面状态以及对膜层的要求来确定。通常采用的工艺流程如下：

机械准备→除油→水洗→浸蚀（或化学抛光、电化学抛光）→水洗→阳极氧化→水洗→着色→水洗→封闭→水洗→干燥

机械准备视需要进行，如抛光轮抛光可得到光亮平滑的表面；喷砂可得到无光泽表面；振动或滚动研磨可进行成批处理，降低表面粗糙度或用以形成砂面；刷光可使表面产生丝纹等特殊装饰效果。

铝及铝合金适宜在弱碱性溶液中除油,经常选用各种专利清洗剂。带有抛光膏的零件应先在有机溶剂或除蜡水中除去。一般在除油后需进行浸蚀,以清除氧化物使表面光洁。毛坯、型材及粗加工件可先在碱液中浸蚀后出光;精度高的零件只在特定的酸溶液中浸蚀。

阳极氧化处理后不需要着色时,可以直接进行封闭,若需要着色,则在着色后封闭。有涂漆要求的产品不进行封闭,例如建筑用铝型材硫酸阳极氧化及电解着色后,经去离子水清洗即可转入电泳涂漆。硬质阳极氧化膜一般不进行着色和封闭,必要时在干燥后可适当研磨表面。

下面分别介绍一下阳极氧化工艺,以及氧化膜的着色和封闭。

铝及铝合金阳极氧化液有酸性液、碱性液和非水液等三大类。通常采用酸性液。它可分为硫酸、铬酸、磷酸等无机酸体系,草酸、氨磺酸、丙二酸、磺基水杨酸等有机酸体系,以及无机酸加有机酸的混合酸体系。

溶液对铝的溶解能力应适当,盐酸的腐蚀性太强,不能用于铝阳极氧化;硼酸和硼酸铵的溶解能力太弱,除特殊应用外,一般情况也不适宜。

工业生产中主要采用硫酸法、铬酸法、草酸法和混合酸法,其中硫酸法应用最为广泛。

3.2.5.1 硫酸阳极氧化工艺

硫酸阳极氧化工艺简单,操作方便,溶液稳定,电能消耗少,允许杂质含量范围较大,适用范围广,成本低。膜的透明度高。一般硫酸氧化膜为无色透明,且铝越纯,膜透明度越好,合金元素 Si、Fe、Mn 会使透明度下降,但 Mg 对透明度无影响,最适合于抛光后的光亮阳极氧化处理。膜层耐蚀性和耐磨性好。硫酸氧化膜是多孔型(孔隙率平均为 10%~15%),且无色透明,不受本色的影响,容易电解着色和化学染色。在电解着色过程中,金属离子能从其孔底析出而发色,色泽美观、耐光和耐候性好;在化学染色中,多孔型膜吸附力强,容易使染色液渗入到膜孔中去,发生化学作用或物理作用,染成各种鲜艳的颜色。

但该工艺不适于孔隙大的铸造件、点焊件及铆接件。

铝及铝合金硫酸阳极氧化可在硫酸或含有添加剂的硫酸溶液中进行。常用的工艺规范见表 3-4。

表 3-4 硫酸阳极氧化工艺规范

成分及操作条件	配方			
	1	2	3	4
硫酸(H_2SO_4, $d=1.84g/cm^3$)/(g/L)	180~200	150~160	150~200	150~160
草酸($C_2H_2O_4 \cdot 2H_2O$)/(g/L)			5~6	
甘油($C_3H_8O_7$)/(g/L)				50
温度/℃	15~25	20±1	15~25	20
电流密度/(A/dm²)	0.8~1.5	1.1~1.5	0.8~1.2	1~3
电压/V	12~22	18~20	18~24	16~18

配方 1 为通用配方。配方 2 适合建筑用铝合金,电源用直流或脉冲。配方 3、4 为有添加剂的溶液。阳极氧化过程中,溶液需适当搅拌,可通入干燥的压缩空气或移动极杆。

铝阳极氧化的电流效率在室温下通常为 60%~70%。氧化时间视所需膜厚来定,并与电流密度和温度有关,一般防护装饰性膜为 30~40min,需要着色时选上限或更长时间。含铜量高的铝合金需要较长的氧化时间,适宜在较高浓度的溶液中氧化。

硫酸溶液的体积电流密度一般不应大于 0.3A/L;每立方米溶液允许氧化零件面积总和为 3.3m²。所以,应控制氧化零件的装载量。合金成分不同或形状差异较大的零件避免在同一槽中氧化，以防止膜厚差别加大。配制溶液应采用蒸馏水或去离子水，硫酸最好用化学试剂，如用工业硫酸，其 NaCl 含量应不大于 0.02%。

(1) 工艺因素的影响

① 硫酸浓度　氧化膜的增厚过程取决于膜的溶解与生长速率之比。随着硫酸浓度的增加，氧化膜的溶解速率增大，因此，采用稀硫酸溶液有利于膜的成长。在浓溶液中形成的氧化膜，孔隙率较高，着色性能好，但膜的硬度和耐磨性较低。浓度过高，溶解作用大，膜薄松软，容易起粉。在稀溶液中形成的膜，耐磨性好，浓度太低时溶液的导电性下降，氧化时间加长，膜层硬而脆，孔隙率低，不易着色。

② 温度　是决定氧化膜质量的重要因素。铝阳极氧化是放热反应，膜的生成热达 1675kJ/mol，绝缘性的氧化膜形成后相应加大了电阻，通电后大量电能转变成热能，促使溶液温度上升，加速对膜的溶解。一般情况下，优质氧化膜在 20℃±1℃ 时取得。高于 20℃，膜的质量明显下降，超过 30℃，出现过腐蚀现象；温度过低，则膜的脆性增大。

为了降低阳极氧化时溶液的温度，必须采取降温措施，如用蛇形管通入冷却剂冷却，也可以往溶液中添加少量草酸等二元酸。由于二元酸阴离子吸附在阳极膜表面而形成隔离层，使膜的溶解速率降低，从而可提高溶液使用温度 3～5℃。

③ 电压和电流密度　阳极氧化的初始电压对膜的结构影响很大。电压较高时生成的氧化膜孔体尺寸增大而孔隙率降低。电压过高使零件的棱角边缘容易被击穿，而且电流密度也会过大，导致氧化膜粗糙、疏松、烧焦。因此，阳极氧化开始时电压应逐步升高。

在其他条件不变的情况下，提高阳极电流密度，可以加快氧化膜的生成，缩短氧化时间，膜层较硬，耐磨性好。电流密度过高时，溶液温升加快，膜的溶解速率也增大，容易烧坏零件。一般情况下，电压以 15～20V 为宜，而电流密度最好控制在 1～5A/dm^2。

④ 电源　硫酸阳极氧化通常采用连续波直流电源，电流效率高，取得的膜层硬度高、耐蚀性好，但操作不当时容易出现起粉和烧焦现象。采用不连续波直流电，如单相半波，由于周期内存在瞬间断电过程，有利于散热，可提高电流密度和温度，避免起粉和烧焦，但效率降低。交流电氧化的功效高、成本低，由于存在负半周。

⑤ 氧化时间　在正常情况下，阳极电流密度恒定时，氧化膜的成长速率与氧化时间成正比。氧化时间又与溶液温度有密切关系，温度低允许氧化时间长，温度高时相应缩短。氧化时间过长，反应生成热和焦耳热使溶液温度上升，膜的溶解加速而膜层反而变薄。必须控制氧化时间，通常以 40A·min/dm^2 为宜。

(2) 杂质的影响　阳极氧化液中可能存在的杂质有金属离子，如 Al^{3+}、Fe^{3+}、Cu^{2+}、Pb^{2+}、Mg^{2+}、Mn^{2+} 及阴离子 Cl^-、F^-、NO_3^- 等。金属离子来自铝及铝合金的自身溶解，少量 Al^{3+}（1g/L 左右）有益于氧化膜的正常生成。随着 Al^{3+} 的增加，溶液导电性变差，电压和电流不稳定，膜的透明度、耐蚀性和耐磨性均有所下降。当 Al^{3+} 浓度大于20g/L时，铝表面将出现白点或块状白斑，氧化膜的吸附能力下降，着色困难。$[Cu^{2+}]>0.02g/L$、$[Fe^{3+}]>0.2g/L$ 时，氧化膜会出现暗色条纹和黑色斑点，Sn^{2+}、Pb^{2+}、Mn^{2+} 等会使氧化膜发暗至发黑。阴离子杂质来源于溶液的配制水和洗涤水的带入。Cl^-、F^-、NO_3^- 存在时，氧化膜孔隙率增大，表面粗糙疏松，造成局部腐蚀，严重时发生穿孔，允许的最大含量为：Cl^- 0.05g/L、F^- 0.01g/L、NO_3^- 0.02g/L。

硫酸溶液成本较低，若有害杂质过多且严重影响膜层质量时，更换新溶液可能比处理杂质更为经济。

(3) 合金成分的影响　铝基体材料的合金成分对膜层厚度和颜色、外观等有着十分重要

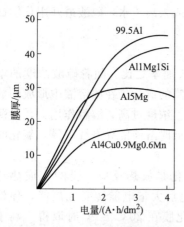

图 3-5 不同铝合金硫酸阳极氧化膜厚度与电量的关系

的影响,通入相同的电量,纯铝的氧化膜比合金铝的氧化膜厚。其关系如图 3-5 所示。

硫酸阳极氧化适用于几乎所有的铝及铝合金,包括含铜量大于 4% 的铝合金。铝及铝镁合金在硫酸液中取得的阳极氧化膜无色透明,含锰或硅的铝合金的氧化膜则为浅灰色或棕灰色。纯铝的膜层厚度可达 $40\mu m$,一般防护-装饰性氧化膜厚为 $5\sim 20\mu m$。硫酸氧化膜多孔,吸附能力较强,孔隙率为 10%~15%,膜层适合染色或电解着色,用于装饰或作识别标记。为提高膜的防护性能,应进行封闭处理,在使用条件恶劣或耐蚀性要求较高时,还需要补充涂漆。漆膜与氧化膜具有良好的结合力。

氧化处理后的零件尺寸有所增大,会影响配合精度,表面粗糙度亦会相应增加。此外,硫酸氧化膜较脆,基体变形后膜表面会出现裂纹,尤其是膜的硬度较高时,脆性增大,且使疲劳强度降低。硫酸阳极氧化不适合用于搭接、铆接、点焊、有缝隙的零组件及较疏松的铸件等。

3.2.5.2 铬酸阳极氧化膜

铝及铝合金在铬酸溶液中阳极氧化,通常采用下列工艺规范:

铬酐(CrO_3)	30~50g/L	时间	30~60min
电压	40V±1V(或 20V±1V)	阳极电流密度	0.3~0.8A/dm^2
温度	35℃±2℃		

合金元素含量较高的铝合金,如超硬铝,宜选用 20V 的电压,否则采用 40V 的电压。电压应逐步递增,在 5~15min 内由 0 升至 20V 或 40V,保持规定电压至氧化结束。氧化时间应根据膜层厚度来确定,但不宜超过 60min。

溶液配制用水应是蒸馏水或去离子水。所用铬酐的含量不应大于 0.1%,Cl^- 不应大于 0.05%。氧化过程中,由于铝的溶解,游离铬酸减少,氧化能力相应降低,必须按分析及时补充铬酐,因此,溶液中铬的总含量会不断增高。六价铬总量以 CrO_3 计应控制在 100g/L 内,30~60g/L 最佳。溶液可以通过测定 pH 值来控制,含 3% 铬酐的新溶液,其 pH 值为 0.5~0.7,使用期间溶液的 pH 值不应超过 0.9。

溶液中的有害杂质为 Cl^-、SO_4^{2-} 及 Cr^{3+}。氯化物以 NaCl 计不大于 0.2g/L,硫酸盐以 H_2SO_4 计不大于 0.5g/L,过高则影响外观,膜层粗糙。三价铬增加,会使氧化膜暗而无光,耐蚀性降低。SO_4^{2-} 可用氢氧化钡生成硫酸钡沉淀除去,Cr^{3+} 可用大阳极面积进行电解处理,Cl^- 含量过高时只能稀释或更换溶液。

铬酸阳极氧化在航空、航天领域得到广泛应用。且对膜层提出较高的要求,如耐盐雾试验达 240h 或 336h,甚至 500h 以上,膜重不小于 $0.22mg/cm^2$,高精度等。影响膜层质量的因素有以下几个。

(1) 改进前处理 氧化前不进行一般的碱液浸蚀和出光,化学除油采用不含硅酸盐的清洗剂,酸浸蚀可采用下列工艺规范之一。

① 铬酐 CrO_3 45~55g/L,硝酸 HNO_3($d=1.42g/cm^3$)90~120mL/L,氢氟酸 HF(40%)10mL/L;室温;时间 1~3min;添加氢氟酸以控制单面腐蚀速率 20~25μm/h。

② 铬酐 CrO_3 45~55g/L,硫酸 H_2SO_4($d=1.84g/cm^3$)250~300g/L;温度 60~65℃;时间 20~25min。

(2) 进行封闭处理　铬酸氧化膜经封闭处理后耐蚀性有较大提高。

(3) 应用去离子水　阳极氧化溶液和封闭溶液所用去离子水的水质要求为：电导率不大于 2×10^{-5} S/cm，可溶性固体总含量不超过 10mg/L，硅以 SiO_2 计不超过 3mg/L。

阳极氧化前和封闭前的清洗以及最终清洗应采用去离子水，要求可溶性固体总含量不超过 100mg/L，电导率不大于 2×10^{-4} S/cm。

(4) 铬酸阳极氧化的替代工艺　硫酸阳极氧化会降低基体材料的疲劳性能，航空产品如飞机蒙皮均已采用铬酸阳极氧化。但是，铬酸盐严重危害人体健康，污染环境，其应用日益受到严格限制。为寻求取代铬酸阳极氧化的新工艺，长期以来进行了大量的研究工作，1990 年硼酸-硫酸阳极氧化工艺取得专利。其后美国波音飞机公司制定了相应的工艺规范。它对铝合金阳极氧化技术的发展是一项重要贡献。为此，美国军用标准 MIL-A-8625F（1993）在阳极氧化分类中增加ⅠC型（无铬酸阳极氧化）、ⅡB型（薄层硫酸阳极氧化），用以替代铬酸阳极氧化。

波音公司推荐的硼酸-硫酸阳极氧化溶液的配方为质量分数 3%～5% 硫酸加上质量分数 0.5%～1% 硼酸。硫酸浓度直接影响膜层重量，硼酸可能主要影响膜层结构。在低浓度硫酸溶液中加入硼酸，以减少对膜的溶解和提高阻挡层的稳定性，从而生成薄而致密的氧化膜。具体的工艺规范为：硫酸（H_2SO_4，$d=1.84$g/cm³）45g/L，硼酸（H_3BO_3）8g/L；温度 21～32℃；电压 13～15V；阳极电流密度 0.3～0.7A/dm²；氧化时间 18～22min。

硼酸-硫酸阳极氧化膜，经过 336h 连续盐雾试验而不出现任何腐蚀，其疲劳寿命明显高于硫酸阳极氧化膜而接近铬酸阳极氧化膜。

铬酸阳极氧化膜不透明，具有乳白色、浅灰色至深灰色的外观，膜层较薄，仅有 2～5μm，对氧化零件的尺寸变化小，可保持原来的精度和表面粗糙度，适用于精密零件氧化。膜层致密性好，孔隙率低，不封闭即可使用。

在相同条件下，铬酸氧化膜的耐蚀性优于硫酸氧化膜。膜层质软，弹性好，对铝合金的疲劳性能影响小，适合长寿命和要求保持较高疲劳强度的零件应用，但其耐磨性低于硫酸氧化膜。铬酸液对铝的腐蚀性比其他溶液小，适用于有窄缝的和铆接的零件以及气孔率较高的铸件。膜的电绝缘性较好，可以防止铝与其他金属接触时发生电偶腐蚀。氧化膜具有较好的黏结性能，是涂料的良好底层，适用于需胶接的零件及蜂窝结构面板。铬酸氧化法还可用来检查晶粒度，显现一般探伤方法不能发现的微小冶金缺陷。

铬酸阳极氧化不适用于含铜量大于 5% 或含硅量大于 7% 的铝合金，也不宜用于合金元素总含量超过 7.5% 的铝合金，否则容易发生腐蚀现象。

3.2.5.3　草酸阳极氧化膜工艺

(1) 铝及铝合金草酸阳极氧化的典型工艺规范如下：

草酸（$H_2C_2O_4 \cdot 2H_2O$）	30～50g/L	时间	40～60min
电压	40～60V	电流密度	1～2A/dm²
温度	18～25℃		

通常采用直流电源，在纯铝和铝镁合金上取得黄色膜，有较好的耐蚀性。如果温度升至 35℃，电压 30～35V 下，处理 20～30min，可得到无色、多孔、较软的薄膜。当采用交流电时，在电压 20～60V，电流密度 2～3A/dm²，温度 25～35℃ 下处理 40～60min，膜层柔软，适用于线材及弹性薄带。直流电叠加交流电的工艺规范一般为：直流电压 30～60V，直流电流密度 2～3A/dm²，交流电压 40～60V，交流电流密度 1～2A/dm²，温度 20～30℃，时间 15～20min，可按照所需硬度和色泽来改变交直流电的比例。

电绝缘用的草酸阳极氧化，需在高电压下处理以取得较厚的氧化膜，终电压应达到90～110V，电流密度2～2.5A/dm²，要求从低电压开始逐级递增至规定值，以防止局部氧化膜被电击穿，升压时间需20～30min，达到终电压再继续氧化60min左右。

在氧化过程中需用压缩空气进行搅拌，并进行过滤，以保持草酸溶液洁净。

(2) 溶液的控制　溶液配制应采用去离子水或蒸馏水。

氧化过程中草酸会发生分解，在阴极上还原成羟基乙酸，而在阳极上则氧化成二氧化碳。同时由于铝的溶解，在溶液中会生成草酸铝，每一份质量的铝需要5份质量的草酸。所以，需要经常分析草酸的含量并加以补充。草酸的消耗量可以按 0.13～0.14g/(A·h) 考虑。氧化过程中每安培·小时有 0.08～0.09g 铝进入溶液，随着铝含量的增加，溶液氧化能力下降。当 Al^{3+} 含量超过 30g/L 时，溶液应稀释或更换。草酸阳极氧化液对氯化物的存在很敏感，一般不应超过 0.04g/L，硬铝合金氧化时不应超过 0.02g/L。氯离子含量过多，氧化膜将出现腐蚀点。

草酸阳极氧化可得到较厚的膜层，一般为 8～20μm，最厚可达 60μm。草酸氧化膜较细致，弹性好，孔隙率低，耐蚀性高，外观呈半光亮的灰白色至深灰色、黄色或带金黄色调的灰绿色，获得哪种颜色取决于合金成分及表面状态。膜层具有很好的电绝缘性，击穿电压 200～300V，浸绝缘漆后可达 300～500V，适合做铝线绕组的绝缘层，用于要求有较高绝缘性能的精密仪器、仪表零件。草酸膜可以着色，适合日用品的表面装饰，在建筑、造船等行业也得到广泛应用。

绝缘阳极氧化不适用于厚度小于 0.6mm 的铝薄板及粗糙度大于 1.6～0.8μm 的零件，也不宜用于含铜量高的硬铝材料。此外，草酸溶液不够稳定，电能消耗大，生产成本较高。

3.2.5.4　硬质阳极氧化膜工艺

铝及铝合金硬质阳极氧化又称厚膜氧化。膜层厚度可达 250～300μm，外观呈灰、褐至黑色。氧化膜的硬度很高，一般为 HV300～600，与合金牌号和处理工艺有关，并存在硬度梯度，靠近基体部分的硬度较高，而外层的硬度则较低。由于氧化膜有微小孔隙，可以吸附润滑剂，故能提高抗磨能力。硬质氧化膜的耐磨性在低载荷下是极佳的，试验表明，它优于淬火硬化钢及硬铬镀层；在实际应用中，硬质膜的磨损量与氮化钢的磨损量大致相等。在工业大气和海洋性气候条件下，以及盐雾试验、潮湿箱试验中，硬质膜具有良好的耐蚀性能，一般情况下优于普通氧化膜。膜层具有高的电绝缘性，膜厚 100μm 时，击穿电压为 1850V，浸绝缘漆后可达 2000V。

膜的熔点高达 2050℃，传热系数很低，仅有 67kW/(m²·K)，是绝好的耐热材料，短时间内能耐 1500～2000℃ 的高温。膜层愈厚，耐火焰冲击时间愈长。

由于硬质氧化膜的优良性能，其在工业上的应用日益广泛。主要用于要求高硬度的耐磨零件，如活塞、气缸、轴承、导轨等，用于要求绝缘的零件，耐气流冲刷的零件和瞬时经受高温的零件。氧化膜与基体结合牢固，但膜层有脆性，并随厚度增加而增大，所以不宜用于承受冲击、弯曲或变形的零件。达到一定厚度的硬质膜，会使铝合金的疲劳强度有较大的降低，尤其是高强度铝合金。故对承受疲劳载荷的零件进行硬质阳极氧化应十分慎重。此外，氧化过程会使零件尺寸增加，约为膜厚的一半，表面粗糙度也会变差。

(1) 硬质膜的形成　硬质氧化膜的形成过程，仍可通过电压-时间特性曲线进行分析，如图3-6所示。硬度膜的生长有与普通相同的规律，又有不同的特点。在阻挡层形成和膜孔产生阶段，其规律是一致的，所不同的是硬质膜的形成电压高，阻挡层较厚。在多孔层增厚阶段则有所不同,这时电压曲线上升较快,说明多孔层加厚时孔隙率不大,随着膜层加厚,电阻增大较快,电压也明显上升。这段时间越长,膜的生长速度与溶解速度达到平衡的时间也越长,膜层也就越厚。电压升至一定值后,膜孔内析氧加速且扩散困难,使电阻增加,电压骤升,膜孔内热量引起气体放电,出现火花,导致膜层破坏。这时的电压称为击穿电压。所以,正常氧化应在此前结束。

(2) 工艺规范 硬质阳极氧化采用的溶液有硫酸、草酸及其他有机酸等多种类型。选用的电源有直流、交流、直流叠加交流及各种脉冲电流,应用最广的是直流。低温的硫酸硬质阳极氧化常用工艺规范见表3-5。

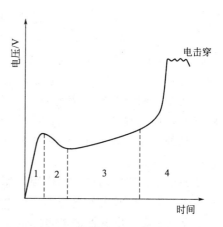

图3-6 硬质阳极氧化电压-时间特征曲线

表3-5 硫酸硬质阳极氧化工艺规范

成分及操作条件	配方		
	1	2	3
硫酸(H_2SO_4, $d=1.84g/cm^3$)/(g/L)	200~250	300~350	130~180
温度/℃	−5~10	−3~12	10~15
电流密度/(A/dm²)	2~3	2.5	2
电压/V	40~90	40~80	100
时间/min	120~150	50~80	60~180

配方1为中等浓度溶液,适用于大多数铝合金;配方2为高浓度溶液,适用于含铜量高的铝合金,配方3为低浓度溶液,适用于纯铝和铸造铝合金。

通常采用直流电源恒电流法进行阳极氧化,开始时电流密度为0.3~0.5A/dm²,初始电压为8~10V,一般在20~30min内分多次逐级升高电流密度至2~2.5A/dm²。之后每隔约5min调整升高电压一次,以保持恒定的电流密度,直至氧化结束。最终电压与合金及膜厚有关。氧化过程如发生电流突然增大而电压下降,则表示有局部膜层溶解,应立即断电检查并取出,其他仍可继续氧化。

为使溶液保持较低的温度,需要采取人工强制冷却和压缩空气搅拌。

在硫酸或草酸溶液中加入适量的有机酸如丙二酸、苹果酸、乳酸、硝基水杨酸、酒石酸及硼酸等,可以在较高温度下进行阳极氧化。其膜层质量也有所提高,常用的混合酸硬质氧化工艺规范可在有关手册中查到。

(3) 工艺因素的影响

① 硫酸浓度 硫酸浓度较低时,膜层硬度较高,对纯铝尤为明显。所以,纯铝及铸造铝合金通常采用低浓度溶液;含铜量较高的铝合金,由于Al_2Cu金属间化合物的存在,氧化溶解较快,容易烧蚀零件,故不宜在低浓度溶液中氧化。如2Y12(即LY12)应采用高浓度的硫酸溶液(300~350g/L)。

② 温度 温度是主要影响因素。随着溶液温度升高,膜的溶解速率加快。一般而言,溶液温度低,氧化膜硬度高,耐磨性好,温度过低,则膜的脆性增大。变形铝合金一般温度控制在−5~10℃,视合金牌号而定,温差以±2℃为宜。纯铝(含包铝层)则宜在6~11℃时进行氧化,因为0℃左右氧化所得膜的硬度和耐磨性反而降低。

③ 阳极电流密度 在一定温度和浓度的硫酸溶液中，随着阳极电流密度的升高，膜的成长速率加快，氧化时间可以缩短。在膜厚相同的情况下，较高的电流密度将取得较硬的氧化膜。但电流密度过高，发热量大，促使膜层硬度下降。如果电流密度太低，则膜层成长慢，化学溶解时间长，膜层硬度降低。

此外，铝合金成分及结构对硬质氧化膜有较大影响。含铜量增加会使膜层孔隙率明显上升，而硬度则下降。含铜4%或含硅7.5%以上的铝合金进行直流电硬质阳极氧化是困难的，建议采用直流叠加交流或脉冲电流，对改善膜层性能和提高氧化温度均有所帮助。

关于交直流叠加电流的作用机理尚不太清楚，可以解释为氧化膜有大量孔隙，在溶液中相当于一个漏电较大的电容器。当直流电氧化时，外加电源的电压一直增加，即电容器一直处于充电状态，电容器的电量随电压的增加而增加，边角处就容易放电、发热而烧焦。而采用交直流叠加电源，其电压有一段时间处于零或反向状态，这时电容器在电量不太大时就有放电过程，电压变低；另外在反向时，阴极反应有氢析出，在膜孔中与氧很快结合成水。由于减少了大量的气态氧和氢，使溶液容易接触到铝基体，使阻抗减小；形成的水又改善了冷却效果，使温度上升缓慢，膜的溶解速率下降，保证了膜的致密，并获得较大的厚度。交直流叠加氧化时要选择适当的交直流比值。

采用直流叠加方波脉冲对铝铜系合金进行硬质阳极氧化时，即使溶液温度为20～30℃，膜层的显微硬度仍能达到HV400以上。图3-7所示为脉冲电压与电流随时间变化的关系。

在阳极氧化过程中，当电压 E_1 作用于铝阳极时，短时间内起始电流很大，在通过一个最小值后，达到稳定 i_1。当电压由 E_1 急降至 E_2 时，电流立即降至一趋近于零的很小值。然后逐渐上升到另一稳定值 i_2，对应于电压 E_2，电流逐渐增加的这段时间称为恢复时间，这种现象称为电流的恢复效应或再生效应。在电压 E_1 范围内进行阳极氧化，膜的晶胞尺寸增大，阻挡层加厚。当电压从 E_1 突降至 E_2，膜的生长几乎停止，阻挡层由于化学溶解而逐渐变薄。这时在 E_2 的作用下，电流又重新导通并上升至 i_2，生成尺寸较小的晶胞。这样得到的阳极氧化膜是由阻挡层与大晶胞厚层之间夹着小晶胞薄层所组成的多层结构，膜层硬而厚，不会出现烧焦和粉化。如果使用单一的脉冲方波电流，中间没有电流恢复效应。结果是膜层表面孔径大而发生粉化现象。

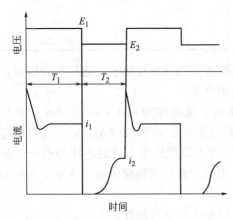

图3-7 脉冲电压与电流随时间变化关系

3.2.5.5 瓷质阳极氧化膜工艺

瓷质阳极氧化膜具有不透明的浅灰色外观，类似瓷釉、搪瓷，故又称仿釉氧化膜。膜层致密，厚度为6～20μm，有较高的硬度，良好的耐磨性、耐蚀性、耐热性和电绝缘性。膜层也可以染色装饰，所以，瓷质氧化膜是一种多功能的膜层。瓷质膜的硬度取决于铝材成分及氧化工艺，它比铬酸氧化膜高，而低于硬质氧化膜；其电绝缘性也高于铬酸氧化膜或普通硫酸氧化膜。膜层具有一定的韧性，在承受冲击和压缩负载时不会开裂，可以进行切削和弯曲等机械加工。瓷质阳极氧化处理一般不会改变零件的表面粗糙度，也不影响其尺寸精度。

(1) 铬酸-硼酸法 铬酸-硼酸法所用溶液组分简单，价格低廉，氧化膜韧性较好，但其硬度低，为HV120～140，阳极氧化工艺规范如下：

铬酐（CrO_3）	30～40g/L	电压	40～80V
电流密度	0.1～0.6A/dm²	温度	38～45℃
硼酸（H_3BO_3）	1～3g/L	时间	40～60min

氧化开始的阳极电流密度为 2～3A/dm²，在 5～10min 内逐步将电压上升至 40～80V，在保持该电压范围内，调整电流密度至 0.1～0.6A/dm²，直至氧化结束。

另一溶液配方中加有草酸，其工艺规范如下：铬酐 35～40g/L，草酸 5～12g/L，硼酸 5～7g/L；温度 45～55℃；电流密度 0.5～1A/dm²；电压 25～40V；时间 40～50min。

在以铬酸为主的溶液中，铬酸是影响膜成长的主要因素，随着铬酐含量增加，膜由半透明向灰白色转变，瓷质效果增强；硼酸有益于膜的生长，使外观呈乳白色，含量过高则氧化速率变慢而膜带雾状；随着草酸含量增加，膜的釉色加深，过高则又趋向透明。

氧化膜的瓷质感曾认为是由于铬酸盐所形成，经分析得知铬在膜中的含量极微。在电子显微镜下观察，发现膜呈树枝状结构，光波在这类结构上产生漫反射而显现白色不透明的瓷釉质感。

（2）草酸钛钾法 在草酸钛钾为主的溶液中取得的氧化膜质量好，硬度可高达HV250～300；溶液寿命短，操作要求严格，生产成本高。草酸钛钾法阳极氧化工艺规范如下：

草酸钛钾[$TiO(KC_2O_4)_2 \cdot 2H_2O$]	35～45g/L	电流密度	1～1.5A/dm²
硼酸（H_3BO_3）	8～10g/L	柠檬酸（$C_6H_8O_7$）	1～1.5g/L
草酸（$H_2C_2O_4 \cdot 2H_2O$）	2～5g/L	电压	90～110V
温度	24～28℃	时间	30～60min

氧化开始的阳极电流密度为 2～3A/dm²，在 5～10min 内调节电压至 90～110V，而后保持电压恒定，让电流自然下降。经过一段时间，电流密度便达到一个相对稳定值（1.0～1.5A/dm²），直至氧化结束。

溶液的pH值应控制在 1.8～2.0。如果适当增加草酸、柠檬酸，使pH值降至 1～1.3，可提高膜层硬度和耐磨性。溶液中草酸钛钾含量不足时，取得的膜层疏松甚至粉化；草酸含量低时膜层薄，过高则膜溶解加快而出现疏松。硼酸和柠檬酸对膜层光泽和乳白色有明显影响，并起缓冲作用。

有人认为钛盐法氧化是由于水解形式的 $Ti(OH)_4$ 沉积于膜孔中显白色而类似瓷釉；也有人认为是树枝状结构所造成的。

瓷质氧化溶液中杂质的最大允许含量为：Al^{3+} 30g/L；Cu^{2+} 1g/L；Cl^- 0.03g/L。

3.2.6 铝及铝合金阳极氧化膜着色

3.2.6.1 化学着色

铝阳极氧化膜的多孔层具有很高的化学活性，可以进行化学着色或染色，又称吸附着色。化学着色时色素体吸附于靠近膜表面的膜孔内，显示出色素体本身的颜色，如图 3-8 所示。氧化膜的多孔层有巨大的表面积，依赖分子间力进行的吸附称为物理吸附，其吸附力较弱；氧化膜与色素体依靠化学键形成或以络合物形式结合的称为化学吸附，这类吸附比较牢固。化学着色可分为无机盐着色和有机染料着色两大类。化学着色的色素体处于多孔层的表面部分，故耐磨性较差，大多数有机染料还易受光的作用而分解褪色，耐久性差。

硫酸阳极氧化膜无色透明，孔隙率大，吸附性好，最适合着色处理；草酸氧化膜本身带有颜色，故仅适

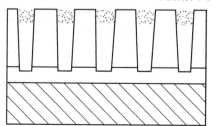

图 3-8 化学着色示意图

合染较深的色调。铬酸氧化膜孔隙少而膜层薄,难以着色。

(1) 无机盐着色 无机盐着色主要依靠物理吸附作用,盐分子进入孔隙发生化学反应而得到有色物质。例如:

$$Co(C_2H_3O_2)_2 + Na_2S \longrightarrow 2NaC_2H_3O_2 + CoS\downarrow (黑色) \quad (3-6)$$

由于无机盐的色种较少,色调也不够鲜艳,现已较少应用。无机盐着色工艺规范见表3-6。

表3-6 无机盐着色工艺规范

颜色	溶液1		溶液2		色素体
	成分	含量/(g/L)	成分	含量/(g/L)	
黄	醋酸铅[$Pb(C_2H_3O_2)_2 \cdot 3H_2O$]	100~200	重铬酸钾($K_2Cr_2O_7$)	50~100	重铬酸铅
橙	硝酸银($AgNO_3$)	50~100	铬酸钾(K_2CrO_4)	5~10	铬酸银
棕	硫酸铜($CuSO_4 \cdot 5H_2O$)	10~100	铁氰化钾[$K_3Fe(CN)_6$]	10~15	铁氰化铜
金黄	硫代硫酸钠($Na_2S_2O_3 \cdot 5H_2O$)	10~50	高锰酸钾($KMnO_4$)	10~15	氧化锰
白	醋酸铅[$Pb(C_2H_3O_2)_2$]	30~50	硫酸钠(Na_2SO_4)	10~50	硅酸铅
蓝	亚铁氰化钾[$K_4Fe(CN)_6 \cdot 3H_2O$]	10~50	氯化铁($FeCl_3$)	10~100	普鲁士蓝
黑	醋酸钴[$Co(C_2H_3O_2)_2$]	50~100	硫化钠(Na_2S)	50~100	硫化钴

铝及铝合金阳极氧化后经彻底清洗,先在溶液1中浸渍,水洗后再浸入溶液2中,这样交替进行2~4次即可。溶液温度为室温或加热至50~60℃,每次浸渍5~10min。着色后清洗干净,用热水封闭,或经60~80℃烘干,再进行涂漆或浸蜡处理以提高耐蚀能力。

(2) 有机染料染色 有机染料分子除物理吸附于膜孔外,还能与氧化铝发生化学作用,使反应生成物进入孔隙而显色。如染料分子的磺基与氧化铝形成共价键,酚基与氧化铝形成氢键,酸性铝橙与氧化铝形成络合物等。所以,有机染色时化学吸附是主要的。部分工艺规范如表3-7所示。

表3-7 有机染料染色工艺规范

颜色	染料名称	含量/(g/L)	温度/℃	时间/min	pH值
金黄	茜素黄(S)	0.3	50~60	1~3	5~6
	茜素红(R)	0.5			
	溶靛素金黄(IGK)	0.035	室温	1~3	4.5~5.5
	溶靛素亮橙(IRK)	0.1			
橙黄	活性艳橙	0.5	50~60	5~15	
黄	直接耐晒嫩黄(5GL)	8~10	70~80	10~15	
	活性嫩黄(K-4G)	2~5	60~70	2~15	6~7
	茜素黄(S)	2~3	60~70	10~20	
红	铝火红(ML)	3~5	室温	5~10	5~6
	铝枣红(RL)	3~5	室温	5~10	5~6
	直接耐晒桃红(G)	2~5	60~75	1~5	5~6
紫	铝紫(CLW)	3~5	室温	5~10	5~6
棕	直接耐晒棕(RTL)	15~20	80~90	10~15	6.5~7.5
	铝红棕(RW)	3~5	室温	5~10	5~6
绿	酸性绿	5	60~70	15~20	5~5.5
	铝绿(MAL)	3~5	室温	5~10	5~6
蓝	直接耐晒蓝	3~5	15~30	15~30	5~5.5
	酸性湖蓝(B)	10~15	室温	3~8	5~5.5
黑	酸性黑(ATT)	10~15	室温	10~15	4.5~5.5
	酸性粒子元(NBL)	10~15	60~70	10~15	5~5.5

配制染色液时应采用去离子水，先将染料调成糊状，再加少许水稀释，煮沸 10～30min 至染料溶解，过滤，加水至规定浓度，用醋酸或氨水调整 pH 值。

零件阳极氧化后在冷水中清洗（禁用热水，也不得手摸）。染色前先用 1%～2%氨水中和膜孔中的残留酸液，以利于色素体的牢固结合。当用碱性染料染色时，氧化膜必须用 2%～3%单宁酸溶液处理，否则染不上色。染色应接着氧化后连续进行，如果间隔时间较长，氧化膜会自然封闭，此时可在 10%醋酸中浸 10min，以提高膜的着染性。

染色液浓度较低时有利于染料分子渗透进入孔隙深处；较高浓度染色，一般深色较多，封闭时容易流色。室温下染色的时间较长，色泽容易控制，但其耐晒性较差。热染时着色速率快，色牢度提高；温度过高由于水化反应，膜处于半封闭状态，上色反而变慢。染色液的 pH 值必须控制，pH 值不同，色调差别很大；pH 值过低将降低染料的牢固度和耐晒性能。

染色膜可进行热水封闭、水蒸气封闭或醋酸盐溶液封闭。此外，为提高耐蚀性、耐晒性，保持染色光泽，封闭后可以涂熔融石蜡或涂清漆。

3.2.6.2 整体着色

整体着色是指铝及铝合金在阳极氧化的同时也被着上颜色。它是利用溶液在电极上发生的电化学反应，使部分产物夹杂在氧化膜中而显色；有的是合金中的有色氧化物显色。这种着色法的色素体存在于整个膜壁和阻挡层中，故称为整体着色，如图 3-9 所示。整体着色膜具有良好的耐光性、耐热性、耐蚀性、耐磨性及耐久性。曾广泛应用于建筑材料业，适合室外装饰。但是它的色调种类少，色泽也不够鲜艳，同时该法能耗大、成本高，故应用范围受到一定限制。

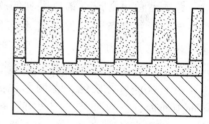

图 3-9　整体着色示意图

整体着色可以是合金自身发色。由于铝合金的化学成分、金相结构及热处理状态不同，阳极氧化所得的膜层会出现不同的色调。例如在硫酸溶液中阳极氧化，含铬大于 0.4%的铝合金可以得到金黄色膜层，铝锰系合金得到褐色膜，铝硅系合金按含硅量不同可以得到浅灰、深灰、绿色直至黑色膜。此外，通过改变电源波形，例如不完全整流、交直流叠加、换向、脉冲等波形，在硫酸溶液中阳极氧化，也可以得到不同的着色膜。

通常所指整体着色是指铝在特殊溶液中阳极氧化而直接生成有色膜的方法，故又称为一步电解着色法，或称为自着色阳极氧化。这类溶液常含有特殊的有机酸如磺基水杨酸、氨基磺酸、草酸等。在以草酸为主的溶液中，添加硫酸、铬酸或其他有机酸，可得到黄至红色调的氧化膜。在以氨基磺酸、磺基水杨酸为主的溶液中添加无机酸及磺基苯二酸等有机酸，可得到青铜色至黑色以及橄榄色一类的氧化膜。国外著名的专利工艺配方有：Kalcolor 法、Duandie-300 法、Yeroxal 法等。

3.2.6.3 电解着色

铝及铝合金经阳极氧化取得氧化膜之后，再在含金属盐的溶液中进行电解，使金属离子在膜孔底部还原析出而显色的方法，称为电解着色，又称为二次电解着色或二步法电解着色。电解着色时色素体沉积于氧化膜孔的阻挡层上，如图 3-10 所示。但是阻挡层是没有化学活性的，故普遍采用交流电的极性变化来活化阻挡层。

在交流电负半周时阻挡层遭到破坏，正半周时又得到氧化修复，从而阻挡层得到活化。同时由于阻挡层具有单向导电的半导体特性，能起整流作用，对极电势愈负，铝上电流负成

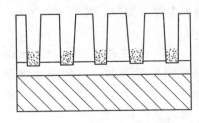

图 3-10 电解着色示意图

分愈多。在强的阴极还原作用下，通过扩散进入孔隙内的金属离子被还原析出，析出物直接沉积在阻挡层上。至于析出物是金属还是金属氧化物，存在不同看法。X 射线衍射和红外光谱分析表明，析出物是金属而不是氧化物；但研究交流电着色时的阻抗，发现阻抗增加，如果析出物是金属氧化物则阻抗必然增加。有人推测析出金属呈金属溶胶体或凝腔体状态存在，金属胶体是阻抗增加的直接原因。研究表明，金、银、铜、铁、钴等金属离子还原成金属胶态粒子；一些含氧酸根如硒酸根、钼酸根、高锰酸根则还原成金属氧化物或金属化合物形式析出。

电解着色膜的色调因溶液金属盐不同而异。除其特征色外，并与沉积量、金属胶粒的大小、形态和粒度分布有关，如果胶粒的大小处于可见光波长范围，则胶粒对光波有选择性吸收和漫射，因此，可看到不同的色调。

电解着色膜具有很好的耐光性、耐候性和耐磨性。电解着色的成本比整体着色低得多，且受铝合金成分和状态的影响较小，所以，在建筑铝型材上应用尤为广泛。

(1) 着色液的选择 凡在水溶液中能电沉积的金属均可用于电解着色。目前具有实用价值的仅有铬、镍、钴、铜、银、锰等几种金属盐。

镍盐着色可形成青铜色系列的膜层。它具有一定的磁性，耐热性好，但是着色液的分散能力差，形状复杂的零件着色不均匀。锡盐着色的膜层为浅青铜色至黑色，溶液分散能力好，膜层色调均匀稳定，色差少，但亚锡容易氧化和水解沉淀。钴盐着色液则因价格高，一般情况下较少应用。镍锡混合盐着色能综合镍盐稳定和锡盐分散能力好的优点；色系更完整，可以获得从香槟色、青铜色、咖啡色、古铜色、黑褐色直至纯黑色膜层；着色的均匀性和重现性均好。铜盐着色可得到红色至咖啡色的膜层，耐光性好，着色成本低，但耐蚀性较差。银盐着色的膜层呈金黄色或黄绿色，溶液对杂质比较敏感，铜离子多使膜的颜色偏红，氯离子会沉淀银，造成着色困难。锰盐着色的膜层呈金黄色，成本低，由于色素体是锰的氧化物，耐久性不及银盐着色。

(2) 工艺规范 部分交流电解着色的工艺规范，如表 3-8 所示。

(3) 工艺要求

① 着色液配制应采用去离子水。镍盐溶液配制时先溶解硫酸镍和硼酸，加硫酸酸化，再加稳定剂、促进剂。锡盐溶液配制时先加硫酸、稳定剂，溶解后再加硫酸亚锡，以防亚锡氧化和水解。镍锡混合盐溶液则将上述两种溶液混合即可，或在锡盐溶液中直接溶入硫酸镍。稳定剂和促进剂的添加方式和温度要求按有关厂商的资料。

② 对极采用比铝电极电势正的材料，一般用惰性材料或不溶于溶液的材料，如石墨、不锈钢；也可用能溶的金属材料，如镍盐着色液中用镍，锡盐着色液中用锡，对极形状为棒、条、管或网格状，在槽内排布应均匀。其面积应不小于着色面积。

③ 着色与氧化采用同一挂具，不导电部分应绝缘，不宜用钛质材料，以防止接触部位着不上色；挂具必须有足够的导电面积并接触牢固，防止松动移位。

④ 氧化膜厚度应不小于 $6\mu m$，着黑色要大于 $10\mu m$，一般铝型材膜厚宜达 $10\sim15\mu m$，以确保户外有良好的防护性和耐候性。

⑤ 着色应在氧化后立即进行，不宜在清水中浸泡或空气中停留长时间，以免着色困难，此时可在氧化液中浸数分钟再清洗后着色。如果暂时不能着色，可以停放在 $5\sim10g/L$ 硼酸溶液中，以抑制氧化膜的水化反应。

表 3-8 电解着色工艺规范

金属盐	成 分	含量/(g/L)	温度/℃	电压/V	时间/min	颜色
镍盐	硫酸镍($NiSO_4 \cdot 7H_2O$) 硫酸镁($MgSO_4 \cdot 7H_2O$) 硫酸铵[$(NH_4)_2SO_4$] 硼酸(H_3BO_3)	25 20 15 25	20	7~15	2~15	青铜色
锡盐	硫酸亚锡($SnSO_4$) 硫酸(H_2SO_4, $d=1.84g/cm^3$) 硼酸(H_3BO_3)	20 10 10	15~25	6~9	5~10	青铜色
	硫酸亚锡($SnSO_4$) 硫酸(H_2SO_4, $d=1.84g/cm^3$) 稳定剂 ADL-DZ	10~15 20~25 15~20	20~30	10~15	3~10	青铜色
镍锡盐	硫酸镍($NiSO_4 \cdot 6H_2O$) 硫酸亚锡($SnSO_4$) 硼酸(H_3BO_3) 硫酸(H_2SO_4, $d=1.84g/cm^3$) 稳定剂 ADL-DZ	20~30 3~6 20~25 15~20 10~15	15~25	6~9	5~10	青铜色
	硫酸镍($NiSO_4 \cdot 6H_2O$) 硫酸亚锡($SnSO_4$) 硼酸(H_3BO_3) 硫酸(H_2SO_4) 稳定剂 ADL-DZ	35~40 10~12 25~30 20~25 15~20	20~30	10~15	3~10	黑色
铜盐	硫酸铜($CuSO_4 \cdot 5H_2O$) 硫酸(H_2SO_4, $d=1.84g/cm^3$) 添加剂 ADL-DH	20~25 8 25	20~40	8~12	0.5~5	红、紫、黑色
银盐	硝酸银($AgNO_3$) 硫酸(H_2SO_4, $d=1.84g/cm^3$) 添加剂 ADL-DJ	0.5~1.5 15~25 15~25	20~30	5~7	1~3	金黄色
锰酸盐	高锰酸钾($KMnO_4$) 硫酸(H_2SO_4, $d=1.84g/cm^3$) 添加剂 AD-DJ99	7~12 20~30 15~25	15~40	6~10	2~4	金黄色

⑥ 零件在着色液中,最好先不通电停放 1~2min,让金属离子向膜孔内扩散。着色开始通电的 1min 内,电压缓慢地从零升高至规定值,升压方式可以是连续的,也可以是分阶段的,但切不可急剧升压。为保持色调的重现性,最初的起步操作很重要,最好采用自动升压装置。在着色过程中要相对固定电压、温度和时间这三个重要因素。在生产中,可以通过恒定电压和温度,改变着色时间来获得各种色调的氧化膜,也可以固定着色时间和温度,改变电压来实现。

⑦ 搅拌有利于色调的均匀性和重现性。一般采用机械搅拌,尤其是含亚锡盐的溶液不宜用压缩空气搅拌。着色液最好进行连续循环过滤。

⑧ 形状或合金成分差别大的零件不宜在同一槽内着色,同一根极杆上应处理相同成分的铝材。

(4) 影响因素

① 主盐 主盐浓度应保持在一定范围内,随着浓度升高,着色速率加快,色调加深。着深色时可采用较高浓度,例如着黑色的镍盐含量可从 25~30g/L 提高到 40g/L 以上。硫酸亚锡有利于着色的均匀性和重现性,在镍锡混合盐溶液中起催化作用,促进与镍共析。主

盐浓度不宜过高,如铜盐着色液中硫酸铜含量偏高时,色彩虽然红艳,但着色不均匀,色差较大。由于着色时金属沉积量很少,一般情况下金属盐的消耗不大,只需定期分析补充。但是高锰酸钾在酸性着色液中会自催化还原,故很不稳定,消耗量也较大。

② 硫酸和硼酸 添加硫酸是为了提高溶液的导电性和保持着色的稳定性。同时可防止硫酸亚锡水解。硫酸含量低时零件表面容易附着氢氧化物;过高时氢离子竞争还原,着色速率下降,甚至着不上色。硼酸可以在膜孔中起缓冲作用,在镍盐着色液中不加硼酸则镍不能析出。硼酸有利于着色的均匀性,含量不足时容易产生色差和色散现象。

③ 促进剂和稳定剂 促进剂在镍盐溶液中起催化作用,促使镍离子在 pH 值为 1 左右能顺利析出,并保持良好的着色均匀性和重现性。促进剂有利于提高着色速率和加强着色深度。在钴盐或镍-钴混合盐溶液中,稳定剂能有效地防止亚锡的氧化和水解,保持着色稳定。稳定剂由络合剂、还原剂、抗氧剂及电极氧化阻止剂等选配而成。促进剂和稳定剂大多数为专利商品。

④ 电压 电压对着色速率有很大影响,电压过低,阴极峰值电流很小,几乎全用于阻挡层充电,沉积金属的法拉第电流很小,所以着色极浅。随着电压升高,电流增大,着色速率加快,色调加深;在有的溶液中,电压升至某一值时色调最深,继续加大电压颜色反而变浅。电压过高,超过氧化电压时,阻挡层将被击穿而发生着色膜脱落。在镍锡混合盐着色时,温度和时间不变,交流电压与着色色调的关系见表 3-9。

表 3-9 交流电压与色调的关系

电压/V	3～4	5～6	6～8	8～10	10～12	12～14	14～18	18～22
色调	无或微上色	香槟色	青铜色	咖啡色	古铜色	黑褐色	黑色	纯黑色

⑤ 温度和时间 随着溶液温度升高,金属离子扩散速率加快,色调加深;温度低,着色速率慢,温度过高会加速亚锡氧化和水解,生产中一般控制在 20～30℃。在固定电压和温度的前提下,随着时间延长,色调将加深。

3.2.7 阳极氧化膜的封闭
3.2.7.1 封闭目的和质量要求

铝及铝合金阳极氧化膜具有多孔结构,表面活性大,所处环境中的侵蚀介质及污染物质会被吸附进入膜孔,着色膜的色素体也容易流出,从而降低氧化膜的耐蚀性及其他特性。未封闭或封闭不良的阳极氧化膜,短时间内就可能出现污斑和腐蚀。封闭处理是阳极氧化工艺中的重要环节,无论是本色膜或着色膜,在阳极氧化后或着色后一般都应进行封闭。

封闭处理是使刚形成的氧化膜表面从活性状态转变为化学钝态,以达到下列目的:

(1) 防止腐蚀介质的侵蚀,提高氧化膜的耐蚀性;
(2) 增强抗污染能力,在使用期间保持较好的外观;
(3) 提高着色膜的稳定性、耐久性和耐光性。

氧化膜封闭处理有多种方法,按作用机理可分为:利用水化反应产物膨胀,如热水封闭、水蒸气封闭,利用盐水解而吸附阻化,如无机盐封闭;利用有机物屏蔽,如浸油脂、蜡、树脂等。常温封闭方法具有降低能源消耗,改善工作环境和提高生产效率等优点,随着常温封闭剂的研制开发,应用范围正在不断扩大。

氧化膜的封闭质量是极为重要的,评价封闭质量的方法有:染色斑点试验法、导纳法和酸溶解失重法。

染色斑点试验按 GB 8753—88(等同于 ISO 2143—1981)进行。染色强度共分 6 级,0

级为染色强度最弱，即吸附能力损失程度最强，0～3 为封闭质量合格。

导纳法按 GB 11110—89（等同于 ISO 2931—1983）进行。氧化膜未着色，仅用热水或蒸汽封闭，以 20μm 膜厚作标准，其导纳值小于 20μS，则封闭质量为合格。深色膜达不到该值，若精确测量的阻抗值大于 50kΩ，同样可以认为封闭质量合格。

酸溶解失重法按 ISO 3210 或 GB/T 14592 进行。氧化膜封闭后老化 24h，在磷酸（85%）35mL/L、铬酐 20g/L 的酸性溶液中，于 38℃ 下浸渍 15min，称量其失重。此法已为 GB 8013—87 阳极氧化膜的总规范（等同于 ISO 7599—1983）规定为仲裁实验方法，如果每平方分米氧化膜的质量损失不超过 30mg，则封闭质量是合格的。

3.2.7.2 热水和水蒸气封闭

(1) **热水封闭机理**　热水封闭过程是使非晶态氧化铝产生水化反应转变成结晶质的氧化铝。水化反应结合水分子的数目与反应温度有关，水温在 80℃ 以上时反应生成一水合氧化铝（勃姆石 boehmite），其化学反应式如下：

$$Al_2O_3 + H_2O \longrightarrow 2AlOOH \longrightarrow Al_2O_3 \cdot H_2O \tag{3-7}$$

一水合氧化铝生成时，体积增大约 33%，从而封闭氧化膜的孔隙。如果水温低于 80℃，则发生以下反应：

$$Al_2O_3 + 3H_2O \longrightarrow 2AlOOH + 2H_2O \longrightarrow Al_2O_3 \cdot 3H_2O \tag{3-8}$$

三水合氧化铝或三羟铝石（拜尔体 bayerite）稳定性差，具有可逆性。在腐蚀环境中，三羟铝石不如勃姆石稳定，所以热水封闭最好在 95℃ 以上进行，故又称沸水封闭。

(2) **热水封闭工艺**　热水封闭应采用去离子水或蒸馏水，微量杂质会毒化水化反应，Ca^{2+}、Mg^{2+} 等离子可能沉淀于氧化膜的孔隙内，影响其透明度；Cl^-、SO_4^{2-} 等离子则会降低膜的耐蚀性。所以，封闭用水的质量必须严格控制。去离子水的电导率应低于 2×10^{-4} S/cm，有害杂质的允许含量（mg/L）：SO_4^{2-} 100；Cl^- 50；NO_3^- 50；PO_4^{3-} 15；F^- 5；SiO_3^{2-} 5。

水的 pH 值应控制在 5.5～6.5。pH 值较高时，有利于水化反应进行，封闭快；pH 值过高，膜的表面容易产生氢氧化铝沉淀，出现粉霜；pH 值过低，水化反应缓慢，还会使某些染料发生流色现象。水的 pH 值可用醋酸调低，或用氨水调高。

水的温度应在 95℃ 以上至近沸点。温度高有利于水向膜孔扩散和加速水化反应，避免生成不良水化产物三羟铝石。

水化反应刚开始很快，在表面形成水化膜后，水向膜孔的扩散速率下降而使反应变慢。所以封闭需要有一定的时间，并与氧化膜厚度有关。封闭时间以单位膜厚计，每微米膜厚需要 2～3min，按通常 10μm 厚氧化膜所需封闭时间为 20～30min。

水蒸气封闭机理基本上与热水封闭相同。其效果比热水封闭好，不受水的纯度及 pH 值影响。水蒸气封闭有助于提高膜的致密程度，还可以防止某些染色膜的流色现象。但设备投资大，生产成本高，操作过程麻烦，一般情况下较少应用。

封闭氧化膜时，蒸汽压力控制在 0.1～0.3MPa，蒸汽温度为 100～110℃，封闭时间 20～30min。蒸汽温度不宜过高，否则易使氧化膜硬度及耐磨性下降。

(3) **粉霜及其排除**　热水封闭时容易在氧化膜表面形成粉霜。它是从孔壁溶解下来的 Al^{3+} 向外扩散到膜表面，并发生水化作用的结果。粉霜是一种针状的网络结构物质，有很大的表面积，严重影响产品外观，尤其是着色膜的装饰效果；且由于表面疏松，渗透性好，容易导致污染和腐蚀。

为排除这种故障，可在热水中加入少量粉霜抑制剂，以达到既能封闭又不产生粉霜的目的。抑制剂通常使用大分子团的多羟基羧酸盐、芳香族羧酸盐以及大分子的膦化物。大分子物质只在氧化膜表面起作用而不能进入膜孔内。此外抑制剂对水化过程均有程度不同的毒化作用，所以，在选择和使用抑制剂时应遵循大分子物质和低浓度的原则。例如大分子膦化物作为粉霜抑制剂的用量为 0.01~0.02g/L，再与 0.04g/L 醋酸镍相配伍，可以得到封闭质量合格而又不起粉霜的氧化膜。

3.2.7.3 盐溶液封闭

(1) 重铬酸盐封闭　防护性阳极氧化膜通常采用重铬酸盐溶液进行封闭。这时膜表面和孔隙中的氧化铝与重铬酸盐产生下列化学反应：

$$2Al_2O_3 + 3K_2Cr_2O_7 + 5H_2O \longrightarrow 2Al(OH)CrO_4 + 2Al(OH)Cr_2O_7 + 6KOH \quad (3-9)$$

由于铬酸盐和重铬酸盐对铝及铝合金具有缓蚀作用，所生成的碱式铬酸铝和碱式重铬酸铝抑制孔隙内残液对基体的腐蚀，并能防止膜层损坏部位的腐蚀发生。同时，由于溶液的温度较高，还发生水化反应，所以，这种方法具有盐填充和水封闭的双重作用。常用的封闭工艺规范如表 3-10 所示。

表 3-10　重铬酸盐封闭工艺规范

成分及操作条件	配方			
	1	2	3	4
重铬酸钾($K_2Cr_2O_7$)/(g/L)				85
碳酸钠(Na_2CO_3)/(g/L)	15	40~55	50~70	
氢氧化钠(NaOH)/(g/L)	4			13
pH 值	6.5~7.5	4.5~6.5	6~7	6~7
温度/℃	90~95	90~98	80~95	90~98
时间/min	5~10	15~25	10~20	5~10

零件在进入封闭液前，必须彻底洗净，以免带入硫酸残液。封闭时勿使零件与槽体接触，以防损坏氧化膜。封闭液中 SO_4^{2-} 含量超过 0.2g/L 时，膜的颜色变浅或发白，可用碳酸钡或氢氧化钡除去。当 SiO_3^{2-} 含量>0.02g/L 时，膜发白或发花，耐蚀性下降，可用硫酸铝钾 [$KAl(SO_4)_2 \cdot 12H_2O$] 0.1~0.15g/L 处理。Cl^- 含量>1.5g/L 会腐蚀氧化膜，这时封闭液必须更换。

(2) 水解盐封闭　水解盐封闭主要应用于防护装饰性氧化膜着色后的封闭。这些金属盐被氧化膜吸附后水解生成氢氧化物沉淀，填充于膜孔内。因为它是无色的，故不会影响氧化膜的色泽。所用的镍盐、钴盐有促进和加快水化反应的作用，并与有机染料分子形成新的金属络合物，从而增加染料的稳定性和耐晒度，避免染料被漂洗褪色，水解盐封闭工艺规范，如表 3-11 所示。

表 3-11　水解盐封闭工艺规范

成分及操作条件	配　方			
	1	2	3	4
硫酸镍($NiSO_4 \cdot 6H_2O$)/(g/L)	4~5	3~5		
硫酸钴($CoSO_4 \cdot 7H_2O$)/(g/L)	0.5~0.8			
醋酸镍[$Ni(C_2H_3O_2)_2 \cdot 4H_2O$]/(g/L)			5~5.8	
醋酸钴[$Co(C_2H_3O_2)_2$]/(g/L)			1	0.1
醋酸钠($Na_2C_2H_3O_2 \cdot 3H_2O$)/(g/L)	4~5	3~5		5.5
硼酸(H_3BO_3)/(g/L)	4~5	1~3	8	3.5
pH 值	4~6	5~6	5~6	4.5~5.5
温度/℃	80~85	70~90	70~90	80~85
时间/min	10~12	10~15	15~20	10~15

由于金属盐会抑制粉霜晶体的生长,所以水解盐封闭氧化膜时,如控制得当,一般不易产生封闭粉霜。有时,在封闭液中,加入某些添加剂以防止粉霜出现。但应考虑该添加剂是否会因光分解而使氧化膜发黄,选用时需通过紫外线照射试验,添加量也必须严加控制。封闭液对杂质的敏感性较小,这是由于氢氧化镍沉淀时,磷酸盐和硅酸盐等杂质将会受到抑制。

(3) 双重封闭　双重封闭是使阳极氧化膜依次在两种溶液中进行封闭,从而增强封闭效果,提高耐蚀性能。常用的工艺规范如下:

第一次封闭		第二次封闭	
硫酸镍($NiSO_4 \cdot 6H_2O$)	50g/L	铬酸钾(K_2CrO_4)	5g/L
温度	80℃	温度	80℃
时间	15min	时间	10min

在第一次封闭时,膜孔中先吸附大量镍盐,形成水解产物 $Ni(OH)_2$;第二次封闭时与铬酸钾反应,生成溶解度较小的铬酸镍沉淀,起保护膜层的作用。由于铬酸钾呈碱性,可以中和孔隙中残留酸液,所以,氧化膜的抗蚀能力有很大提高。除上述工艺外,第一次封闭可以采用低浓度的醋酸镍或醋酸钴溶液;第二次采用热水封闭,或在 0.1~0.5g/L 重铬酸钾溶液中热封闭。

3.2.7.4　常温封闭

(1) 常温封闭机理　现用的常温封闭剂多属于 Ni-F、Ni-Co-F 体系,还含有络合剂、缓冲剂、表面活性剂及其他添加剂。

常温封闭是基于吸附阻化原理,主要是盐的水解沉淀、氧化膜的水化反应及形成化学转化膜三个作用的综合结果。封闭剂中的活性阴离子 F^- 具有半径小、电负性大、穿透力强的特点,在氧化膜表面与微溶产生的离子形成稳定的络离子。吸附在膜壁上的 F^-,中和氧化膜留存的正电荷而使其呈负电势,有利于 Ni 离子向膜孔内扩散。此外,F^- 与膜反应生成的 OH^-,与扩散进入膜孔的 Ni^{2+} 结合生成 $Ni(OH)_2$ 沉积于膜孔中而堵塞孔隙。实验表明,有一定量 F^- 存在时,膜孔中 Ni^{2+} 沉积量是无 F^- 时的 3 倍。常温封闭时的化学反应式如下:

$$Al_2O_3 + 12F^- + 3H_2O \longrightarrow 2AlF_6^{3-} + 6OH^- \tag{3-10}$$

$$AlF_6^{3-} + Al_2O_3 + 3H_2O \longrightarrow Al_3(OH)_3F_6 + 3OH^- \tag{3-11}$$

或 $$yAlF_6^{3-} + xAl_2O_3 + 3xH_2O \longrightarrow Al_{2x+y}(OH)_{3x}F_{6y} + 3xOH^- \tag{3-12}$$

$$Ni^{2+} + 2OH^- \longrightarrow Ni(OH)_2 \tag{3-13}$$

(2) 常温封闭工艺规范　常温封闭剂属于配方不公开的专利商品,应根据相应说明书规定进行配制和操作使用。例如开封安迪电镀化工公司的常温封闭剂 ADL-F 的 Ⅰ 型产品 ADL-F(Ⅰ) 配方用量为 5g/L,Ⅲ 型 ADL-F(Ⅲ) 用量为 8g/L,pH 值为 5.5~6.5,溶液温度 25~40℃。温度为 30~35℃时的封闭速率为 1~1.5μm/min。

封闭液的 pH 值<5.5 时将抑制金属盐水解,水化反应受阻或进行不完全;pH 值大于 6.5 时,溶液中 Ni^{2+} 开始出现 $Ni(OH)_2$ 絮状沉淀。pH 值为 6 时,是 Al^{3+} 和 Ni^{2+} 混合水化物共沉淀的最大值。所以,常温封闭液的 pH 值在 5.5~6.5 范围,最佳 pH 值为 6。

封闭温度过低不利于氧化膜对镍的吸附,在 20℃时封闭的氧化膜,按 ISO 3210 酸溶解法试验,失重达到 $50mg/dm^2$,封闭不合格。温度高于 35℃,氧化膜表面将会出现彩虹色。温度愈高将愈严重,甚至产生粉霜。

封闭时间可按封闭速率计算。它与温度有关,温度愈高则时间愈短;时间过长,膜表面也容易出现彩虹色或粉霜。

(3) 工艺要求

① 封闭液应采用去离子水配制，零件在封闭前应先经过去离子水清洗，避免带入 Ca^{2+}、Mg^{2+}、Cl^- 等离子。封闭后也应立即用去离子水洗，以防止氧化膜产生污斑。

② 生产过程中应经常检查 pH 值，在正常情况下 pH 值有上升趋势，可用醋酸调整；如果 pH 值下降，可能是零件清洗不净带入硫酸，必须加强检查。

③ 定期分析 Ni^{2+} 和 F^-，根据测定结果补充封闭剂。Ni^{2+} 是封闭剂的主剂，其含量直接影响封闭效果，生产中应控制 Ni^{2+} 含量 $>0.85g/L$。Ni^{2+} 含量上升将增加抵抗 SO_4^{2-} 和 NH_4^+ 影响的能力。镍沉积量高会使膜略带绿色，可加醋酸钴消除，故有的配方 Ni^{2+}、Co^{2+} 含量达 2g/L。F^- 是封闭促进剂，其含量应严格控制，过高将腐蚀铝基体，过低则达不到封闭效果，一般控制 F^- 含量在 0.5~1.1g/L 范围。

④ 防止带入有害杂质，NH_4^+、SO_4^{2-}、Cl^-、Ca^{2+}、Mg^{2+} 等离子将使溶液产生沉淀，或使零件出现污斑。杂质含量过多，如 NH_4^+ 含量 $>4g/L$、SO_4^{2-} 含量 $>8g/L$，将导致封闭液失效。

⑤ 常温封闭适合于阳极氧化的本色膜、电解着色膜、无机盐着色膜和非酸性染料着色膜，但对某些酸性染料或染浅色的膜层封闭后会出现流色现象。建议先在 20g/L 的硫酸镍溶液中，60℃下浸渍 10min，然后进行常温封闭。

3.3 镁合金阳极氧化处理

镁合金上制得的阳极氧化膜除了对基体金属具有一定的防护作用外，主要是作油漆、涂料的良好底层。

镁合金上得到结合性好、耐蚀的阳极氧化膜的主要问题之一是合金中的相分解而产生的电化学不均匀性，以及来自机械预处理所引起的缺陷、孔隙和夹层都会导致氧化膜的不均匀。镁合金阳极氧化薄膜由一层薄的阻挡层和一层网状层组成。另外，该氧化物层脆性大，力学性能差。

镁合金的阳极氧化处理技术远不如铝合金那么成熟，但二者的工艺路线有许多是共同的。镁合金阳极氧化处理工艺流程如下：机械预处理→除油→清洗→酸洗→抛光→阳极氧化→着色或其他后处理。

3.3.1 阳极氧化

镁合金的阳极氧化既可以在碱性溶液中进行，也可以在酸性溶液中操作。在碱性溶液中，氢氧化钠是这类阳极氧化处理液的基本成分。在只含有氢氧化钠的溶液中，镁合金是非常容易被阳极氧化而成膜的，膜的主要成分是氢氧化镁，它在碱性介质中是不溶解的。但是，这种膜层的孔隙率相当高，在阳极氧化过程中，膜层几乎随时间呈线性增长，直至达到相当高的厚度。由于这种膜层的结构疏松，它与基体结合不牢，防护性能很差，所以在所有研究提示的电解液中，都添加了其他组分，以求改善膜的结构及其相应的性能。添加的组分有碳酸盐、硼酸盐、磷酸盐以及氟化物和某些有机化合物。碱性的阳极氧化处理液获得实际应用的并不多，但报道的却不少，具有代表性的为 HAE 方法。它是在氢氧化钾溶液中添加了氟化物等成分；酸性阳极氧化法以 DOW-17 法为代表。

(1) HAE 法（碱性）阳极氧化工艺　该工艺适用各种镁合金，其溶液具有清洗作用，可省去前处理中的酸洗工序。溶液的操作温度较低，需要冷却装置，但溶液的维护及管理比较容易。溶液的组成、工艺条件及形成的膜层厚度见表 3-12。

表 3-12　HAE 法溶液组成、工艺条件及形成的膜层厚度

溶液组成/(g/L)	工艺条件				膜厚/μm
	温度/℃	电流密度/(A/dm^2)	电压/V	时间/min	
氢氧化钾(KOH)165	室温	1.9～2.1	AC:0～60	8	2.5～7.5
氟化钾(KF)35	室温	1.9～2.1	AC:0～85	60	7.5～13
磷酸三钠(Na$_3$PO$_4$)35	60～65	4.3	AC:0～9	15～20	15～28
氢氧化铝[Al(OH)$_3$]35					
高锰酸钾(KMnO$_4$)20					

采用该工艺时需注意以下几个方面。

① 镁是化学活性很强的金属，故阳极氧化一旦开始，必须保证迅速成膜，才能使镁基体不受溶液的浸蚀。溶液中氯化钾和氢氧化铝就是起促使镁合金在阳极氧化的初始阶段能够迅速成膜的作用。

② 在阳极氧化开始阶段，必须迅速升高电压，维持规定的电流密度，才能获得正常的膜层。若电压不能提升，或提升后电流大幅度增加而降不下来，这表示镁合金表面并没有被氧化生成膜，而是发生了局部的电化学溶解，出现这种现象，说明溶液中各组分含量不足，应加以调整。

③ 高锰酸钾主要对膜层的结构和硬度有影响。使膜层致密、提高显微硬度；若膜层的硬度下降，应考虑补充高锰酸钾。当溶液中高锰酸钾的含量增加时，氧化过程的终止电压可以降低。

④ 用该工艺所得的膜层硬度很高，耐热性和耐蚀性以及与涂层的结合力均良好，但膜层较厚时容易发生破损。

⑤ 氧化后可在室温下的氟化氢铵（NH$_4$HF$_2$）100g/L，重铬酸钠（Na$_2$Cr$_2$O$_7$·2H$_2$O）20g/L 的溶液中浸渍 1～2min，进行封闭处理，中和膜层中残留的碱液，使它能与漆膜结合良好，并还可提高膜层的防护性能。另外，也可用氢氟酸 200g/L 来进行中和处理。

（2）Dow-17 法（酸性）　尽管目前提出的酸性电解液比碱性的要少得多，但目前广泛采用的是属于这一类的电解液，Dow-17 是其中有代表性的工艺，该工艺也适用于各种镁合金，溶液也具有清洗作用。该溶液的具体组成见表 3-13。

表 3-13　DOW-17 法溶液组成

溶液类型	溶液组成	用直流电时/(g/L)	用交流电时/(g/L)
溶液 A	氟化氢铵(NH$_4$HF$_2$) 重铬酸钠(Na$_2$Cr$_2$O$_7$·2H$_2$O) 磷酸(H$_3$PO$_4$,85%)	300 100 86	240 100 86
溶液 B	氟化氢铵(NH$_4$HF$_2$) 重铬酸钠(Na$_2$Cr$_2$O$_7$·2H$_2$O) 磷酸氢二钠(Na$_2$HPO$_4$)	270 100 80	200 100 80

使用 Dow-17 法，需要注意以下几点。

① 该工艺可以使用交流电，也可以使用直流电，前者所需设备简单，使用较为普遍，但阳极氧化所需的时间约为直流氧化的二倍。电流密度为 0.5～5A/dm^2，操作温度在 70～80℃。

② 当阳极氧化开始时，应迅速将电压升高至 30V 左右，此后要保持恒电流密度并逐渐

升高电压。阳极氧化的终止电压，视合金的种类及所需膜层的性质而定。一般情况下，终止电压越高，所得的膜层就越硬。如终止电压为 40V 左右时，所得的膜层为软膜；60~75V 为轻膜；75~95V 时得到的是硬膜。

③ 用该工艺所得的膜层硬度略低于 HAE 法。但膜的耐磨性和耐热性能均为良好。膜薄时柔软，膜厚时易产生裂纹。

④ 用该工艺处理的工件若在恶劣环境下使用时，表面要涂有机膜。可用水玻璃 529g/L 在 98~100℃ 的温度下进行 15min 的封闭处理，以提高其防护性能。

⑤ 因该工艺所得氧化膜属于酸性膜，故不需要中和处理。

3.3.2 着色与封闭

（1）着色　镁的阳极氧化膜是不透明的，它会被酸迅速腐蚀，因此许多应用于铝阳极氧化的着色方法，不适用于镁阳极氧化膜层的着色。镁的阳极氧化膜的着色，传统上是采用油漆或者粉末涂层。由于粉末涂层需要烘烤固化，在涂装过程中，当温度超过粉末涂层的固化温度（即 200℃）时，镁铸件将产生脱气问题，导致粉末涂层起泡；应采用降低固化温度、减小气泡的粉末涂装工艺。

如果采用的是无火花阳极氧化工艺，用染料在产生广泛的颜色和纹理方面是有效的，而且将会增加氧化膜的耐盐雾性能。如果阳极氧化膜层被划伤或穿透也不会发生腐蚀。有一些彩色染料通过表面化学反应黏附到表面上，可保证良好的附着力。

（2）封闭　与铝不同，简单的水合作用是不可能对镁阳极氧化膜的孔隙进行密封的。与铝相比，镁的阳极氧化膜的密封工艺类似于混凝土的浇注。而且大部分都含有用物理方法引入孔隙并固化的试剂。如极细的 SiO_2 粒子，这些粒子随后与 CO_2 反应固化成为玻璃状物质。到目前为止，该工艺仍在试验研究阶段。固化条件需精确，SiO_2 悬浮物的黏度也必须仔细控制。这种密封的结果非常硬且脆。

还有采用有机树脂密封（如环氧树脂）。因镁铸件潜在的脱气问题，在尽可能避免高的脱气温度的条件下，固化可以常温完成。

对镁合金压铸件上的阳极氧化膜层采用密封的原因之一是防止电化学腐蚀。当镁制零部件与其他金属相连接时，会发生电化学腐蚀，可以采用绝缘垫片隔离。如果镁部件经阳极氧化和密封，那么镁合金部件连接时，就可省去绝缘隔离垫片。

3.4　钛合金阳极氧化处理

钛在地壳中藏量丰富，仅次于铝、镁和铁，是一种多用途的结构金属，20 世纪 50 年代初期，在欧美等国钛作为"空中金属"首先被应用于航空工业。在此期间，钛以高的比强度作为飞机发动机材料所显示出的优异性能，是其成为航空金属而迅速发展的重要原因之一。

钛及钛合金是一种质轻、刚度大、硬度低、耐热性能强、疲劳强度高、耐腐蚀性能优异的特殊金属材料，目前已广泛用于航天、航空、导弹、火箭及核反应堆工程等高新技术领域以及用作人体植入材料。近年来在化工、石油等民用工业中也得到广泛的应用。

钛合金在强腐蚀环境中，具有优异的化学稳定性。在电解质溶液中具有强的自钝化能力。尽管钛及钛合金在许多独立的环境中具有极强的抗蚀性能，但钛和其他钝化金属一样较易产生缝隙腐蚀，在与其他金属接触共存时，会产生危害很大的接触腐蚀、选择腐蚀等缺陷。虽然钛材在空气中产生自然氧化膜具有一定的抗蚀性，但其耐磨、硬度、厚度等方面的综合性能都不能达到实际应用需要。为此，采用表面处理技术改善其使用性能，来克服这些缺陷，基本方法是电镀和阳极氧化。其中阳极氧化成为了近来的研究热点，已有不少的专利报道。

3.4.1 钛合金阳极氧化的用途

钛合金的阳极氧化的用途主要分两个方面。

功能性阳极氧化：以提高基体耐蚀性能和提高力学性能（耐磨、润滑）为目的。

装饰性阳极氧化：以改变材料外观，使其具有特殊的色调，起到高级装饰作用。

3.4.2 钛合金阳极氧化工艺

钛合金阳极氧化有其特殊性，因为它不像铝合金那样具有优良的导电性，其氧化膜的产生需要更强的外来动力，阳极氧化的具体方法各有特色，而且还在进一步研究发展中。目前常用的有两种：一种是钛合金直流电阳极氧化方法；另一种是钛合金脉冲阳极氧化方法。

3.4.2.1 钛合金直流电阳极氧化

目的是改变材料外观起到装饰作用，另一个目的是防止其他金属接触产生接触腐蚀。

3.4.2.2 钛合金脉冲阳极氧化

目的是提高抗摩擦性能预防铝合金、镁合金、镀镉或镀锌零件及其他负电性材料的接触，提高基体的表面硬度，增加润滑作用。钛合金脉冲阳极氧化是一种较新的工艺，在功能性方面（硬度、抗摩擦性、润滑性）优于直流电阳极氧化工艺。

3.4.2.3 钛合金阳极氧化工艺

主要的前处理工序有除油、酸洗、水洗等步骤，其中除油、酸洗可采用下面的工艺。

（1）除油

磷酸三钠	17～23g/L	水余量	
碳酸钠	35～45g/L	温度	55～65℃
水玻璃	0.5g/L	时间	5～15min
n°631	表面活性剂 10mL/L		

对于钛合金无氧化皮的零件采用脉冲阳极化在除油后可不用酸洗，直接阳极氧化。

（2）酸洗

硝酸($d=1.36g/cm^3$)	3.5～4.5mol/L	水适量	
氢氟酸(40%)	0.4～0.8mol/L	温度	20～30℃
F68	1g/L		

3.4.2.4 阳极氧化工艺

（1）直流电阳极氧化的槽液组成及工艺条件

硫酸　20g/L

温度　18～50℃

将装有零件的夹具挂在阳极导电杠上，电压从零开始在1min内升到18～20V。随着电解的进行，氧化膜颜色由黄色变为紫色，最后变成蓝色，当金属具有一致的金属蓝色后，氧化结束。直流电源应该以$0.5A/dm^2$向处理表面提供电源。

（2）脉冲阳极氧化的槽液组成及工艺条件

磷酸($d=1.7g/cm^3$)	17～34g/L	电压	80～90V
硫酸($d=1.8g/cm^3$)	368～386g/L	D_a	5～10A/dm²
温度	0～100℃	脉冲频率	120～40脉冲/min

阳极化初始阶段数值以D_a 1～2A/dm²，在1～1.5min内上升到氧化电流，然后恒流阳极化。进行阳极化的时间取决于材料成分和阳极化的电流密度，一般阳极化膜层厚度为

$2\sim3\mu m$。

阳极氧化的过程跟铝合金类似,包括膜的生成和溶解过程;在定电流密度下,电压-时间变化的曲线也有类似的三个阶段:阻挡层生成、多孔出现及多孔层增厚三个主要阶段。

3.5 阳极氧化处理设备

铝材的阳极氧化设备,一般包括工作槽组、槽液循环槽、循环泵、过滤系统、蒸汽加热系统、冷却和热交换系统、温度和酸碱度自控系统、空气搅拌系统、可控硅供电系统、排风系统、铝材装架卸架装置、生产自动控制系统。

目前,对表面处理质量要求日趋严格,生产过程工艺参数的控制也日趋严格,因此,阳极氧化处理车间的建设和设备的选择是十分重要的。另外,处理对象不同,选用的阳极氧化设备也有很大差异,本节做简单介绍。

3.5.1 阳极氧化处理车间的建立条件

建设阳极氧化车间必须考虑环保、水源和地质等条件。为防止环境污染,必须考虑废水、废液的处理及排放条件;附近河流对排放液的规定;气体排放对空气的污染程度等。

阳极氧化需要有水质良好的充足水源。清洗水应符合下列条件。

① 氯离子量$<15\times10^{-6}$;
② 含铁量$<0.5\times10^{-6}$;
③ 硫酸离子量$<10\times10^{-6}$。

如果使用地下水,必须考虑地下水深度为$140\sim250m$。

氧化处理用水量相当大,每平方米材料每小时用水量一般为$0.2\sim0.3t$。因此应考虑废水再生与循环利用问题。

另外,阳极氧化设备的重量,根据其规模的不同,一般每平方米为$1\sim5t$。因此,在距地表2m深处,每平方米的承压力应达到$8\sim20t$。照明度原则上应在200m烛光以上,而着色氧化膜场地则应为$300\sim350m$烛光。为了着色,还需局部照明。阳极氧化车间一般每小时应更换10次空气,温度以$16\sim18℃$为宜。

3.5.2 设备选择

选择设备十分重要,它直接影响氧化处理的生产能力、质量、成品率以及成本等,因此必须慎重选择,一般须考虑如下几点。

(1) 处理工艺对处理对象、处理技术以及前后处理方法要周密设计,并建立合理的工艺流程。

(2) 处理工件,要确立被处理制品的形状、最大尺寸,由此确定处理槽尺寸。

(3) 月处理能力取决于如下因素。

设备月工作时间;处理时间,以阳极氧化处理时间为主,一般为$20\sim45min$;处理面积,阳极氧化处理面积为$10\sim50m^2$/架次,建筑型材的表面积每吨取$400m^2$;框吊率,根据制品的形状、空间率而变化,一般为$80\%\sim90\%$;成品率,一般为$90\%\sim98\%$。

根据上述各项,一般可确定处理能力。如考虑不周,则设计与实际会产生较大偏差。此外,还可以根据上述规定,进一步确定槽的形状及尺寸。

(4) 预先确定处理制品所要求的质量。如确定了产品的氧化膜厚度,可在已选定的电解设备中确定使用电流密度,从而可决定电源容量。

不同厚度氧化膜要求的电流密度如下:

$6\mu m$——$100A/m^2$；

$9\mu m$——$110\sim 130A/m^2$；

$20\mu m$——$200\sim 250A/m^2$。

若选取电流密度为$120A/m^2$，处理面积为$40m^2$/架次，标准硫酸法的电解电压为$10\sim 5V$（或根据实际情况而定），那么电流为$120\times 40=4800A\approx 5000A$；电源容量为$20V\times 5000A=100kV\cdot A$。

关于阳极氧化膜的质量，除膜厚外，其耐蚀性、耐磨性、耐光性以及色调，都受处理条件的影响。

3.5.3 处理槽设备

在处理槽中，通常以阳极氧化（电解）槽为主，并配备前后处理槽。阳极氧化槽是根据处理工件形状、尺寸以及作业的方便性而确定的；一般采用长方形槽。按放置形式可分为地上式、半地下式和地下式三种；按作业形式可分为横吊式和竖吊式两种。横吊式是指被处理物料水平吊装，倾斜角一般为$6°\sim 10°$；竖吊是指被处理物料垂直吊装，以悬垂状态进行处理。总的来说，月产量若不大于500t，以采用横吊为宜，月产量为$500\sim 800t$时，则应采用竖吊式。

根据处理物料的形状、尺寸以及每架次的处理量来确定处理槽的尺寸。槽组中除碱槽、电泳涂漆槽外，其他各槽的宽度一般为电解槽宽度的4/5左右。脱脂、浸蚀用碱槽的材质一般为$3.2\sim 6mm$厚的普通钢板。水洗槽的材质为$2\sim 3mm$厚的硬质氯乙烯、软质氯乙烯塑料、环氧树脂涂层。中和槽盛装的槽液为$10\%\sim 30\%$硝酸常温水溶液，目的是清除碱洗后的污物。采用的材质：衬里为聚氯乙烯、聚乙烯、丁基橡胶和不锈钢等。电解槽的材质：内衬为$2\sim 3mm$的硬质氯乙烯，2mm的两层丁基橡胶、树脂或50mm厚的耐火材料。而电泳涂漆槽及封孔槽的材质：内衬为不锈钢。

3.5.4 加热、冷却设备

加热方式分为三种：①浸入电热器式：设备费低，但成本高；②外部加热式：难以控制温度；③槽内蛇管式：热效率高、占地面积小，但结垢会使热效率下降，冷凝水排放和清扫处理较困难。

由于电力消耗和氧化反应，因此阳极氧化槽温度会升高。为保持电解温度一定，必须进行冷却。

发热量按下式计算。

(1) 耗电量转化的焦耳热

$$Q_1=0.80EI \text{ (kcal/h)} \tag{3-14}$$

式中 Q_1——电流每小时发出的焦耳热；

E——电解电压，V；

I——通过电解液的电流，A。

(2) 氧化反应热

$$Q_2=2.33I \text{ (kcal/h)} \tag{3-15}$$

式中 Q_2——每小时放出的氧化反应热。

(3) 其他发热量 Q_3为车间气体的发热量；Q_4为泵动力的发热量。

$$Q_4=464P \text{ (kcal/kW)} \tag{3-16}$$

式中，P为泵轴功率，kW。

冷却系统包括冷冻机、热交换器及热水槽。目前使用最多的冷冻机类型是压缩式冷冻机。冬季时,还要考虑到设备开动前预热所需的热源。一般热水槽的容积为 $1m^3$ 时,用蒸汽加热。

3.5.5 过滤循环系统

为使阳极氧化槽、电解着色槽和电泳涂漆槽槽液温度均匀,需要进行槽外循环过滤,这样,既能保持电解液温度均匀,又能除去其中的杂质。

循环槽的容积,通常为工作槽的三分之一左右。工作槽液靠位差流入循环槽,再由循环泵将槽液送回工作槽,中间经过过滤器和热交换器。

电解液循环泵需用耐蚀性良好的材料制造,硫酸电解液可采用高硅铸铁涡流泵。扬程为 20m 左右,不宜过高。

3.5.6 离子交换设备

水质对表面处理的质量有很大影响。例如,电解液若含 0.1g/L 的氯离子,则会腐蚀阳极氧化制品,产生黑斑点;染色槽的水质不好时,染料易老化;封孔处理水质不好时,则降低封孔效果。因此,表面处理所用的水需经蒸馏或离子交换,连续进行阳极氧化处理,会使电解液中溶存铝增多,使自然发色膜色调不均,硫酸膜耐蚀性下降,草酸膜产生点蚀而对电解电压产生不良的影响,因此,必须消除电解液中的溶存铝,一般也采用离子交换处理法。

现代工业的离子交换装置是将离子交换树脂装入柱状容器内。液体从上向下流出,进行离子交换,这种方法称为固定床式。

(1) 单床式　只有一种树脂装入柱状容器内,用于硬水软化处理

(2) 多床式　采用相同或同系统的离子交换树脂,装入两个以上并列的柱状容器中。

(3) 复床式　是把含有阳离子交换树脂和阴离子交换树脂的二柱状容器并列使用的方式,并用去离子水处理。最好增设二氧化碳脱气塔,这种装置称为二床三塔式。

(4) 温床式　在一个柱状容器内混合装入阴、阳离子交换树脂。用这种方式生产的纯水,质量好,设备占地面积小。

3.5.7 电源设备

根据法拉第定律,阳极氧化处理过程中生成的氧化膜量与通电量成正比,一般使用直流电源,如特殊要求也可使用交流电源或交直流叠加。

(1) 硫酸法电源

① 一般氧化膜采用典型硫酸法,使用的直流电源为:

电压——20~30V;

电流容量——$(100 \sim 200 A/m^2) \times$ 电解面积 (m^2)。

② 要获得硬度更高的硬质氧化膜和防止生成的膜再溶解,必须降低电解液温度,从而使其电流密度高于形成一般氧化膜的电流密度。所使用的直流电源为:

电压——100~200V;

直流电流容量——$(200 \sim 500 A/m^2) \times$ 电解面积 (m^2)。

③ 对染色氧化膜而言,为了提高染色性,应提高电解液温度,同时在直流电上叠加交流电。这样可增加氧化膜的多孔性,便于染色,但氧化膜表面易生成敷粉,氧化膜呈浅黄色。

采用交直流叠加电时,铝周期性地成为阴极,放出氢气,能达到阴极脱脂的目的,但目前该法用得很少。该法所使用的交流电源为:

电压——20V;

电流容量——$(100 \sim 150 A/m^2) \times$ 电解面积 (m^2)。

(2) 草酸法电源 在工业上使用交直流叠加法已有较长的历史。叠加交流的目的是防止电解中发生点蚀,并使膜呈金黄色。一般多用于家具与食品器皿。该法所使用的电源为:

直流电源电压——40～50V;

直流电流容量——(100～150A/m^2)×电解面积(m^2);

交流电源电压——80～120V;

交流电流容量——(70～100A/m^2)×电解面积(m^2)。

(3) 铬酸法电源 该法采用直流电源,其特点是电压呈阶梯式上升,电流密度低。使用快速铬酸法,可进行恒电压电解。该法使用的电源为:

直流电源电压——60～100V;

直流电流容量——(15～30A/m^2)×电解面积(m^2)

(4) 自然发色法电源 以芳香族磺酸类、二羧酸为代表的自然发色法采用直流电源。与硫酸法相比,自然发色法的电压高,为40～70V。为获得15～30μm厚的氧化膜,必须使用150～300A/m^{2}的电流密度。

该法的氧化膜色调虽易受电解条件的影响,但是通过提高电流密度和电解电压的方式,或在给定最高电解电压的条件下,调整电源电流波形,都能提高发色性和发色的均匀性。一般来说,最好使用波动性小的近似于平滑的波形,以便获得均一的发色性。该法使用的电源为:

直流电源电压——40～80V;

直流电流容量——(150～300A/m^2)×电解面积(m^2)。

(5) 整流设备 上述各电解法中所采用的直流电源,基本上是从交流电源经过整流转换而成的。采用的整流设备有以下几种。

① 直流发电机组 由交流电动机带动直流发电机,提供直流电供直流电源用。此种电源转换方式,必须有交流电动机、直流发电机及激磁机等多台电机,因此有设备费高、维修费大、能量转换效率低以及耗电大等缺点,但电压可调,而且波形脉动性好。

② 整流管整流装置 有钨氩整流管、水银整流器。水银整流器采用大型汞弧真空管整流,供电可靠性差,一般需配备整流变压器,设备费大,维修费大,但波形较好,运行噪声小。

③ 半导体整流 可采用硒整流管、锗整流器、硅整流器、可控硅整流器。其中可控硅整流器的整流效率高、节电、成本低,可实现稳流、供电性可靠、噪声小、操作维护简便,但波形稍差。在接近额定电压时,可控硅整流器能发挥良好的效果,因此现在大多采用可控硅控流器。

(6) 交流电源及重叠设备 目前多采用变压器。变压器有单相和三相两种。供叠加用的直流变压器,需要增加直流容量,另外还要避开磁饱和的铁芯容量和增加绕线电流。作为重叠用的设备,除使用交直流电源外,还使用重叠用的电抗器,以正确测定交直流比。

3.6 微弧氧化

3.6.1 概述

微弧阳极氧化是将零件置于溶液中,在电极间施加高电压,使其表面微孔中产生火花或微弧放电,从而生成氧化铝陶瓷膜层的新技术。微弧阳极氧化又称阳极脉冲陶瓷化、阳极火花沉积或微等离子体氧化。

早期教科书曾认为"随着外加电压升高，表面发生了火花，阳极氧化就停止了。"前苏联科学家在20世纪60年代末发现，继续升高电压生成了新的氧化膜。这层氧化膜，具有极高的硬度和耐磨性，而且耐蚀性、电绝缘性能等物理化学性能比阳极氧化膜都有质的飞跃。20世纪80年代开始陆续发表论文。目前，俄罗斯等独联体在微弧氧化的研发和应用方面，仍然处于领先地位。

微弧氧化的工艺流程简单，除油后即可氧化；适用范围广，除铝及铝合金、铝基复合材料外，还能在钛、镁、锆、钽、铌等金属及其合金表面生成氧化陶瓷层；氧化速率快，通常30～60min可取得膜层厚度50μm；溶液无侵蚀性，对环境基本无污染。

微弧阳极氧化形成的陶瓷膜层具有优良的综合性能。

(1) 耐蚀性能高，经5%NaCl中性盐雾腐蚀试验，其耐蚀能力达1000h以上。

(2) 硬度高，耐磨性好，膜层硬度高达HV800～2500，取决于材料及工艺，明显高于硬质阳极氧化。磨损试验表明陶瓷膜具有与硬质合金相当的耐磨性能，比硬铬镀层高75%以上；陶瓷膜还具有摩擦系数较低的特点。

(3) 电绝缘性能好，体绝缘电阻率可达$5\times10^{10}\Omega\cdot cm$，在干燥空气中的击穿电压为3000～5000V。

(4) 热导率小，膜层具有良好的隔热能力。

(5) 外观装饰性好，可按使用要求大面积加工成各种不同颜色及不同花纹的膜层。

微弧阳极氧化新技术问世以来，虽尚未投入大规模生产，但已引起人们的普遍关注，在许多工业领域有着广阔的应用前景。航空、航天、石油、化工等部门应用的铝合金零部件，如叶片、轮毂、传动元件、气动元件及密封件等经微弧氧化后，表面耐蚀性、耐磨性明显提高。电子、电工产品及仪器、仪表中的某些零件应用微弧氧化直接进行绝缘处理，以取代包覆绝缘材料的常规方法。空压机铝气缸覆盖50～80μm微弧氧化膜，性能优于硬质氧化膜。在汽车发动机活塞上制备80～100μm的陶瓷膜层，具有耐烧蚀、耐磨损和隔热的优异性能，应用效果很好。纺织机械行业也有不少关键性铝合金零件，如气纺机的纺杯、倍捻机转杯及储纱轮等在试验或试用陶瓷膜。电熨斗底板进行微弧氧化处理，可起耐磨、耐热和绝缘作用。

3.6.2 微弧氧化膜的形成

通常阳极氧化是在电压-电流曲线的法拉第区进行的。当外加电压继续增加则进入非法拉第区（火花放电区），将发生氧化膜被击穿，阳极氧化无法进行下去。微弧氧化突破传统阳极氧化的限制，利用电极间施加很高的电压，使浸于溶液中的电极表面发生微弧放电而生成氧化膜。

微弧阳极氧化的机理至今尚在探讨之中，对其进行确切的叙述尚有困难，可以认为其最重要的标志是火花或微弧放电现象。实验表明，微弧氧化过程中表面产生的现象，有明显的阶段性，经历初始态绝缘膜的形成、微弧的发生、陶瓷结构的发育以及膜层的成长等几个阶段。最初阶段，材料表面有大量气泡产生，金属光泽逐渐消失，在电场作用下表面生成一层具有电绝缘特性的Al_2O_3氧化膜。随着时间的延长，膜厚逐渐增加，其承受的电压也越来越大，再加上材料表面有大量气体生成，为等离子体的产生创造了条件。

进入第二阶段后，初生的氧化膜被高压击穿，材料表面形成大量的等离子体微弧，可以观察到不稳定的白色弧光。此时在电场作用下新的氧化物不断生成，氧化膜的薄弱区不断变化，白色弧光点似乎在表面高速游动。同时，在微等离子体的作用下又形成瞬间的高温高压微区,其温度达2000℃以上,压力达数百个大气压,造成氧化膜熔融。等离子体微弧消失后,溶液很快将热量带走,熔融物迅速凝固,在材料表面形成多孔状氧化膜。如此循环反复,微孔自身扩大或与其他微孔连成一体,形成导电通道,从而出现较大的红色光泽的弧斑。

第三阶段是氧化进一步向深层渗透。一段时间后,内层可能再次形成较完整的 Al_2O_3 电绝缘层,随着氧化膜的加厚,微等离子体造成的熔融氧化物凝固后可能在表面形成较完整的凝固结晶层,造成较大孔径,导电通道封闭,使红色弧斑减少直至消失。然而,微等离子体现象依然存在,氧化并未终止,进入第四阶段即氧化、熔融、凝固平稳阶段。

在铝合金表面上形成的微弧氧化膜是由结合层、致密层和表面层三层结构组成,层与层之间无明显界限,总厚度一般为 20~200μm,最厚可达 400μm。三层结构中均含有大量的 α-Al_2O_3 和 γ-Al_2O_3。致密层中的 α-Al_2O_3,可达60%以上,硬度可高达HV3700,很耐磨。表面层较粗糙疏松,可能是由微弧溅射物和电化学沉积物所形成。

3.6.3 工艺要点

一般零件的工艺流程为:化学除油→水洗→去离子水洗→微弧氧化→水洗→干燥。

(1) 工艺方法　根据微弧阳极氧化过程中零件所处的极化形式可分为以下几种。直流型:采用恒值电压,零件为阳极;交流型:采用不规则正弦波电压,零件的极性呈周期性变化;阳极脉冲型:采用脉冲或直流加脉冲的电压形式,零件为阳极;交变脉冲型:正负脉冲电压按一定的方式交替地施加在零件上。

(2) 设备　微弧氧化设备主要包括专用电源、电解槽、冷却系统和搅拌系统。其具体要求应根据工艺方法及生产规模确定。

微弧氧化电源因电压要求较高(一般在510~700V),需专门定制,外形如图3-11所示。通常配备硅变压器。电源输出电压:0~750V可调;电源输出最大电流:5A、10A、30A、50A、100A等可选。

槽体可选用PP、PVC等材质,外套不锈钢加固。可外加冷却设施或配冷却内胆。挂具可选用铝或铝合金材质,阴极材料选用不溶性金属材料,推荐不锈钢。需配备较大容量的制冷和热交换设备。

(3) 溶液　溶液配方应有利于维持氧化膜及随后形成的陶瓷氧化层的电绝缘性,又有利于抑制微弧氧化产物的溶解。在大多数情况下采用弱碱性溶液,其pH值为8~11,有磷酸盐、硅酸盐、柠檬酸盐、铝酸盐等不同体系,必要时可加入少量无机或有机添加剂以改善氧化层的性质。

图3-11　微弧氧化电源

(4) 工作电压　微弧氧化通常采用较高的工作电压,范围也比较宽,从最小100V至1000V以上。选择工作电压的基本原则是:既要保证在氧化过程中尽可能长时间地维持发育良好的火花或电弧现象,又要防止电压过高而引发破坏性电弧的出现。直流法选用的工作电压相对要低一些;交流法则可采用较高的工作电压。

(5) 温度　与硬质阳极氧化相比,微弧阳极氧化对环境温度的要求并不苛刻。溶液温度在60℃以下均可正常工作,但因其自身的特点,必须考虑热量及时排除,使整个氧化过程中的温度尽可能保持一致。

参 考 文 献

[1] 朱祖芳主编. 铝合金阳极氧化与表面处理技术. 北京：化学工业出版社，2004.
[2] Лаворко ⅡK. 金属的氧化处理. 汝樟译. 上海：上海科学技术出版社，1951.
[3] 金属的氧化与磷化. 高晓枫译. 工学书店，1953.
[4] 许振明. 铝和镁的表面处理. 上海：上海科学技术文献出版社，2005.
[5] 张宏祥，王为编著. 电镀工艺学. 天津：天津科学技术出版社，2002.
[6] 宁福元. 铝表面处理. 哈尔滨：黑龙江科学技术出版社，1985.
[7] 高云震. 铝合金表面处理. 北京：冶金工业出版社，1991.

第4章 金属磷化与钝化处理工艺与设备

4.1 磷化处理工艺

金属磷化是指将金属件经过一定的化学或电化学处理使金属件表面形成一层以难溶磷酸盐为主要成分的化学转化膜。金属磷化处理工艺已在工业上得到广泛应用,尤其是在金属表面涂装领域。涂装前的磷化是金属(主要是钢铁)涂装前处理中的一个不可缺少的主要工序,也是涂装前处理质量的关键。磷化工艺操作简便,成本低廉,经过磷化处理的工件,在保持强度、硬度、弹性、磁性、延展性等性能不变的前提下,而被处理金属的表面性能大大提高。

磷化膜可在很多金属上形成,如钢铁、锌、铜、铝、镁及其合金等。其中在钢铁、锌及其合金上应用最广。虽然过去铝及其合金上的磷化膜主要是铬酸盐-磷酸盐膜,普通磷化膜很少使用,但由于磷化工艺污染小,且适当厚度的磷化膜有良好的涂装性能,所以铝及其合金的磷化将是一个重要的发展方向。

4.1.1 磷化膜的用途

磷化膜的用途很广,但它主要由磷化膜的种类和厚度所决定。磷化膜主要有如下几个主要用途。

(1) 耐蚀防护磷化膜

① 防护磷化膜　主要用于钢铁件耐蚀防护处理。磷化膜类型可分锌系和锰系。膜单位面积质量为 $10\sim40g/m^2$,磷化后涂防锈油、防锈脂、防锈蜡等。

② 油漆底层磷化膜　增加漆膜与钢铁工件附着力及防护性。磷化膜类型可分锌系或锌钙系。大形变钢铁件油漆底层磷化膜要求单位面积质量为 $0.2\sim1.0g/m^2$;一般钢铁件油漆底层要求单位面积质量为 $1\sim5g/m^2$;不发生形变钢铁件油漆底层要求单位面积质量为 $4\sim10g/m^2$。

(2) 冷加工润滑用磷化膜　钢丝、焊接钢管拉拔使用的磷化膜,单位面积上膜重 $1\sim10g/m^2$。精密钢管拉拔,单位面积上膜重 $4\sim10g/m^2$。钢铁件冷挤压成型,单位面积上膜重大于 $10g/m^2$。

(3) 减摩用磷化膜　磷化膜可起减摩作用,一般用锰系磷化,也可用锌系磷化。对于有较小动配合间隙工件,磷化膜质量选 $1\sim3g/m^2$;对有较大动配合间隙工件(减速箱齿轮),磷化膜质量选 $4\sim20g/m^2$。

(4) 电绝缘用磷化膜　一般采用锌系磷化。电机及变压器中的硅钢片磷化处理,目的是提高电绝缘性。

4.1.2 磷化分类

按照不同的分类方式有不同的分类。其类型可以按照以下方法大体分类。

(1) 按磷化膜的转化形式分类

根据磷化膜中金属离子的来源,所有的磷化膜都可归为转化型和伪转化型磷化膜。

所谓的转化型磷化膜,主要是溶液对金属基体腐蚀,由金属基体提供阳离子与溶液中 PO_4^{3-} 的结合而成的磷化膜,磷化液的主要成分是由钠、钾、铵的磷酸二氢盐及加速剂组成。

所谓的伪转化型磷化膜,膜中主要阳离子(锌、锰、铬)成分来源于溶液,由溶液提供,如锰系磷化膜中的锰,锌系磷化膜中的锌,铝及其合金上铬酸盐转化膜中的铬等都不是基体金属铁或铝直接转化而来,而是来源于预先加入到溶液中的 $Zn(H_2PO_4)_2$、$Mn(H_2PO_4)_2$ 或 $CrO_4^{2-}(Cr_2O_7^{2-})$ 等提供的。

(2) 按磷化液及磷化膜成分分类

按照磷化液及磷化膜成分,可分成锌系膜、锰系膜、锌钙系膜、锌锰系膜、铁系膜、钙系膜等。不过,此分法并不十分确切,因为任何磷化膜中,只要是在铁基上,都含有一定量的铁成分,例如表 4-1 表示 Fe 参与成膜的大致成分。因此按照成分及应用情况分成七类,见表 4-2。

表 4-1 磷化膜的成分

磷化槽	膜的成分	
	钢	锌
磷酸锌	$Zn_2Fe(PO_4)_2 \cdot 4H_2O$ $Zn_3(PO_4)_2 \cdot 4H_2O$	$Zn_3(PO_4)_2 \cdot 4H_2O$
锌钙系	$Zn_2Fe(PO_4)_2 \cdot 4H_2O$ $Zn_2Ca(PO_4)_2 \cdot 4H_2O$ $Zn_3(PO_4)_2 \cdot 4H_2O$	$Zn_3(PO_4)_2 \cdot 4H_2O$ $Zn_2Ca(PO_4)_2 \cdot 4H_2O$
磷酸锰	$(MnFe)_4H_2(PO_4)_6 \cdot 4H_2O$	$Zn_3(PO_4)_2 \cdot 4H_2O$ $MnH(PO_4)_2 \cdot 4H_2O$

表 4-2 槽液成分及磷化膜类型应用举例

序号	磷化膜类型	膜重/(g/m²)	槽液成分	应用
1	铁(Ⅱ)锰、锌型磷化膜	35	磷酸铁(Ⅱ)锰或锌	电绝缘
2	锌、铁(Ⅱ)型磷化膜	5~20	磷酸锌、铁(Ⅱ)	冷成型(拉、锻造、轧制、冲压)
3	锰、铁、镍型磷化膜	5~10	磷酸锌、锰、镍盐和加速剂	提高抗磨损和防止机件卡死
4	结晶锌或铁型磷化膜	40	磷酸锌或磷酸锰、磷酸铁	作为油、脂、蜡的底层
5	结晶锌或锌钙磷化膜	1~5	磷酸锌或磷酸锌+磷酸钙、磷酸、加速剂	作为低碳钢、镀锌或镀镉钢的油漆底层
6	无定形磷酸铁或草酸铁	0.1~1.0	碱金属或铵的磷酸盐、磷酸、草酸、加速剂	作为钢、锌及合金油漆底层
7	无定形磷酸铁	0.1~1.0	碱金属的磷酸盐、湿润剂	在钢上作油漆底层

(3) 按磷化处理温度分类 高温磷化:磷化处理温度为 80~98℃。中温磷化:磷化处理温度为 55~75℃。低温磷化:磷化处理温度为 35~55℃。常温磷化:磷化处理在室温下进行。

(4) 按磷化膜膜重及用途分类 在生产中,人们已普遍接受了按照膜重(厚)和用途的分类方法,而且膜重(厚)和用途又往往联系在一起。所谓膜重,则是单位面积膜层重,通常以 g/m² 表示。根据磷化膜的重量可分为重量级、中量级和轻量级,即厚膜、中等膜和薄膜，如表 4-3 所示。

表 4-3　磷化膜类型及重量划分

类型 膜主要成分	膜重/(g/m²)		
	厚　膜	中　等　膜	薄　膜
MnPh	10～30		1～3
ZnPh	10～30	3～10	1～3
FePh			≤1

① 厚膜　这种膜重在 10～30g/m² 以上，它主要单独用作防护染色等的底基，不可用于涂漆及类似的有机膜。

② 薄膜　这种膜是在含加速剂的槽中形成的，处理时间短，膜薄，厚度一般为 1～5μm，膜重 1～7g/m²。它多用于涂装前的处理。

磷化膜按用途可分类为：

① 用于密封层打底保护、耐磨、耐微动磨损和抗擦伤，还可用于冷作成型中的润滑剂载体的磷化膜，这类磷化膜多数为厚膜，以锰系膜居多；

② 用于不发生形变的油漆底层，用于成型不太严格的润滑剂载体的磷化膜，多数为中等厚度的磷化膜，以普通锌系、锌钙系膜居多；

③ 一般用于有机涂层打底，即涂装前的磷化，多以改性锌系磷化膜；

④ 同③类似，也用于涂装前的磷化，但防护的标准较③低，或用于涂覆有机层后有较大成型场合的磷化膜，这类膜通常为铁系磷化膜。

(5) 按施工方法分类

① 浸渍磷化　适用于高、中、低温磷化。特点：设备简单，仅需加热槽和相应加热设备，最好用不锈钢或橡胶衬里的槽子，不锈钢加热管道应放在槽两侧。

② 喷淋磷化　适用于中、低温磷化工艺，可处理大面积工件，如汽车、冰箱、洗衣机壳体。特点：处理时间短，成膜反应速率快，生产效率高，且这种方法获得的磷化膜结晶致密、均匀、膜薄、耐蚀性好。

③ 刷涂磷化　上述两种方法无法实施时，采用本法，在常温下操作，易涂刷，可除锈蚀，磷化后工件自然干燥，防锈性能好，但磷化效果不如前两种。

4.1.3　磷化膜的结构和性质

4.1.3.1　磷化膜的结构和成分

除钢铁件在碱金属或铵的磷酸盐及单一磷酸钙盐溶液中形成的磷化膜外，其他结构都呈结晶状。膜层厚度可以从 1～100μm。晶粒越大，膜越厚，主要取决于溶液的种类、磷化温度、磷化时间、钢铁种类及前处理方法等。

在酸性磷酸锌溶液中形成的磷化膜主要是两相。即 $Zn_3(PO_4)_2 \cdot 4H_2O$ 和 $Zn_2Fe(PO_4)_2 \cdot 4H_2O$，其比例是可变的。它取决于溶液中 Fe^{2+} 的含量及处理方法。当槽中 Fe^{2+} 含量很高时，将会有 $Fe_5H_2(PO_4)_4 \cdot 4H_2O$ 成分形成。它很不稳定，在大气中被氧化后生成疏松多孔的膜，因此是一种有害的成分。加速剂的存在可以克服这一缺点。

在锰盐溶液中，几乎全部形成 $(MnFe)_5H_2(PO_4)_4 \cdot 4H_2O$ 的晶体，也有磷酸氢铁和磷酸亚铁，但锰的含量远远超过铁，而在靠近金属基体也有 $Fe_3(PO_4)_2 \cdot 8H_2O$ 和氧化铁。

在锌-钙系磷化液中磷化，生成特别细的磷化膜，其主要成分是两层。外层是 $Zn_3(PO_4)_2 \cdot 4H_2O$，靠近金属层是 $Zn_2Ca(PO_4)_2 \cdot 7H_2O$，此外，在靠近金属基体上还有 $Zn_2Fe(PO_4)_2 \cdot$

$4H_2O$。

钢铁件在碱金属或铵的磷酸二氢盐溶液中处理,生成无定形的$FePO_4 \cdot Fe_2O_3$,而锌在这种溶液中处理,其膜为结晶状的$Zn_3(PO_4)_2 \cdot 4H_2O$。

影响结晶特征和结晶度的因素很多,结晶形状可以是针状的、松叶状的和粒状的,尺寸可以从几微米到几十甚至几百微米。但磷化结晶通常比加速磷化更厚,特别细的结晶可以在含有某种改进成分的加速剂溶液中得到。

磷化膜是一种多孔结构,孔隙率与槽液成分、磷化温度、磷化时间、膜层厚度及前后处理有关,表4-4是在室温下得到的不同厚度膜的孔隙率。

表4-4 室温下形成不同磷化膜厚度和孔隙率的关系

磷化时间/min	孔隙率/($10^{-3}cm^2/cm^2$)	厚度/10^{-4}cm	磷化时间/min	孔隙率/($10^{-3}cm^2/cm^2$)	厚度/10^{-4}cm
5	8.61	4	15	1.93	7
10	6.70	6			

4.1.3.2 磷化膜的物理和化学性能

(1) 绝缘性 磷化膜是很差的导电体,可作绝缘体用。$1\mu m$厚的磷化膜的电阻率是$5 \times 10^7 \Omega$。

(2) 吸收性 磷化膜是多孔结构,对油、脂、肥皂等具有很好的吸收性,大大提高其防护性。可以作特殊用途使用,如钢的冷成型,在这种情况下,磷化膜与油、脂、肥皂等共同起到润滑的作用。

磷化膜对黏性油的吸收量几乎与膜厚无关,膜厚度增大4倍,吸油量提高20%,但对极性油的吸收量则不同。磷化膜对蓖麻油、石蜡油和脂肪酸的钾钠盐吸收性有如下特点:

① 磷化膜对皂类的吸收取决于在皂液内浸渍的时间、类型和浓度;
② 黏性油的吸附量与膜厚关系不大;
③ 极性油的吸附作用较非极性油高;
④ 油的吸附作用随磷化时间而增大;
⑤ 粗膜的吸收能力更大(吸油量大于20%,吸皂量大于30%);
⑥ 膜失水程度越大,吸收力越强;
⑦ 在更高浓度的磷化液中得到的膜吸收能力也更大;
⑧ 对皂类的吸附包括化学吸附。

在皂化中,肥皂的阴离子被膜中的金属正离子吸收,部分(10%~20%)重金属磷酸盐转化成脂肪酸盐,这有利于结合到膜上作为润滑剂并提高其化学稳定性。由于重金属脂肪酸盐的熔点比碱金属脂肪酸盐的熔点几乎高50~100℃,而且从固相转到液相的摩擦系数将迅速提高。因此,重金属脂肪酸盐的形成,对钢件的冷变形有极好的帮助。

磷化膜大大地改善了各种有机膜的吸附性,因此也极大地提高了油漆及其他有机膜的抗腐蚀性。当用于金属表面的有机膜被破坏,并造成基体金属暴露时,微电池在这里形成,基体金属也开始腐蚀,由于金属的传导性和毛细现象在金属和有机膜之间的各方向扩张。结果膜下面的金属腐蚀导致防护层起泡、破坏。当金属被磷化后,则被破坏区域的腐蚀只是局部的,这是由于金属表面被牢固吸附在金属表面的绝缘磷化膜的缘故;磷化膜还防止电解质在水平方向扩散。因此有机膜下的金属腐蚀被抑制了。

(3) 质地脆性 磷化膜是由质地较脆的结晶组成,因此,任何重大的变形磷化膜都会遇到破坏，这对油漆，特别粉末膜是特别危险的，因为吸附的结晶破碎后造成漆膜与金属的分离，从而丧失了防护性能。减小磷化膜厚度，可以改善它们的力学性能。因此最薄（1~5μm）的磷化膜最适合于做漆膜底层。这种磷化膜可以从低温和室温磷化液中形成，也可经过表面调整、在磷化槽中加入改进成分及采用喷淋等方法而得到。

（4）磷化膜的热稳定性和再水合性 磷化膜即含结晶水的磷酸盐，加热到一定温度就会脱去一个甚至全部的结晶水，这是可以预料到的。

我们知道，阴极电泳涂装和粉末涂装后都必须在180~220℃下烘烤20~30min，因此热稳定性对这类涂装是十分重要的。

$Zn_3(PO_4)_2 \cdot 4H_2O$ 结晶磷锌矿石开始脱水的温度是80℃左右，明显脱水温度为150℃，在此温度下将失去2个分子结晶水，超过240℃完全转化成脱水状态。因此，很明显，在烘烤漆膜期间，$Zn_3(PO_4)_2 \cdot 4H_2O$ 将有一定量的失重并伴随有结晶的变化，一般说来，磷化膜失去一个分子结晶水对防护性和涂装性（结合力和防护性）无明显影响。但失去4个分子结晶水就可能完全失去其本身的防护性，且对涂装后的防护性及该膜结合力的影响也很大。

当用湿热法测定在失水磷化膜上的漆膜结合力时，可以发现有机膜的结合力明显地降低，这是由于脱水的 $Zn_3(PO_4)_2 \cdot 4H_2O$ 结晶再水合过程中所产生的应力所引起的，因为在烘烤期间失去水后，引起磷化膜孔隙增多，而有机膜则乘虚而入，挤满脱水后的细孔，但一经遇水，磷酸盐就会发生再水合，从而使体积增大而产生应力，并造成有机膜结合力的降低。这种水合还包括水解，并伴随有氧化锌的产生，这一过程通常发生在使用、存放及维修期间，因为任何一种有机涂层都不可能完全阻止水汽及各种腐蚀性有害性气体的侵入。

综上所述，$Zn_3(PO_4)_2 \cdot 4H_2O$ 的失水和再水合过程（包括水解）可用下述反应表示。

脱水：

$$Zn_3(PO_4)_2 \cdot 4H_2O \xrightarrow[80\sim150℃]{-2H_2O} Zn_3(PO_4)_2 \cdot 2H_2O \tag{4-1}$$

$$Zn_3(PO_4)_2 \cdot 2H_2O \xrightarrow[80\sim150℃]{-2H_2O} Zn_3(PO_4)_2 \tag{4-2}$$

增大了磷化膜的孔隙率。

再水合和水解（从 PO_4^{-3} 与 OH^- 固体交换反应原理考虑）：

$$2Zn_3(PO_4)_2 + 4H_2O \longrightarrow 2Zn_3(OH \cdot HPO_4)_2 [2Zn_3(PO_4)_2 \cdot 2H_2O] \tag{4-3}$$

$$Zn_3(OH \cdot HPO_4)_2 + 2H_2O \longrightarrow 2Zn(OH)_2 + Zn(H_2PO_4)_2 \tag{4-4}$$

其中 $Zn(OH)_2$ 和 $Zn(H_2PO_4)_2$ 为可溶物。

$$Zn(H_2PO_4)_2 + 2H_2O \longrightarrow Zn(OH)_2 + 2H_3PO_4 \tag{4-5}$$

$$Zn(OH)_2 \longrightarrow ZnO + H_2O \tag{4-6}$$

（5）磷化膜的化学稳定性 磷化膜在酸、碱溶液中都可被溶解，特别碱性介质的影响更大。

（6）磷化膜的防护性 不经过后处理的磷化膜的防护性较差，但通过后处理的磷化膜，如涂油、涂漆等后防护性大大提高。防护性最好的磷化膜是用高温磷化法从磷酸锰中得到的。磷酸亚铁盐的防护性最差，这是因为二价铁容易被大气中的氧氧化成三价磷酸铁，从而使结晶晶格的类型和参数发生变化，结果增加了膜的孔隙，降低了它的附着力。磷酸锌、磷酸锰膜则无此种不利因素。

4.1.4 磷化膜的形成机理

磷化不仅有上述化学过程，而且还有电化学过程，微电池的阳极溶解及阴极氢离子放电，致使局部酸度降低，磷酸盐水解并在金属表面沉积。磷化的反应过程十分复杂，其反应机理仍有争议，这里只做简单阐述。

4.1.4.1 伪转化型磷化膜形成的机理

以钢铁为例，当金属表面与酸性磷化液接触时，钢铁表面被溶解：

$$Fe + 2H^+ \longrightarrow Fe^{2+} + H_2 \uparrow \tag{4-7}$$

由于金属与溶液界面的酸度降低，致使化学反应不平衡，表面可溶的磷酸二氢盐向不溶的磷酸盐转化，并沉积在金属表面形成磷化膜，反应如下：

$$M(H_2PO_4)_2 \longrightarrow MHPO_4 + H_3PO_4 \tag{4-8}$$

$$3M(H_2PO_4)_2 \longrightarrow M_3(PO_4)_2 + 4H_3PO_4 \tag{4-9}$$

式中，M 代表 Zn、Mn、Ni、Fe、Ca 等二价金属离子。

同时基体金属也直接与酸性磷酸二氢盐反应：

$$Fe + M(H_2PO_4)_2 \longrightarrow MHPO_4 + FeHPO_4 + H_2 \uparrow \tag{4-10}$$

$$Fe + M(H_2PO_4)_2 \longrightarrow MFe(HPO_4)_2 + H_2 \uparrow \tag{4-11}$$

事实上，多数伪转化型磷化膜都是含 4 个分子结晶水的磷酸盐。最终过程可用下式表示：

$$5M(H_2PO_4)_2 + Fe(H_2PO_4)_2 + 8H_2O \longrightarrow$$
$$M_3(PO_4)_2 \cdot 4H_2O + M_2Fe(PO_4)_2 \cdot 4H_2O + 8H_3PO_4 \tag{4-12}$$

4.1.4.2 转化型磷化膜的形成机理

工件进入溶液后，基体首先按下式进行腐蚀：

$$Fe + 2H_2PO_4^- \longrightarrow 2HPO_4^{2-} + Fe^{2+} + 2[H] \tag{4-13}$$

生成的 [H] 很快被氧化：

$$2[H] + [O] \longrightarrow H_2O \tag{4-14}$$

所以在磷化期间看不到气体放出。

金属与溶液界面 pH 值升高，因此 HPO_4^{2-} 发生水解：

$$2HPO_4^{2-} + Fe^{2+} + 2H_2O \longrightarrow Fe(H_2PO_4)_2 + 2OH^- \tag{4-15}$$

随后经上述反应形成的 $Fe(H_2PO_4)_2$ 按下述反应，一半被氧化成磷酸铁盐：

$$2Fe(H_2PO_4)_2 + 2NaOH + [O] \longrightarrow 2FePO_4 + 2NaH_2PO_4 + 3H_2O \tag{4-16}$$

在 pH 较高时，另一半被氧化成 Fe^{3+} 后形成氢氧化物：

$$2Fe(H_2PO_4)_2 + 8NaOH + 2[O] \longrightarrow 2Fe(OH)_3 + 4Na_2HPO_4 + 4H_2O \tag{4-17}$$

氢氧化物不稳定，在干燥过程中转化成 Fe_2O_3。

4.1.5 磷化处理工艺

4.1.5.1 涂装磷化工艺

涂装磷化以薄膜磷化为主，主要用于提高有机膜与基体金属的结合力及防护性。在有机膜受到损伤或是有多孔膜存在的情况下，磷化膜本身也可起到一定的防护作用。

作为涂漆前的磷化都是采用加速磷化，因此除含一般的磷酸盐及少量的游离磷酸外，还含有各种加速剂，如 NO_3^-、NO_2^-、Cu^{2+}、H_2O_2、ClO_3^- 等以及其他改进成分，如有机酸、氟化物、磷酸酯、Ni^{2+}、Mn^{2+}、Co^{2+}、Ca^{2+} 等。

薄膜磷化处理的时间非常短，一般为 0.5~1min，这主要取决于磷化温度和处理方法。温度低，处理时间应适当延长。喷淋比浸渍磷化需要更短的时间，一般为 0.5~3min。在喷淋过程中，由于机械压力，磷化工件表面产生机械活化作用，工件表面成膜快，膜薄细且化学成分消耗少。但膜内含铁量低，涂装性差，在拐角处、内部甚至外部喷不到的地方质量更差。另外，控制及管理要求都十分严格。浸渍磷化需要较长的时间，一般为5～10min。膜通常较喷淋厚。浸渍磷化的最大优点是控制和管理都不像喷淋那样严格。由于浸渍磷化膜中可进入更多的Fe^{2+}，抗碱性好，特别适用于阴极电泳涂装。磷化膜重量范围，前者为1.0～3.0g/m²，后者为2.0～5.0g/m²。磷化温度为20～75℃，具体温度决定于磷化液成分。

锌系磷化，作为钢铁件涂装前预处理已有50多年的历史，但近代锌系磷化有了重要变革，主要有以下原因。

① 材料的要求　由于镀锌板及阴极电泳漆在汽车等行业的广泛使用，普通锌系磷化膜已不能满足这种变化的要求。

② 使用条件的要求　在一些寒冷地区，公路上常常要撒食盐除冰，并且逐年增加，如美国1950年的除冰盐为100万吨，到1989年已增加到1000万吨，这就给行驶的汽车造成更恶劣的腐蚀条件。

③ 防护标准提高　近代人们对汽车的防护性又提出了更高的要求，对腐蚀的要求，已由原来装饰性腐蚀3年、穿孔腐蚀6年提高到装饰性腐蚀6年和穿孔腐蚀10年等，显然对防护要求提高了很多。

④ 降低能耗　由于能源的不足，要求更低的磷化温度。

汽车体的漆膜和磷化膜被划伤后，腐蚀损伤的宽度总是大于自身的宽度，对于产生这种现象的原因，经过长时间的努力，终于弄明白了其中的道理。早在1968年维格等在《涂装技术》上发表了"在腐蚀环境中钢铁上漆膜损坏机理"；1978年 V. Hospadaruk 等发表了《漆膜的损坏，钢铁表面质量及加速腐蚀试验》的研究报告；1989年宫川晋又发表了《涂装前处理和涂装膜质量相乘效果的考察》。他们的共同结论是：由于腐蚀环境中大气的氧在阴极区溶解并被还原成氢氧根离子而引起pH值升高，从而溶解漆膜下的磷化膜，使漆膜结合力及防护性降低。

锌系磷化膜稳定性差，尤其在碱性介质中。为了提高磷化膜的抗碱性，除加强磷化的前后处理外，还可以增加磷化膜中除Zn^{2+}以外的其他重金属离子的数量及含量（在磷化液中，原来为一级阳离子的Zn^{2+}降为二级阳离子，改进阳离子如Mn^{2+}、Ni^{2+}等升为一级阳离子），这种类型的锌系磷化可称为改性锌系磷化。

表4-5、表4-6和表4-7是锌系中、低温磷化液的几个例子，仅供参考。

表4-5　锌系和高镍系磷化液基本成分及工艺参数

成分	1	2	3	4	5
$Zn(H_2PO_4)_2$/(g/L)	22.2	4.44	3.33	3.01	2.14
$Ni(H_2PO_4)_2$/(g/L)	1.08	5.94	6.80	10.07	9.21
H_3PO_4/(g/L)	5.85	3.36	2.71	0.89	1.42
$NaNO_2$/(g/L)	0.13	0.12	0.11	0.14	0.11
游离酸度/点	11.3	14.7	14.1	14.2	14.2
总酸度/点	0.8	0.9	0.9	0.9	0.8
温度/℃	60				
喷淋时间/min	2				
膜重/(g/m²)	1.62	1.71	1.35	1.14	1.17

表 4-6　锌钙系和含 NaBrO₃ 磷化液的基本成分及工艺参数

成　　分	1①	2	3
H_3PO_4/(g/L)	176(85%)	0.8(75%)	0.8(75%)
ZnO/(g/L)	50	—	—
$Zn(H_2PO_4)_2$/(g/L)	—	3.8	4.2
NaH_2PO_4/(g/L)	16	17.0	18.0
$Ca(NO_3)_2$(d=1.38~1.40g/cm³)/(g/L)	560	—	—
$Ni(NO_3)_2$/(g/L)	1.0	1.4	1.0
$NaBrO_3$/(g/L)	—	0.8	0.5
NaBr/(g/L)	—	—	0.5
硝基磺酸/(g/L)	—	0.6	0.5
柠檬酸/(g/L)	6	—	—
乌洛托品/(g/L)	2.8	—	—
温度/℃	65~70	50	45
时间/min	5~10(浸)	2(喷)	2(喷)

① 使用量为重量的 40%，游离酸度 4~7 点，总酸度 60~100 点。

表 4-7　室温磷化液成分及工艺

成　　分	1	2	3	4	5	6
ZnO/(g/L)	5.0	6.77	6.71	6.77	6.77	3.6
H_3PO_4(85%)/(mL/L)	11.36	10.36	10.36	10.36	10.36	9.25
HNO_3(66%)/(g/L)	—	7.0	7.0	7.0	7.0	2.07
$Mn(H_2PO_4)_2 \cdot 2H_2O$/(g/L)					3.16	
$Ni(NO_3)_2 \cdot 6H_2O$/(g/L)					1.14	0.05
$ZnSO_4$/(g/L)						1.0

4.1.5.2　厚膜磷化工艺

厚膜磷化液成分比较简单，主要由锌、锰、铁的磷酸二氢盐，游离磷酸或再加 1~2 种加速剂组成。厚膜磷化通常是在较高的温度（92℃以上）及较长时间（15~60min）下进行的，膜厚可达 20μm 以上，而膜重可达 60g/m² 以上。这种磷化膜通过浸油、防护油、蜡以及染黑后用作防护。稍厚些的磷化膜（5g/m² 以上）常用于冷作、耐磨、润滑、电绝缘等。原则上，这些膜不能用于有机涂膜的基底，因为它们对机械变形很敏感，受到形变，即从基体金属表面破裂、疏松，使工件与漆膜分离。此外，涂料耗量大，光泽度及光洁度差。10g/m² 以上的磷化膜，要在较高的温度下形成。

单独用于防护的厚膜磷化很少能在自动线上使用，主要是由于磷化时间长，槽液寿命短。随 Fe^{2+} 浓度的升高，不仅膜的防护性降低，而且沉渣量和处理单位面积金属的化学成分消耗量也大大提高了。

厚膜磷化可分成慢磷化和加速磷化两种。

（1）慢磷化　即非加速磷化，槽液由磷酸二氢锌、磷酸二氢锰或磷酸二氢铁中的一种或两种及游离的磷酸组成。磷酸锌系比在磷酸锰系及磷酸铁系（Ⅱ）含更高的 H_3PO_4（反应平衡常数分别为：K_{Zn}=0.71，K_{Mn}=0.04，K_{Fe}=0.03），因此在磷酸锌槽中成膜更快，槽中酸度更高，有更强的酸洗作用，使得一些不能在锰系槽或铁系槽中磷化的合金钢可以在磷酸锌槽中成膜。

在慢磷化槽中无氧化剂，随处理面积的增加，Fe^{2+} 浓度不断升高，而溶液的酸度向中性方向转移。因此，新加入的磷酸盐大部分以泥渣的形式沉淀而浪费。泥渣的含量随二价铁含量的升高而显著增加。在泥渣中亦有少量的 $FePO_4$，这主要是由于磷酸亚铁被大气中的氧氧化的结果。

由于磷酸锌和磷酸锰反应平衡常数的不同，处理相同面积时，锌、锰槽成分的含量变化也有很大差别。处理面积与液体中成分含量的关系如图 4-1 所示。

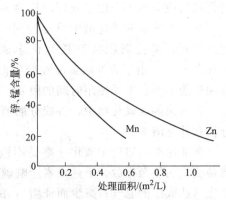

图 4-1　锌、锰含量与钢铁处理面积的关系

由反应平衡常数

$$K=[H_3PO_4]^4/[M^{2+}(H_2PO_4)_2]^3 \tag{4-18}$$

得出磷酸锌槽成分含量与酸度的关系：

在 98℃ 时

$$X_{98}=2.17Y+2.83\sqrt[4]{Y^3} \tag{4-19}$$

在 25℃ 时

$$X_{25}=2.17Y+1.04\sqrt[4]{Y^3} \tag{4-20}$$

这里，X 为磷化液的总酸度，以每升中含 P_2O_5 数量表示，g/L；Y 为锌的浓度，以 g/L 表示（最佳为 108g/L）。

在这种磷化液中磷化的工件一般成膜时间较长，通常需要 40~60min，多用于产品的单独防护，其实例见表 4-8。

表 4-8　磷酸锌基慢磷化液基本成分及工艺参数

编号	成分浓度		磷化条件		
			浓度/点	温度/℃	时间/min
1	P_2O_5 Zn Cu	600~650g/L 162~168g/L 0.04g/L	40	95~98	45
2	$Zn(H_2PO_4)_2$ H_3PO_4 H_2O	41% 21% 38%	40	98~99	10~30

(2) 加速磷化　在这种磷化液中，除 $H_2PO_4^-$ 的 Zn^{2+}、Mn^{2+} 和游离的 H_3PO_4 外，还含有特殊的添加成分加速成膜。通常添加的是 NO_3^-、ClO_3^- 等，它们可以大大缩短磷化时间。其作用在于氧化钢铁与酸反应放出的 [H] 及铁的溶解所生成的 Fe^{2+}，从而维持溶液 Fe^{2+} 的含量始终在一个较低的水平上。

在含加速剂的磷化液中，锌的含量尽管一开始是降低的，但对于槽液使用的整个过程来说，却能保持在一个恒定水平上（在一定的酸比下），如图 4-2 所示。而且

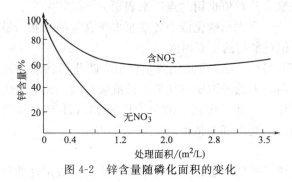

图 4-2　锌含量随磷化面积的变化

磷化膜的成分也不会由于处理面积的多少而发生明显的变化。

在含加速剂的磷化槽中沉淀的泥渣比无加速剂槽的明显减少，而且多限于磷酸铁的沉淀。因此，单位面积所消耗的化学成分相应地降低了。不含加速剂的磷化槽中，处理 $0.8m^2/L$ 后，由于膜的耐腐蚀性变劣而不能再用。而含加速剂的磷化槽中成分恒定，膜抗腐蚀性能不变，不受使用时间的限制。

含加速剂的磷化槽中，各成分的消耗是不一样的，为了能形成质量均一的膜，应经常地分析和补充溶液。

含加速剂的溶液中磷化速率是不遵守化学反应平衡常数计算公式的，磷化速率常数 K 值是变化的复杂常数。下述因素影响磷化速率：在阴极区，由于氧化剂的存在，发生氢的去极化（从放出的氢气量减少而证明）；由于更惰性的金属，如铜的沉积；在阳极区还原剂及有机缓蚀剂的存在，磷化过程受到较大的影响。

近代厚膜磷化槽中常同时含有几种加速剂，如 NO_3^-、ClO_3^-，有时还含有 Ca^{2+}、有机酸、氟化物等等，其应用实例见表 4-9。

表 4-9 中温厚膜磷化基本成分及工艺

主要成膜成分/(g/L)		1	2	3
ZnO		13.2	40～50	12.5
H_3PO_4(85%)		16.2	30	15
Mn 和/或 Ni		适量	适量	10～20
SO_4^{2-}		0～35	—	—
有机酸		—	0～10	适量
操作条件	温度/℃	70～75	70～80	70～75
	时间/min	15～25	5～30	20～25

4.1.6 影响磷化的主要因素

4.1.6.1 酸度的影响

酸度、金属离子浓度以及 PO_4^{3-} 的含量是影响成膜的重要因素，特别是游离酸度。因此，在磷化过程中必须保持总酸度与游离酸度之比值，即酸比系数（f）。

游离酸度（FA）是指由磷化液中游离磷酸所电离的游离 H^+ 浓度。用甲基橙作指示剂，用 0.1mol/L 的 NaOH 溶液滴定 10mL 磷化液所消耗的 NaOH 溶液的体积（mL）来表示，此数值被称为"点"，1mL 为一点。

总酸度（TA）也称全酸度，是指磷化液中 H^+ 浓度的总和，包括磷酸第一、第二级电离的 H^+，重金属盐类水解产生的 H^+ 以及各重金属离子的总和。总酸度的测定方法同游离酸度的一样，只是滴定终点的指示剂改用酚酞，其数值也用"点"来表示。

酸比是指磷化液总酸度与游离酸度的比值，它表示磷化液中各成膜离子含量的总和与游离 H^+ 浓度的比值，是控制槽液中离子浓度相对平衡的重要因素。

酸比系数（f）严格取决于磷化槽的 pH，这一关系可从图 4-3 看出。磷化槽的总浓度（M^{2+}、PO_4^{3-}）也必须控制在一定的范围之内，太低的浓度不仅要延长成膜时间，而且也大大降低了磷化膜的防护性。以锰系磷化（厚膜）为例，磷化膜的防护性和 $Mn(H_2PO_4)_2$ 含量之间的关系见图 4-4（浓度以总酸度表示），磷化时间与浓度的关系见图 4-5。

4.1.6.2 成膜物质组分的影响

磷化液中的组分及其含量，尤其是主要成膜物质的组分及其含量对磷化具有决定性的影

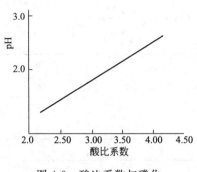
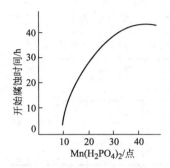
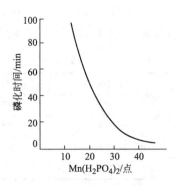

图 4-3　酸比系数与磷化槽 pH 值关系　　图 4-4　Mn(H₂PO₄)₂ 浓度对磷化膜防护性的影响　　图 4-5　Mn(H₂PO₄)₂ 浓度对磷化时间的影响

响。不同的组分组成不同系列的磷化体系并形成不同成分、不同晶型和不同性能的磷化膜，同一组分同一系列的磷化，由于组分含量的不同也将直接影响到磷化的快慢、膜层的厚薄疏密及性能。

在各种成膜离子中，对膜重影响最大的是 Zn^{2+}，其次是 PO_4^{3-}。Ni^{2+}、Mn^{2+}、Co^{2+}、Ca^{2+} 等二价阳离子加入到磷化液中都能起到细化结晶的作用，特别是 Ca^{2+} 更为明显。

在磷化膜厚度相同的情况下，磷化液成分对磷化膜质量及涂漆后的防护性影响很大。在锌系磷化液中加入一些二价重金属离子，如 Ni^{2+}、Mn^{2+}、Co^{2+}、Ca^{2+} 等可以参与成膜并能显著提高磷化膜的防护性。

4.1.6.3　磷化促进剂的影响

磷化促进剂是磷化液的重要组成，对磷化具有极为重要的作用。为了加快磷化速率，可以采用各种加速的方法，用得最多的是氧化剂，如 NO_3^-、NO_2^-、H_2O_2 和过硼酸盐等，氧化剂的作用如下。

(1) 除去成膜反应的副产物。这些副产物对膜的生长是有害的，其中之一是氢原子，它是金属与 H_3PO_4 的反应物，由于初生氢原子能遮盖金属表面，从而降低了反应速率。而氧化剂能与初生的氢反应，从而除之，使反应向有利的方向进行。

另一个反应副产物是亚铁离子，它是从金属基体上溶解下来的。在反应中，由于可溶性的亚铁离子在工件表面集结，因此降低反应速率，影响膜的形成。而氧化剂把有害的亚铁离子转变成不溶性的无害的铁盐，以沉渣的形式除去。

(2) 成膜速率快，缩短了处理时间，明显降低了沉渣量，减少了化学成分的消耗，降低了成本。

(3) 在含氧化剂槽中磷化，除初期阶段外，溶液中的 M 离子浓度可保持在一个恒定范围内，因此在这种磷化液中长期处理，可保证磷化膜的成分及磷化膜质量基本保持不变。

(4) 由于能长期保持槽液及膜成分不变，所以在含加速剂的槽中形成的磷化膜的耐蚀性基本保持不变。

总之，能起到加速作用的不仅是氧化剂，其他物质及方法也可以加速磷化，如惰性金属离子、还原剂、电化学方法等。

加速剂的含量对磷化过程影响较大，含量太低，反应速率慢，但太高又会导致金属表面钝化，阻止磷化膜的形成，因此加速剂的含量必须严格控制。低温、室温磷化加速剂的用量通常高于中温、高温磷化，如 $NaNO_2$ 在热磷化中为 0.2~0.4g/L，但在室温磷化中，最好的用量是 0.9~1.58g/L，其他加速剂也相同。

加速剂对溶液的 pH 值影响很大，不同加速剂及操作温度对 pH 的影响如表 4-10，这是在 22g/L 的 P_2O_5 和 5g/L 的 Zn^{2+} 溶液中得到的，从高温到低温，pH 升高 0.7~1.0。

表 4-10 pH 与加速剂种类及温度的关系（$22g/L P_2O_5$，$5g/L Zn^{2+}$）

加速剂	温度/℃	pH	温度/℃	pH	ΔpH
$NaNO_3$	80	2.06		2.75	0.69
$NaNO_2$	98	1.83	20	2.64	0.82
$NaClO_3$	97	1.90		2.97	0.89
硝基胍	98	2.10		3.10	1.00

4.1.6.4　磷化温度和时间的影响

温度和时间是影响磷化膜质量的重要因素，特别是厚膜磷化，在低温下形成的磷化膜薄、多孔、耐蚀性差。磷化膜的形成是一个吸热反应过程，温度对磷化反应速率的影响很大，尤其是中温和低温磷化，必须借助于磷化促进剂。磷化时间与磷化类型、磷化方式、磷化温度、促进剂的种类和含量以及工件表面状态等因素有关，需兼顾综合因素确定工艺时间。

图 4-6 是温度和处理时间对磷化膜厚度的影响，所用 H_3PO_4 与 $Mn_3(PO_4)_2$ 之比（A/S）为 1:1 和 2:1。可以看出，膜厚随温度的升高增加，特别是在提高酸度条件下。另一方面，还可以看出，在较低酸度下，膜的生长速率在 10~20min 内最快，20min 以后，趋于稳定状态。在高酸度下，开始有一个诱导区，在 20min 以后，膜厚以较快的速率提高，在 90℃、30min 时，膜厚才趋于稳定，在低温下则需更长的时间。

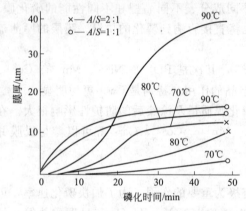

图 4-6　温度和处理时间对磷化膜厚度的影响
[$Ni(NO_3)_2 \cdot 6H_2O$, 2g/L]

在正常处理条件下，磷化膜厚度和防护性随磷化时间的延长而提高，这是因为随磷化时间的延长膜厚不断增加，孔隙也越来越小，直到膜厚和孔隙不再变化，此时的防护性达到最大值。

4.1.6.5　金属表面状态的影响

金属的表面状态对磷化影响很大，主要有以下几个方面：表面油污、表面锈蚀与氧化皮、表面氧化膜、表面碳含量、表面的元素、表面镀层等。

对于被磷化的材料，首先遇到的就是材料的种类及表面状态。钢铁、锌、铝在同一槽中处理其结果显然是不同的。同是钢铁件，经酸洗后，表面晶格遭受腐蚀。生锈冷轧钢板在处理前表面的均匀结构已遭到破坏，再进行酸洗处理，磷化结果就非常不理想。因此一些高档产品的涂装件应尽量不用有锈板材。

合金成分是以不同形式存在于合金中的，因此当合金钢进入磷化液中时，其表面产生不同电位，当合金成分不被溶解，将会形成多孔膜或根本不能成膜。

在慢磷化中，最好的结果是在生铁和低碳钢上得到的，铁素体容易被溶解。提高含碳量也就是增加了珠光体的含量，磷化膜的结晶也就增大了。这是因为珠光体在磷化液中更难溶解，因此形成更少的晶核，形成更大的结晶。当含有较高的镍、钴、锰、铬或硅时，几乎完全阻止磷化膜的形成。最难处理的是含铜的钢。

在加速磷化中，碳不影响磷化膜的生长，不仅在低合金钢而且在具有较高合金成分的钢上也可形成平滑而均匀的膜。在有下述成分及含量的钢材中，慢磷化不能得到均匀的膜，但在含加速剂的磷化液中可得到均匀的膜：2.0%Cr+2.0%Ni；1.4%Cr+1.0%C、2.0%Ni、0.65%Cr+1.0%C、1.2%W+1.15%C；当Cr含量超过12%，不能进行磷化。

4.1.6.6 表面调整

表面调整是指采用机械或物理化学等方法，对金属表面状态进行微观调整、改变的一种过程。表面调整对磷化有很大影响，尤其对表面状态不良的工件以及低温低浓度的磷化更具有重要影响。

表面调整有以下几点作用：

(1) 消除表面粗化效应，提高表面活性均一化；

(2) 增加表面活性中心，提高磷化速率；

(3) 细化晶体，提高磷化膜质量。

4.1.6.7 磷化方式

磷化方式有浸渍、喷淋、喷浸和涂刷等。磷化方式的不同将造成磷化的难易和磷化膜的性能的不同。浸渍磷化是目前应用最广的磷化方式，其操作与工艺管理简单且适合各种简单或复杂形状工件，也适合各种系列和温度的磷化处理。

4.1.6.8 磷化后水洗

磷化后水洗的目的是去除吸附在磷化膜表面的一些可溶性酸性盐类物质。水洗对磷化膜的性能具有很大影响。没有水洗的磷化膜在涂装后，由于残留的可溶性盐类在涂膜层下对工件表面造成电化学腐蚀，从而降低涂层的耐蚀性和附着力，引起涂层的早期起泡剥离而降低使用寿命。

4.1.6.9 磷化膜干燥

磷化膜经水洗后，表面含有大量水分。由于磷化膜的多孔性，水分会渗入膜层孔隙腐蚀基体并易使膜层泛黄。因此，在磷化后，除了下道工序为电泳涂装或水性漆涂装可直接进入之外，磷化膜都必须尽快干燥以防止膜层耐蚀性降低。磷化膜晶体多为含有结晶水的结晶$M_3(PO_4)_2 \cdot 4H_2O$，膜层的干燥不仅是可与下道溶剂型涂料的涂装工序配套，更由于经过干燥，尤其是经过烘干，可减少膜层晶体的结晶水含量，从而可减少磷化膜的孔隙率，增加膜层致密性，提高膜层的耐蚀性能。

4.1.6.10 磷化膜钝化

磷化后进行钝化处理，可以去除吸附于磷化膜中的水溶性盐类物质，溶解膜层表面的疏松层，降低膜层孔隙率。同时钝化液可渗入磷化膜孔隙，氧化暴露于孔隙之内的金属表面并使之形成致密的钝化层，从而大大提高了磷化膜的耐腐蚀性能以及与涂膜的附着力。

4.2 磷化处理设备

磷化处理设备是指使工件顺序地与各种处理液和洗水接触的设备。最简单的情况就是有一系列的槽子，以手工方式将工件逐槽传送。在更为复杂的装置中，工件的传送是机械化的，例如用一种单轨传送带，或者是以150m/L的速率连续运转和处理的条带。槽子的大小可以从50L到200kL变化。

对某一特定的工件，在选择装置的类型时，应考虑的因素有：工艺方法——喷淋、浸渍或联合方法；传送方法——机械的或手工的，连续的或间歇的。所有这些，又将受到产品因素的影响。

① 所要求的生产率。

② 需处理工件的尺寸和形状。

③ 合适的场地。

构造设备所用的材料，很大程度上取决于所采用工艺的化学性质。

4.2.1　浸渍设备

4.2.1.1　浸渍设备的类型

(1) **带有行车的直线式槽子**　在各种各样的工艺中，普遍地采用带行车的槽子并可以使用通常的水洗方式。槽子的构造，取决于每个槽子中所使用的工艺类型。除非是特殊的溶液，一般可以用低碳钢的槽子。

(2) **转篮式设备**　这类设备具有一系列的槽子，有除油、磷化和中间水洗槽子。设备的长度取决于工艺时间，工件在篮子里处理，篮子绞接在一起。当篮子转动时，工件便被传送到下一个篮子里。每次交替，篮子都是在同一个时间翻卸，并把工件沿生产线往下传送。每隔一定时间，篮子靠液压或气动进行工作。间隔的时间，便决定了（除油、水洗或磷化）浸渍时间和工艺槽的长度。这种工艺，主要用来处理与汽车工业有关的、需要进行重质磷化的工件。大部分这类设备，已经被后面将要介绍到的传送式设备所取代。

(3) **圆筒式设备**　在圆筒式设备中，装有一个简单的圆筒。它可以靠一个电动机带动在槽子中旋转。采用溶剂蒸发，或使圆筒在碱性除油剂中旋转，便能完成除油操作。水洗操作，常常是使圆筒直接浸泡在水洗槽中进行。在磷化这一步，圆筒的旋转最为重要，并且要求大约每4min转一转，这样才能保证使液体充分搅动，以运动工件，获得完善的磷化膜。应避免过分地搅拌，以防把刚刚形成的磷化膜撞掉。圆筒和槽子通常用低碳钢制造。如果用不锈钢（316型）制造，则可使设备的寿命更长。

(4) **传送机式设备**　这种设备具有一列槽子，沿槽子的顶部，运行一种移动式绞车。绞车可以手工操作或自动操作。如果是自动操作，就应以制定的操作程序来设计设备。在程序较长的设备中，生产需要的话可以用两部或更多的传送机械来操作。在这一类设备里，线上的某些槽子，有时不一定是正确程序所需要的，这时可将传送机移动到需要的地方。

工件可在圆筒中、在篮子里或靠夹具进行处理。需要的话所有这三种方式都可以在相同的设备里应用。

(5) **"滚流式"设备**　这是一种能让工件连续流动通过的设备。那种会在旋转中会被挂住的工件，不适于在这种设备中处理，因为这些工件会被绞混在一起。本设备颇似大型的旋转圆筒，工件从一端进去，在另一端出来。在每一个工序中，工件自动地转动，然后被传送到下一个工序。这是靠往复移动的圆筒来完成操作的。

在此类设备中，槽子必须满足所要求的工艺程序。任意长的程序都能适应，并且本设备的设计可使设备的占地面积最小。

(6) **圆盘式设备**　正如它的名字所示意的那样，此类设备以回转流水作业方式进行操作。槽子按正确的程序，安装在作圆周运动的圆形物上，这是一种有载及无载的台子。行车把工件逐槽移动；圆台绕中心枢轴转动，并且当工件在每个槽子中浸渍的时间达到要求后，再将工件移到下一个槽子。

4.2.1.2　加热设备

下述的五种方法，都可用来加热。

(1) 加热盘管　这是一种十分普遍的方法，可以采用蒸汽或高压热水作为热介质。盘管应该竖式安装，不要横向放置，特别是在有沉渣产生的工艺中。根据工艺性质的不同，可分别采用低碳钢、不锈钢或钛的盘管。

(2) 浸式电热器　尽管电是一种价格昂贵的能源，但热量传递效率高。

(3) 气热　最简单的气热，就是直接让气体在槽子的下外部燃烧的方法。采用在燃烧管内燃烧的方法会更好一些。对于加热洗水，可以采用浸没燃烧的方式，但不推荐将这种方式用于加热工艺槽。

(4) 水夹套　这种方法具有温度分布均匀的优点。加热表面的热量梯度比大多数的其他方法要低。

(5) 外部的热交换器　这种方法效率高，但必须要有泵输送设备。

4.2.1.3　负载系数和工作包层

工艺槽的尺寸必须足够，才能提供与被处理工件表面积有关的足够量的溶液。对于一般的覆膜包括轻质磷酸铁、磷酸锌以及铬酸盐，其系数最少为 $10\sim1.5L/dm^2$ 的待处理表面积才是合适的。对沉积重质膜的工艺，例如重质磷化膜及草酸盐膜，系数为 $2.4\sim5.0L/dm^2$ 是合适的。如果装填的工件数量超过了这种估计，会使成膜离子局部减少，导致膜薄和不均匀。另外，还必须维持被处理工件四周围溶液的工作包层，见图4-7。

4.2.1.4　水洗槽

在水洗槽中，安装一个溢流口和一个中间漏斗，是十分可取的。还可采用优越的空气搅拌装置（图4-8）。

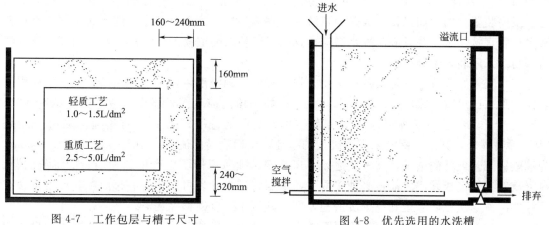

图4-7　工作包层与槽子尺寸　　　图4-8　优先选用的水洗槽

4.2.1.5　槽子的材料和结构

(1) 低碳钢　对碱性除油、水洗及许多工艺都可以用低碳钢焊接的槽子。如果槽子用橡胶或PVC衬里，则能适应更宽的工作范围。

(2) 不锈钢　对于许多酸性的工艺，例如磷酸锰，不锈钢能提供更长的槽子寿命。对具有高浓度氧化性酸、铬酸和硝酸的工艺，也推荐使用不锈钢。一般情况下，采用钼稳定类的不锈钢（316型）更为合适。

(3) 塑料　大多数的塑料材料，都具有温度极限。例如PVC可在高达70℃下使用，聚丙烯可在80℃下使用。如果槽上有适当的支承时，使用的温度可更高一些。

4.2.2　喷淋设备

在这种类型的设备中，被处理工件在直线式生产线中移动，穿过完全封闭的通道。在通

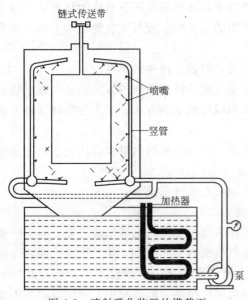

图 4-9 喷射磷化装置的横截面

道中,各种工艺溶液,分别在若干工序里喷淋。溶液也可在由贮槽、泵、喷淋竖管和喷嘴配置而成的箱室中喷淋。溶液与工件接触之后,流回贮槽,并再次循环(图4-9)。在相邻接的工序之间,应设置排水设施,以把溶液的串移现象减至最小。在各工序之间,还要求有增湿措施,以防止工件在工序之间传送时干掉。

4.2.2.1 喷淋设备的类型

(1) 三工序装置 这类设备,多用于轻质除油/磷化工艺。第一工序用于除油和磷化,第二工序用水洗,第三工序用作末级水洗或作干燥前含铬后处理,然后是涂油漆或粉漆。这类设备中,全部安装"V"形喷嘴,其流率为 10L/min,压力为 0.7bar(1bar = 10^5Pa,下同)。喷淋的模式,取决于所需喷嘴的数量,其次是依据传送带速率。总的说来,传送带的速率为 3~4m/min。竖管和喷嘴的安装,应约有0.3m的间隔。这样便可给出一种错列的喷淋模式。此类设备的传送带往往在顶部,并且必须采用各种方式使传送带远离溶液。

(2) 四工序装置 原则上讲,这是一种三工序喷淋装置的改良型,其中有两个工序用于除油/磷化。这样,可在第一工序里主要进行除油,在第二工序里主要进行磷化。水洗情况与三工序装置相同。如果在末级采用铬酸盐,那么最好是使第三工序中的最后一圈喷嘴从自来水总管直接供水,并且应使洗水溢流。这样,可使对铬酸盐的污染减至最低限度。详细的结构与三工序装置十分相似。

(3) 五工序装置 这类设备,可用于锌或轻质铁的喷淋磷化。如果在第三工序中使用磷酸铁,那么已可按三或四工序装置那样建造;如果使用磷酸锌,那么它最好是不锈钢(316型)的槽子。管道和喷嘴也应由不锈钢(316型)制造。第三工序的喷嘴,除第一圈是"V"形喷嘴外,其余各圈应采用涡旋型的喷嘴。所用喷嘴的流率为10L/min,压力0.7bar。为磷酸锌工艺设计的槽子,其不同之处,还在于必须考虑槽子中产生的相当量的沉渣问题。在沉渣对工艺造成妨碍之前,必须采取一些措施将其去除。可采用一些过滤工具或者将含有溶液的沉渣,从锥底泵送到一个沉渣池,间歇地流干,以便移除泥渣。

(4) 六工序装置 大部分六工序喷淋设备,都用于磷酸锌工艺。在这种情况下,设备的排列,与五工序装置的排列方式类似,但在除油和磷化之间,设置了两个水洗工序,这样可改善水洗效果。设备的结构,亦与五工序装置类似。

(5) 七工序装置 本装置包含了一套六工序设备,但在除油之前,加入撞掸装置,这种装置常在高压下操作,起到预先除掉粗糙碎片的作用。除非被处理工件的除油困难,否则这种操作并不经常采用。

(6) 箱式磷化 这种设备,适用于处理少批量的产品,要求采用喷淋磷化工艺。基本上,这种设备是一个很大的、在顶部带有喷管和喷嘴的箱体,在底部及两边穿过一条传送带。在这同一个地方,通过不同的喷淋管道,对工件进行除油、水洗、磷化和水洗。这个系统,也可以装备两个箱体并且最好是在一个箱体里进行除油和水洗而在另一个箱体里进行磷化和水洗。这个系统,能使由于水洗不彻底而引起的液体串移现象减至最低限度。

4.2.2.2 除渣

许多处理工艺，都会产生副产物沉渣，特别是重金属磷酸盐工艺。为避免沉渣的过分积累，必须采取适当的措施把沉渣排除。对那种简单的、平底的浸渍式的槽子，宜于把上层清液转移到空闲的槽子里，并人工移除沉渣。最好采用锥底槽，其锥体的角度近似60°，沉渣可富集在锥体里。用泵将沉渣从锥体送到沉降塔或斜板式分离器，最后靠过滤机挤压的方法，将沉渣浓缩。带式过滤机也获广泛应用，特别是在大型的喷淋设备中，溶液从槽底泵送到过滤装置，沉渣被滤留在高强度的过滤纸上。这种过滤纸会随压力的增加而自动地铺开。

4.2.3 喷淋/半浸渍设备

见图4-10。工件进入工艺区域，穿过一系列的喷淋喷嘴，而工件下半部分，则浸渍在溶液里。当车身通过这些局部浸渍的区域时均有顶部或者增湿喷淋，以维持工件的润湿。这类装置的一种潜在的毛病，就是如果磷化工艺不是极仔细地按配方制造的话，那么在工件上部和下部之间的膜重及晶体结构会产生很大的差别。

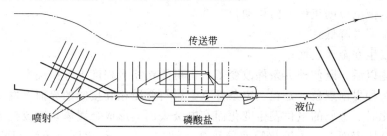

图4-10 喷射/半浸渍预处理

4.2.4 喷淋/泛流设备

这是一种常规的喷淋类装置（图4-11）。但是，当工件进入工艺区域时，它朝前倾斜，让溶液积聚在车身里，通过预先钻好的孔洞，流入箱型结构的部件。当车身要离开工艺区域时，它朝后倾斜，让箱型构件滴干。

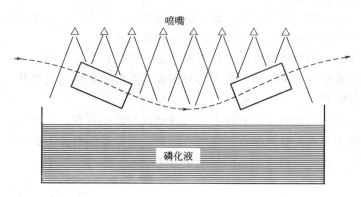

图4-11 喷淋/泛流装置

4.3 金属的化学钝化处理工艺

我们知道，铁、铝在稀 HNO_3 或稀 H_2SO_4 中能很快溶解，但在浓 HNO_3 或浓 H_2SO_4 中溶解现象几乎完全停止了，碳钢通常很容易生锈，若在钢中加入适量的 Ni、Cr，就成为不锈钢了。

金属或合金受一些因素影响，化学稳定性明显增强的现象，称为钝化。钝化是由于金属表面状态变化而使其具有贵金属的某些特征（低的腐蚀速率、正的电极电势）的过程。

钝化方法主要有以下几种。

（1）化学钝化　金属与钝化剂自然作用而产生，如浓 HNO_3、浓 H_2SO_4、$HClO_3$、$K_2Cr_2O_7$、$KMnO_4$ 等氧化剂都可使金属钝化。或是金属的钝化也可能是自发的过程（如在金属的表面生成一层难溶解的化合物）。

（2）电化学钝化（阳极钝化）　外电流使金属阳极极化，使其溶解速率大幅降低，并能保持高度的稳定性。如将 Fe 置于 H_2SO_4 溶液中作为阳极，用外加电流使阳极极化，采用一定仪器使铁电位升高一定范围，Fe 就钝化了。

（3）机械钝化　在一定环境下，金属表面上沉积出一层较厚的，但不同程度的疏松的盐层，实际上起了机械隔离反应物的作用。

阳极钝化和化学钝化的实质是一样的，都具有以下特征：

（1）金属的电极电位朝正值方向移动；

（2）腐蚀速率明显降低；

（3）钝化只发生在金属表面；

（4）金属钝化以后，既使外界条件改变了，也可能在相当程度上保持钝态。

钝化现象是一种界面现象，是在一定条件下金属与介质相互接触的界面上发生的。电化学钝化是阳极极化时，金属的电位发生变化而在电极表面上形成金属氧化物或盐类，这些物质紧密地覆盖在金属表面上成为钝化膜而导致金属钝化。化学钝化则是像浓 HNO_3 等钝化剂直接对金属的作用而在表面形成氧化膜，或加入易钝化的金属如 Cr、Ni 等而引起的。化学钝化时，加入的氧化剂浓度还不应小于某一临界值，不然不但不会导致钝态，反将引起金属更快地溶解。

金属由于与介质的作用而生成的腐蚀产物，形成了一层具有致密结构的薄膜，紧密覆盖在金属的表面，改变了金属的表面状态，从而使金属的电极电位大大向正方向跃变，而成为耐蚀的钝态，显示出耐腐蚀的贵金属性能，这层薄膜就叫钝化膜。关于金属表面的钝化膜的形成理论，目前主要有两种说法，即成相膜理论和吸附理论。

成相膜理论认为，当金属溶解时，处在钝化条件下，在表面生成紧密的、覆盖性良好的固态薄膜，这种薄膜形成独立的相，此膜将金属表面和溶液机械地隔离开，使金属的溶解速率大大降低，而呈钝态。

实验证据是在某些钝化的金属表面上，可看到成相膜的存在，并能测其厚度和组成。如采用某种能够溶解金属而与氧化膜不起作用的试剂，小心地溶解除去膜下的金属，就可分离出能看见的钝化膜。成相膜理论示意图如图 4-12 所示。

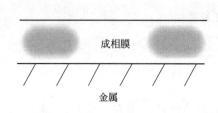

图 4-12　成相膜理论示意图

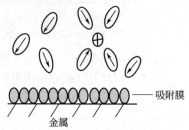

图 4-13　吸附膜理论示意图

吸附理论认为，金属表面并不需要形成固态产物膜才钝化，而只要表面或部分表面形成一层氧或含氧粒子（如 O^{2-} 或 OH^-）的吸附层也就足以引起钝化了。这吸附层虽只有单分子层厚薄，但由于氧在金属表面上的吸附，改变了金属与溶液的界面结构，使电极反应的活化能升高，金属表面反应能力下降而钝化。此理论主要实验依据是测量界面电容和使某些金属钝化所需电量。实验结果表明，不需形成成相膜也可使一些金属钝化。吸附膜理论示意图如图 4-13 所示。

金属钝化膜确具有成相膜结构，但同时也存在着单分子层的吸附性膜。两种钝化理论都能较好地解释部分实验事实，但又都有成功和不足之处，不能解释所有的实验事实。

4.3.1 铬酸盐钝化处理工艺

把金属或金属镀层放入含有某些添加剂的铬酸或铬酸盐溶液中，通过化学或电化学的方法使金属表面生成由三价铬和六价铬组成的铬酸盐膜的方法，叫做金属的铬酸盐处理，也称铬酸盐钝化。铬酸盐膜与基体结合力强，结构比较紧密，具有良好的化学稳定性，耐蚀性好，对基体金属有较好的保护作用。铬酸盐膜的颜色丰富，从无色透明或乳白色到黄色、金黄色、淡绿色、绿色、橄榄色、暗绿色、褐色、甚至黑色。铬酸盐处理工艺常用作锌镀层、铜镀层的后处理，以提高镀层的耐蚀性，也可用作其他金属如铝、铜、锡、镁及其合金的表面防腐蚀。

4.3.1.1 铬酸盐膜形成机理

铬酸盐处理是在金属-溶液界面上进行的多相反应，过程十分复杂，一般认为铬酸盐膜的形成过程大致分为以下三个步骤：

① 金属表面被氧化并以离子的形式转入溶液，与此同时有氢气析出；

② 所析出的氢促使一定数量的六价铬还原成三价铬，并由于金属-溶液界面处的 pH 值升高，使三价铬以胶体的氢氧化铬形式沉淀；

③ 氢氧化铬胶体自溶液中吸附和结合一定数量的六价铬，在金属界面构成具有某种组成的铬酸盐膜。

以锌的铬酸盐处理为例，其化学反应式如下。

锌浸入铬酸盐溶液后被溶解：

$$Zn + 2H^+ \longrightarrow Zn^{2+} + H_2 \uparrow \tag{4-21}$$

析氢引起锌表面的重铬酸离子的还原：

$$Cr_2O_7^{2-} + 8H^+ \longrightarrow 2Cr(OH)_3 + H_2O \tag{4-22}$$

由于上述溶解反应和还原反应，锌-溶液界面处的 pH 值升高，从而生成以氢氧化铬为主体的胶体状的柔软不溶性复合铬酸盐膜。

$$2Cr(OH)_3 + CrO_4^{2-} + 2H^+ \longrightarrow Cr(OH)_3 \cdot Cr(OH) \cdot CrO_4 \cdot H_2O + H_2O \tag{4-23}$$

这种铬酸盐膜像糨糊一样柔软，容易从锌表面去掉，必须进行老化处理，待干燥脱水收缩后，则固定在锌表面上形成铬酸盐特有的保护膜。

$$Cr(OH)_3 \cdot Cr(OH) \cdot CrO_4 \cdot H_2O \longrightarrow xCr_2O_3 \cdot yCrO_3 \cdot zH_2O \tag{4-24}$$

4.3.1.2 铬酸盐钝化处理工艺

锌和钢的铬酸盐处理溶液主要由六价铬化合物和活化剂所组成。所用的六价铬化合物为铬酸或碱金属的重铬酸盐；活化剂则可以是硫酸、硝酸、磷酸、盐酸、氢氟酸等无机酸及其盐，以及醋酸、甲酸等有机酸及其盐类，溶液中也经常根据需要添加其他组分。表 4-11 是几种金属及其合金的铬酸盐处理溶液成分及工艺规范。

表 4-11 金属及其合金的铬酸盐处理工艺规范

材料	溶液的浓度		pH 值	溶液温度/℃	处理时间/s
锌	铬酐	5g/L	0.8~1.3	室温	3~7
	硫酸	0.3mL/L			
	硝酸	3mL/L			
	冰醋酸	5mL/L			
镉	铬酐	50g/L	0.5~2.0	10~50	15~120
	硫酸	5mL/L			
	硝酸	5mL/L			
	磷酸	10mL/L			
	盐酸	5mL/L			
锡	铬酸钠或	3g/L	11~12	90~96	3~5
	重铬酸钠	2.8g/L			
	氢氧化钠	10g/L			
	润湿剂	2g/L			
铝及其合金	铬酐	3.5~4g/L	1.5	30	180
	重铬酸钠	3.0~3.5g/L			
	氟化钠	0.8g/L			
铜及其合金	重铬酸钠	180g/L		18~25	300~900
	氟化钠	10g/L			
	硫酸钠	50g/L			
	硫酸	6mL/L			
镁合金	重铬酸钠	150g/L		沸腾	1800
	硫酸镁	60g/L			
	硫酸锰	60g/L			

近年来，随着人们环保意识的不断增强，铬酸盐的使用受到越来越严格的限制。目前，含铬钝化的研究主要是三价铬钝化工艺，三价铬毒性低、耐蚀性好，利用三价铬钝化可得到彩虹色、蓝色、蓝白色和黑色等不同色彩的钝化膜。尽管如此，三价铬仍属低毒物质，在实际生产中无法真正实现绿色环保钝化。因此，研究开发完全无铬环保型绿色钝化技术具有一定的实用价值和社会意义。

4.3.2 无铬钝化

目前国内外对于锌及其合金镀层上的无铬钝化研究主要有硅酸盐钝化、铝酸盐钝化、稀土金属钝化和有机物钝化等。

4.3.2.1 硅酸盐钝化

目前国内外对于硅酸盐钝化处理工艺研究已取得一些成果，但由于其钝化膜耐腐蚀效果还不能达到铬酸盐钝化工艺的效果，因此目前还无生产应用实例，尚处于试验研究阶段。但由于硅酸盐具有无毒无污染、价格低等优点，硅酸盐钝化技术正逐渐成熟起来成为无铬钝化工艺研究的焦点。Basker Veeraragliavan 等研究了在硅酸钠溶液中采用电沉积法在镀锌层表面获得防腐膜，并通过电化学试验研究其耐腐蚀性能。结果表明：用该工艺方法制备的转化膜的耐腐蚀性明显高于黄色铬转化膜和白色铬转化膜；并且证明了若膜层中 Si 含量越高，则其耐腐蚀性越好。Sandrine Dalbin 等采用简单浸泡法，分别研究了纯 SiO_2 溶液、纯硅酸钠溶液及二者混合溶液所形成钝化膜的耐蚀性，结果表明混合溶液明显好于纯 SiO_2 溶液和纯硅酸钠溶液的钝化效果，且在电化学阻抗测量和耐盐雾试验方面与铬酸盐钝化膜相当。

4.3.2.2 钼酸盐钝化

钼与铬同属ⅥA族，钼酸盐已经广泛用作钢铁即有色金属的缓蚀剂和钝化剂。英国

Loughborough 大学研究了钼酸盐钝化处理过程中的电化学特性，还研究了锌表面的化学浸泡处理。结果表明：铝酸盐钝化的效果可以明显提高锌、锡等金属的耐蚀性，但不如铬酸盐钝化。

Tang 等研究出一种用钼酸盐/磷酸盐体系处理锌的工艺，申请了专利。钝化处理液中含钼酸盐，Mo 元素含量为 2.9～9.8g/L，用可与钼酸盐形成杂多酸的酸（如磷酸）调节 pH 值。这种处理方法可在锌层表面形成 0.05～1.00μm 厚的膜层，与铬酸盐钝化膜同数量级。

郝建军等用 Tafel 极化曲线和电化学交流阻抗谱，研究了不同添加剂对镀锌层钼酸盐钝化膜腐蚀电化学性能的影响。结果表明以羟亚乙基二膦酸作为添加剂的钝化液耐腐蚀效果最好，非常接近铬酸盐钝化的效果，但还有一定差距。Tafel 极化曲线表明，在钼酸盐钝化中形成的钝化膜在腐蚀体系中主要表现为阳极控制型。

4.3.2.3 稀土金属盐

稀土金属铈等的盐被认为是铝合金等在含氯溶液中的有效缓蚀剂。B. R. W. Hinton 等对含铈溶液处理锌表面做了一些研究，认为 $CeCl_3$ 能在锌表面生成一层黄色氧化膜，有效地降低 0.1mol/L NaCl 中锌表面的阴极点处氧还原的速率，还提出了稀土转化膜耐蚀性的阴极抑制机理，认为稀土转化膜的存在，尤其是膜对阴极反应活性部位的覆盖，阻碍了氧气和电子在金属表面和溶液之间的转移和传递，从而抑制了腐蚀速率。

由于稀土价格昂贵，采用稀土钝化必将提高生产成本，因此降低成本和提高耐蚀性是目前稀土钝化研究需要解决的实际问题。

4.3.2.4 有机类钝化处理

研究表明，某些有机物可用于金属表面的钝化处理，有效提高金属表面的耐蚀性能。但由于有机膜存在耐候性差、不导电等问题，目前还没有得到广泛的应用。

单宁酸是一种多元酸衍生物，当镀锌及其合金层与单宁酸溶液接触时，单宁酸的羧基与镀层反应并通过离子键形成锌化合物，而且单宁酸的大量羧基经配位键与镀 Zn 层表面生成致密的吸附保护膜。研究证明，随着单宁酸溶液浓度的增加，膜层变厚，颜色加深，耐腐蚀性能增加。

有文献认为，对镀锌层来说，最有希望替代铬酸盐钝化的是一些锌的有机螯合处理，因为它能在锌层表面形成一层不溶性的有机金属化合物，提供了极好的耐蚀性。

参 考 文 献

[1] 王春明. 金属磷化处理. 电镀与环保, 2000 (20): 34-35.
[2] 周谟银, 方肖露编著. 金属磷化技术. 北京: 中国标准出版社, 1999.
[3] 弗里曼 DB 著. 磷化与金属预处理. 侯钧达, 吴哲译. 北京: 国防工业出版社, 1989.
[4] 闫磊. 电镀锌硅酸盐钝化工艺及机理研究: [学位论文]. 昆明: 昆明理工大学, 2008.

第5章 不锈钢表面处理工艺与装备

不锈钢是一种能在空气中或化学腐蚀介质中抵抗腐蚀的高合金钢,不仅具有美观的表面,而且有良好的耐腐蚀性。这种好的耐腐蚀性,主要是因为含有铬而使表面形成很薄的铬膜的原因。铬在不锈钢中有着决定作用,每种不锈钢都含有一定数量的铬。迄今为止,还没有不含铬的不锈钢。

不锈钢具有优越的耐蚀性、耐磨性、强韧性和良好的可加工性,外表的精美性,以及无毒无害性,广泛地应用于宇航、海洋、军工、化工、能源等方面,以及日用家具、建筑装潢、交通车辆的装饰上。不锈钢的表面自然色调虽然可提供美感和清洁感,但其银白色的光泽又会给人以寒冷感和疏远感。随着不锈钢应用范围的日益扩大,人们对其色彩的要求也在不断提高。经过着彩色的不锈钢,由于更具有美感,且其使用、观赏价值比较高,因而受到人们的普遍欢迎。彩色不锈钢除有美丽的外观作为装饰外,还可以提高不锈钢的耐磨性和耐蚀性,因此,不锈钢着彩色技术开发了表面处理又一新领域。它不仅使白亮不锈钢制品获得五彩缤纷的装饰表面,而且能提高其内在质量,具有某些特殊性能。彩色不锈钢可广泛应用于建筑装潢、厨房用具、家用电器、仪器仪表,汽车工业、化工设备、标牌印刷、艺术品、宇航军工等行业。在国内外市场上极具竞争力,受到广泛重视。

近年来,我国迫切需要不锈钢的表面加工技术,诸如化学抛光和电化学抛光、着色、花纹图案装饰等技术。不锈钢的表面加工是通过不同的加工方法,使不锈钢表面具有不同的光泽、颜色、花纹等,大大改善了不锈钢的外观,使之达到美学效果。

本章将着重介绍不锈钢抛光、着色以及不锈钢的腐蚀加工。

5.1 不锈钢抛光

在生产过程中,不锈钢经过铸造、模锻压、热处理等工艺加工,表面会生成一层黑色氧化皮,或在机械加工的切削过程中留下微观不平度。为了提高不锈钢表面的光洁度、光亮度和使用寿命,必须对不锈钢进行适当的机械抛光,继而进行化学抛光或电化学抛光。

机械抛光,仅靠磨料在很大的定向压力作用下整平表面,表面存在一定量的塑性变形组织特征的纤维组织,即拜耳培层。而化学抛光与电化学抛光可以去除机械抛光过程中产生的拜耳培层,在表面上生成了具有高耐蚀性和反光率的金属氧化物层,同时也降低了表面的应力和摩擦系数,具有更好的耐蚀性和光亮度。生产过程中表面不产生渗氢现象。对于形状复杂或体积较小的零部件也可进行抛光处理。

1911年,俄国化学家许宾塔斯基发明了金属电化学抛光技术,但在其后的几十年中并没有得到多大发展。直到1936年,法国学者捷润特对其进行了深入的研究,最早用于制取金相样品,其理论和实践才得以初步建立。

不锈钢的抛光工艺过程包括表面化学预处理、机械抛光、化学抛光、电化学抛光及钝化。抛光的效果取决于表面的原始粗糙度,机械抛光后,表面光洁度越高,化学抛光或电化学抛光后的光洁度也越高,光亮度也越亮。

5.1.1 机械抛光

机械抛光用于初级抛光,将表面的凹凸不平度加工到一定的粗糙度,然后再进行化学抛光或电化学抛光。

5.1.1.1 常规机械抛光

常规机械抛光是不锈钢抛光的三种抛光(即机械抛光、化学抛光和电化学抛光)的第一道工序。有时两种抛光相结合,如机械抛光-化学抛光或机械抛光-电化学抛光。

对于毛坯表面由于存在宏观不平度,要先用机械抛光方法达到 $R_a \leqslant 0.8 \mu m$ 的粗糙度,再用化学抛光或电化学抛光方法提升到 $R_a \leqslant 0.05 \mu m$ 以上的粗糙度,才能获取最后的光亮度——镜面光泽。只有轧制的、光洁度较高的板材制件或机械精加工制件,才可不经机械抛光而直接进行化学抛光或电化学抛光。

5.1.1.2 乳化液精细机械抛光

杭州木板总厂林勇等人对压制大型塑料贴面板(2700mm×1489mm×4mm)自用的SUS321模板用机械精细抛光方法获得满意的最后的镜面,即不再用化学抛光或电化学抛光。他们采用 BQL-32 型三盘式抛光机进行机械抛光。原采用氧化铬(Cr_2O_3)悬浮液对SUS304 不锈钢需 8h 可以抛出镜面,后改用价廉的 SUS321 不锈钢板,即使抛光 24h 以上,也得不到镜面光泽。经过对抛光工艺的研究,研制了一种新型的 ZH-1 抛光乳化液,可以在很快的抛光速率下达到良好的效果。磨料采用 M2 型抛光用白刚玉(氧化铝 Al_2O_3)微粉,其磨削力比氧化铬强,抛光速率快,出光时间只需后者的 1/5,抛光后光洁度也高。用羊毛毡贴衬抛光盘,具有组织松软、均匀、弹性好、浸含量大的优点。它能吸收一部分机械振动能,有较高的刃口等高性能,因此具有很好的抛光作用。用 ZH-1 抛光乳化液出光快,只要抛光时间超过 1h,所有测试点的表面粗糙度(R_a)值均小于 $0.04 \mu m$,粗糙度小于 0.025,光泽可鉴,呈精密镜面。

ZH-1 抛光乳化液组成:

LN	7%	石油磺酸皂	6.8%
三乙醇胺	适量	20#机油	72.4%
$P_1(P_2)$	3.4%		

使用方法:将已混溶的上列各物添加 3%~4% 的水配成乳化油。待使用时再加水和磨料,乳化液的用量为 2%~5%,磨料的用量为乳化液:磨料=1:1。

ZH-1 抛光乳化液中的基础油和石油磺酸皂等有机添加剂具有润滑性能;添加极压添加剂 LN,更具有良好的极压性能,因此,在重荷和速率相对较低的操作条件下,更能发挥其优越性。抛光液与抛光机和抛光液循环系统接触要求抛光液具有防锈性能,在 ZH-1 乳化液中含有石油磺酸皂、三乙醇胺等多种有效防锈添加剂。奥氏体不锈钢的导热性很差。对不锈钢抛光时,散发的摩擦热要求抛光液有良好的冷却效果。ZH-1 抛光乳化液是水包油型乳化液,其冷却性能大于磨削油而接近于水,因此在快速抛光过程中不会发生过烧伤现象。

精细镜面机械抛光工艺过程:清洁表面(用水洗擦拭,再用汽油或丙酮擦洗,以除去表面的油污及灰尘)→去除表面氧化层{在开始抛光的 20min 内用较大抛光压力 [(3~4)×10^4Pa],磨料和抛光乳化液的供应量大些 [12mL/(cm²·s)] 除尽氧化层}→镜面抛光[显露金属基体后,磨削量和磨削压力应减少,当出现镜面光泽时不再加压,靠磨头自重修饰抛光,抛光液流量减少到 812mL/(cm²·s),继续抛光 40min,即可得到镜面光亮]。

5.1.2 化学抛光

化学抛光是通过添加剂,控制化学反应,使金属表面微观突起部分的溶解速度大于微观凹洼处的溶解速度，从而使表面抛光。因此，抛光液的组成对抛光质量起着决定的作用。

化学抛光有以下优点。

(1) 适应性强。可以处理形状复杂的零件，能使不锈钢内外表面都获得均匀的光洁度。

(2) 操作简单，生产效率高。

(3) 所用设备简单，价格便宜。

化学抛光的缺点是：化学抛光表面质量略差于电化学抛光。

5.1.2.1 化学抛光溶液组成及工艺条件

化学抛光溶液组成及工艺条件见表5-1。

5.1.2.2 化学抛光溶液各成分及工艺条件对抛光质量的影响

以奥氏体不锈钢1Cr18Ni8Ti为例，以配方1为典型配方进行抛光试验。

(1) 磷酸　在抛光过程中，配方1中固定硝酸50g/L、盐酸80g/L、温度65℃、时间3min，当磷酸含量150～200g/L时，抛光质量最好，又可除去黑色氧化皮。当磷酸含量低于100g/L时，磷酸盐转化膜形不成连续膜，抑制不了盐酸和硝酸对不锈钢表面的过溶解，因而光洁度差甚至无光洁度，表面粗糙发灰。当磷酸含量超过200g/L时，磷酸盐转化膜太厚，抑制了溶解反应进行，原有的黑皮难以除去，新的光洁表面难以形成。由此可见，在抛光过程中，磷酸既起溶解作用，又可在不锈钢表面上形成不溶性的磷酸盐转化膜，从而能有效地抑制金属的过溶解。

(2) 硝酸　硝酸是强氧化性酸，起到溶解金属产生抛光作用。当固定磷酸180g/L、盐酸80g/L、温度65℃和时间3min时，硝酸含量在50～80g/L，都可得到镜面的抛光面。当不加入硝酸时，表面氧化皮难以除去，还有蚀坑和麻点产生。逐步升高硝酸浓度至50g/L，才可得到镜面抛光面。硝酸最佳用量可选定在50～70g/L。

(3) 盐酸　盐酸是强还原性酸，起溶解作用。当固定磷酸180g/L、硝酸50g/L、温度65℃、时间3min时，当抛光液中盐酸含量低于60g/L时，抛光液化学溶解作用较低，得不到满意效果。在80～120g/L范围内，得到了满意的效果。当盐酸含量高于140g/L时，抛光性能降低，为溶解腐蚀过剧之故。故盐酸最佳含量应选在80～120g/L范围内。

(4) 抛光液温度　固定磷酸180g/L、硝酸50g/L、盐酸80g/L、抛光时间3min，控制抛光液温度在65～80℃。

(5) 抛光时间　抛光时间依赖于温度高低，并与抛光液组成有关。对于连续的大批量工业化生产，抛光时间应控制在3～5min。对于大型工件，则要在较长的时间中进行，可调整抛光液组成及含量在室温下进行。

5.1.2.3 化学抛光溶液的添加剂

在化学抛光溶液里面，添加剂可以起到抑制腐蚀和增加光亮的作用；可以在不锈钢表面形成复杂的吸附层，活化零件表面微凸点、钝化微凹点，使抛光有效进行。这类添加剂是指抛光液的黏度调节剂、缓蚀剂、腐蚀剂、活化剂和消泡剂，由于它们存在，化学抛光能平稳进行，达到表面抛光效果。

添加剂的种类主要包括无机盐、有机盐、有机化合物、表面活性剂等。

(1) 无机盐主要有硫酸盐、磷酸盐、硝酸盐、醋酸盐、钼酸盐、氯化物、氟化物等。

(2) 有机化合物主要有丙三醇（甘油）、若丁、有机胺、明胶、糊精、十二烷基硫酸钠、硫脲、多元醇、纤维素醚、聚乙二醇、氯烷基吡啶、卤素化合物、磺基水杨酸、偶氮染料等。

(3) 具有强烈增光作用的光亮剂有苯甲酸、水杨酸、磺酸、苯二酚、含氟季铵盐等。

添加剂的种类和浓度对抛光质量起决定作用，一般用量为 0.1%～1%，视抛光液组成与温度而定。硫脲在高温下易分解变质，所以不宜在高温下使用。有些添加剂，如骨胶、染料、水杨酸、对苯二酚等应预先配成饱和溶液再加入抛光液中。

作为缓蚀剂有若丁（邻二甲苯硫脲）、乌洛托品｛六亚甲基四胺 $[(CH_2)_6N_4]$｝，一般用量在 1～15g/L 为宜。

作为光亮剂有氯烷基吡啶、卤素化合物和磺基水杨酸，其用量为 3～5g/L。

纤维素醚和聚乙二醇的混合物作为黏度调节剂的添加量为 20～40g/L。

5.1.3 电化学抛光

电化学抛光是以被抛光工件为阳极，不溶性金属为阴极，两电极同时浸入电化学抛光槽中，通以直流电而产生有选择性的阳极溶解，阳极表面光亮度增大，这种过程与电镀过程正好相反。

电化学抛光的优点：

(1) 产品内外色泽一致，清洁光亮，光泽持久，外观轮廓清晰；
(2) 螺纹中毛刺在电解过程中溶解脱落，防止螺纹间咬死现象；
(3) 抛光面抗腐蚀性能增强；
(4) 与机械抛光相比，生产效率高，生产成本低。

电化学抛光机理——黏性薄膜理论认为，抛光主要是阳极电极过程和表面磷酸盐膜共同作用的结果。从阳极溶解下来的金属离子与抛光液中的磷酸形成溶解度小、黏性大、扩散速率小的磷酸盐，并慢慢地积累在阳极附近，粘接在阳极表面，形成了黏滞性较大的电解液层。密度大、导电能力差的黏膜在微观表面上分布不均匀，从而影响了电流密度在阳极上的分布。很明显，黏膜在微观凸起处比凹洼处的厚度小，使凸起处电流密度较高而溶解速率较快。随着黏膜的流动，凸凹位置的不断变换，粗糙表面逐渐整平。不锈钢表面因此被抛光达到高度光洁和光泽的外观。

由此可见，溶液浓度和黏度是重要因素，特别是溶液的黏度，这主要表现在新配的抛光液，虽然组分浓度达到了要求，但由于黏度尚未达到要求而不能抛光，只有在经过一段时间的电解后才开始抛光良好。特别是溶液与零件的界面浓度和黏度，在抛光中起着重要作用。这就是为什么要求零件在进入抛光液前表面水膜要均匀，否则零件表面水膜的不均匀性，破坏了黏膜的正常生成，发生局部过腐蚀现象。水洗后的零件最好甩干后迅速下槽，这样通电抛光后，表面过腐蚀现象即可避免。

电化学抛光还不能完全取代机械抛光。电化学抛光只是对金属表面起微观整平作用。宏观的整平要靠机械抛光。电化学抛光对材料化学成分的不均匀性和显微偏析特别敏感，使金属基体和非金属夹杂物之间常被剧烈侵蚀，有时，有不良的冶金状态，金属晶粒尺寸结构的不均匀性，轧制痕迹，盐类或氧化物的污染、酸洗过度以及淬火过度等均会对电化学抛光产生不良影响。这些毛病常常要靠前期的机械抛光来弥补。

5.1.3.1 电化学抛光溶液组成和工艺条件

电化学抛光溶液组成及工艺条件见表 5-2。

5.1.3.2 电化学抛光的影响因素

(1) 抛光溶液组成

① 磷酸 含量为 600ml/L，是保证抛光液正常进行的主成分。含量过高时，槽液电阻增大，黏度提高，导致所需电压较高，使整平速率迟缓。磷酸含量过低，活化倾向大，钝化倾向小，导致不锈钢表面不均匀腐蚀。

表 5-1　化学抛光溶液组成及工艺条件

配方号	1	2	3	4	5	6	7	8	9	10
盐酸(HCl,36.5%)	80~120g/L	120~180mL/L	60~70g/L		20%(质量分数)					65%(质量分数)
硝酸(HNO₃,65%)	50~60g/L	15~35mL/L	100~200g/L	6.5%(质量分数)						25%(质量分数)
磷酸(H₃PO₄,85%)	150~200g/L	25~50mL/L		25%(质量分数)						
硫酸(H₂SO₄,98%)			70~90g/L			150~200g/L		4~6mL/L	150mL/L	
氢氟酸(HF,40%)			20~25g/L							
乙酸(CH₃COOH,98%)	10~20g/L									
草酸[(HCOOH)₂]	1~3g/L									
纤维素醚	1~2g/L	1~5g/L								
氯烷基吡啶										
缓蚀剂						8~12g/L			2mL/L	2g/L
硫脲						6~10mL/L		10mL/L		
乙醇(C₂H₅OH,98%)						5~10mL/L			3mL/L	
OP-10乳化剂										
过氧化氢(H₂O₂,30%)				68.5%(质量分数)	40%(质量分数)			150~200mL/L		
稳定剂					20%(质量分数)					
硝酸铁			18~25g/L							
柠檬酸饱和溶液			60mL/L							
MW-6抛光剂		20~40g/L								
水溶性聚合物		3~5g/L					15~270mL/L			
光亮剂										5~10mL/L(可不加)
甘油										1g/L(可不加)
磺基水杨酸							余量			
水										余量
温度/℃	65~80	15~40	50~60	80~90	15~30	50~60	75~85	50~70	15~40	80~90
时间/min	3~5	12~48h	0.5~5	3~5	抛光为止	3~5	0.2~0.5	5~10	3~4h	3~5
搅拌方法		水泵自循环							滚筒打光	

表 5-2 电化学抛光溶液组成及工艺条件

配方号	1	2	3	4	5	6	7	8	9	10	11
磷酸(H_3PO_4, $d=1.65g/cm^3$)	600mL/L	560mL/L	60%~70%（质量分数）	400~600mL/L	600~650mL/L	66mL/L	175g/L	560mL/L（$d=1.83g/cm^3$）	50%~60%（质量分数）	40%~45%（质量分数）	740~770mL/L
硫酸(H_2SO_4, $d=1.84g/cm^3$)	300mL/L	400mL/L	15%~20%（质量分数）	300~400mL/L	200~250mL/L	242mL/L	696g/L	400mL/L	20%~30%（质量分数）	34%~37%（质量分数）	180~210mL/L
铬酐(CrO_3)		50g/L	5%~10%（质量分数）		50	15g/L		50g/L		3%~4%（质量分数）	50g/L
丙三醇（甘油）	30mL/L					242mL/L				17%~20%（质量分数）	
糖精	2~4g/L										
明胶			7~8g/L								
稳定剂 BDP-1[①]							420mL/L				8~10mL/L
水		40mL/L	余量	100~200mL/L	余量	余量	余量		15%~25%（质量分数）		余量
相对密度	1.5~1.6	1.76~1.82	1.6~1.7	1.52~1.62	1.6~1.75	1.4~1.5	1.4~1.5	1.72	1.64~1.75	1.65	1.7
电压/V	6~12	10~12	6~15	6~12	6~12	10~15	10~15	6~12	6~8		10~20
电流密度 D_a/(A/dm^2)	30~60	20	20~30	30~60	20~40	15~35	15~35	20~30	20~100	40~70	35~45
温度/℃	50~70	60±5	55~65	50~80	45~65	60~100	30~100	85~95	50~60	70~80	55~65
时间/min	5~8	4~5	1~5	3~8	2~6	2~10	2~10	5~10	5~10	5~15	4~5
阴极移动			需要					需要			
阴极材料	铅	不锈钢	铅或不锈钢	铅	铅	铅	铅	铅	铅	铅	铅

① 由河南开封电镀化工厂生产。

② 硫酸 是活化剂，硫酸含量过多，活化倾向太大，易使抛光表面出现过腐蚀，呈现均匀的密集麻点，硫酸含量过低时，出现严重的不均匀腐蚀。

③ 丙三醇 丙三醇能起到良好的缓蚀作用，实践证明在较高的温度下磷酸也能腐蚀不锈钢。磷酸与丙三醇能形成 $C_3H_5(OH)_2PO_4$ 络合物，这种络合物的金属衍生物可以形成复杂的磷酸盐膜，能防止电解液对不锈钢在不通电下的腐蚀。

④ 糖精 有光亮的作用，糖精在阴极过程中能为金属表面吸附，有助于被抛表面的白亮和发亮。糖精在阳极过程中，在不规则的阳极表面形成一层吸附薄膜，成为表面隔离物，当不通电时，薄膜防止不锈钢表面受电解液浸蚀，当通电后，电力线的分布表现为凸起部分比凹入部位要强得多，因此电力线首先在凸起部位上击穿隔离薄膜而开始溶解，在凹入处被有效地保护，以致达到选择性溶解呈现平滑光亮表面。

(2) 电流密度 电化学抛光通常是在高电流密度下进行。在电流密度低时，金属处于活化状态，被抛光表面发生浸蚀，阳极溶解产物少，化学溶解比电化学溶解占优势，以致光洁度差。当电流密度超过合适的数值后，会发生剧烈的氧气析出，金属表面发生过热和过腐蚀，引起剧烈的不规则溶解，增大了电能的消耗。由于阳极被抛物的迅速溶解，致靠近阳极的溶液浓度提高，电阻增大。

(3) 温度 适当提高温度会使整平过程加速和电流效率提高，从而提高了表面光洁度和光亮度。温度过低，会使电解液黏度提高，导致阳极溶解产物从金属表面向整个电解液的扩散和溶液向阳极的补充更加困难。温度过高，会使被溶解的金属量不断增加，槽内产生蒸气和气体把电解液从金属表面挤开，反而降低了金属的溶解速率。电解液附近的黏度降低，从而加速溶解产物向外扩散，又导致溶解速率的增加，影响产品表面光洁度。

(4) 时间 延长抛光时间，超过达到一定表面光洁度所需时间的上限，不仅不能进一步提高表面光洁度，反而会损坏表面光洁度，并使零件尺寸变小。

5.1.4 电化学设备

(1) 电源 抛光对电源波形要求不严，因此，一般使用的直流发电机、硅整流器或可控硅整流器等均可。电源电压空载要求 0～20V 可调，带负荷的负载为 8～10V 工作电压。工作电压低于 6V，抛光速率慢，光亮度不足。

(2) 电化学抛光槽 可用聚氯乙烯硬板材焊接而成，其上装有三根电极棒，中间为可移动的阳极棒，接电源阳极，两侧为阴极棒，并连接电源阴极。槽上应有加温和冷却装置。需要加热时，可安装钛加热管；需要降温时，可安装通冷水的钛管。也可以采用厚度 5mm 的钢板制成内外夹套槽，内槽上面衬铅皮 5mm 厚，或衬软的厚度 3mm 的聚氯乙烯塑料片，夹套中可通水和蒸汽，以便进行加热和冷却，可以自如控制槽内抛光液的温度。

(3) 夹具材料 用铝合金或纯钛材料制作夹具比较理想。它们导电性好，有一定弹性和刚性，耐腐蚀，寿命长。铝或钛离子进入槽液无不良影响。不宜使用铜、黄铜或磷铜作夹具，铜离子进入电解液中，在阴极上析出，在断电取零件的瞬时，在不锈钢表面会立即置换上一层结合力不良的铜层覆盖在抛光表面，严重影响抛光质量。为了提高夹具的使用寿命，夹具裸露部位必须包上聚氯乙烯胶带，或涂上聚氯乙烯糊状树脂或绿钩胶，然后，在 200℃ 烘箱上烤融成膜，如此要进行多次，使膜达到一定的厚度。然后在接触点处用小刀刮去绝缘膜，露出金属面以利导电。每次使用时都要在碱液中活化接触点。

(4) 夹具的导电能力 电化学抛光时所用的电流密度比较高，一般情况下，一槽电流通过可达数以千安计。夹具设计制作时，要考虑零件所用最大电流能够通过夹具的导电板而不至于过度发烫。对铝板以每平方毫米通过电流不超过 4A 为宜。夹具温升太高，不便于提放，更易使夹具失去弹性及夹持零件的力。夹具连接零件的接触面积要合理。根据抛光表面形状和电流在溶液中的分布，要适当增加导电接触点，最少不小于 3 点，导电板与零件的接触点必须紧密牢固，在抛光过程中不得松动，对于重量较大的零件可用螺丝拧紧，又要有较小的装卡印痕。铝夹具在使用前，要用热碱腐蚀一下才可使用，以除去铝在空气中长时间放置后生成的氧化膜，影响电流的正常导入工作。

(5) 抛光槽液位高度　在电化学抛光过程中，特别是含有甘油或添加剂的抛光液，会产生大量泡沫浮于液面，为防止泡沫溢出槽外，方便调整槽液相对密度，液面应留有空间，因此，抛光槽液位高应比槽总高度低 300mm。在设计槽的高度时，根据最大抛光零件长度 (a)、距槽底空 250mm、距液面水平面 50mm，液面水平面距槽口 300mm，即可求得槽的高度 $h=250+50+a+300\text{mm}=a+600\text{mm}$。

(6) 抛光槽阳极移动装置　置放夹具和零件的阳极杆为可移动的，移动速度以每分钟往复 10~20 次，左右行程为 100mm。

5.2 不锈钢着黑色

5.2.1 概述

不锈钢发黑工艺于 1970 年出现于日本，1972 年英国开始用于工业，1973 年传于我国。我国从 1976 年开始实验研究，至 1983 年由厂家小试转入工业生产，取得了较为满意的结果。

不锈钢着黑色的方法，主要包括以下几种。

① 化学着黑色法　该方法又分为酸性和碱性着黑色法。酸性着黑色法，得到的膜层色泽均匀，薄而牢固，富有弹性，结合力好，但膜层多孔，耐磨性较差，要经过固化处理才能提高耐磨性。碱性着色法，得到的膜层耐磨性很好，无需固化处理，但是着色时间比较长。

② 电解氧化法　膜层厚而黑，膜层耐晒性较差，易自动爆裂。

③ 化学热处理法　需采用专用设备和投资，需热处理范畴。

不锈钢着黑色，主要用于光学仪器的消光处理。尤其是海洋船舰用，在湿热高腐蚀气候环境的恶劣条件下，使用的光学仪器中不锈钢零件的消光处理。

5.2.2 不锈钢着黑色工艺

5.2.2.1 化学着黑色的方法

化学着黑色方法，有铬酸氧化法、铬酸盐黑色化学氧化法和硫化法等。

(1) 酸氧化法，又称铬酸浴熔融法。即在重铬酸盐（$Na_2Cr_2O_7$）的高温熔融盐中浸渍强制氧化。重铬酸盐在 320℃ 开始熔化，至 400℃ 放出氧气而分解产生活性氧，不锈钢浸入后表面开始氧化而形成黑色膜。其氧化膜的主要成分是 Fe、Ni 及 Cr 的氧化物。

工艺过程是：除油→清洗→硫酸浸蚀去钝化膜。经浸蚀干燥后的零件，在温度 450~500℃ 的熔融盐中处理 15~30min，就能生成黑色的氧化膜。

这种方法因在操作温度下，熔融盐的黏度大，搅拌操作困难，难以得到均匀的色泽。这种方法不宜用于装饰零件的着色。

(2) 铬酸盐黑色化学氧化法，是在低温水的溶液中进行的。比较典型的工艺溶液配方如下：

重铬酸钾($K_2Cr_2O_7$)	300~355g/L	温度 T/℃	95~102(铬镍钢),100~110(铬钢)
硫酸(H_2SO_4,d=1.84g/cm³)	300~350g/L	时间/min	10~20

溶液组分及工艺条件的影响如下。

① 重铬酸钾 含量太高,加热后不能全部溶解,易发生色泽不均现象;含量太低,氧化力弱,膜层色浅。

② 硫酸 含量太高,反应较慢,易使零件表面光洁度降低;含量太低,反应速率很慢。

③ 温度 低于90℃,反应进行很慢,膜层会产生玫红、翠绿、浅棕等不规则的干涉色;温度太高,反应进行很快,终点不易控制,膜层质量欠佳。

④ 时间 在开始大半时间内颜色无变化,中途取出察看是本色,色膜是在全过程的最后10%~20%的时间内方才出现,且只持续1~2min。在严格控制温度的情况下,要掌握好最佳出槽时间,否则无法达到黑色氧化膜色泽一致。在氧化过程中,膜层颜色变化的过程是:本色→浅棕→深棕→浅蓝(或浅黑)→深蓝(或纯黑),而从浅蓝→深蓝(或纯黑)时间间隔仅0.5~1min,如果错过最佳点,就会又回到浅棕色,只能退除后重新着色。因此,在氧化过程中,应严格控制时间,经常取出零件水洗后察看色泽,这样做不会影响氧化发黑质量,当颜色达到后及时终止氧化发黑时间。正确掌握时间是本工序成败的关键。

(3) 硫化法 该方法能获得美观的黑色膜。此膜很柔和,但在空气中逐渐褪色,故在使用时要覆以透明涂料以防褪色。一般应用于照相机及光学仪器的内部部件。膜的主要成分是铁的硫化物(Fe_2S_3),镍、铬等金属盐也可能存在。

氢氧化钠	50份	氯化钠	1份
硫氰酸钠	10份	水	100份
五水硫代硫酸钠	5份		

工艺流程:脱脂(用丙酮或三氯乙烯)→活化(用硫酸或王水)→水洗→着色(用上配方溶液)→涂覆透明涂料。工艺条件:温度100~120℃,处理时间10~20min。

5.2.2.2 不锈钢电解着黑色

不锈钢电解着黑色的优点如下。

(1) 电解着黑色的色泽易控制,膜层呈深黑色,在光洁度高的表面上,膜层乌黑发亮。

(2) 膜层具有一定的硬度。

(3) 电解着色膜具有一定的防护装饰性。

(4) 电解着黑色氧化后不影响零件精度。膜层厚度在0.6~1μm。不合格膜层经多次返修,仍能保持原表面状态,光洁度不降低。

(5) 电解着黑色溶液调整方便。

(6) 电解着色可以在室温下进行,节省能源。

不锈钢典型的溶液配方及工艺条件举例如下:

重铬酸钾($K_2Cr_2O_7$)/(g/L)	20~40	温度/℃	20~28
硫酸锰($MnSO_4 \cdot 4H_2O$)/(g/L)	10~20	电压/V	2~4
硫酸铵[$(NH_4)_2SO_4$]/(g/L)	20~50	阳极电流密度/(A/dm²)	0.15~0.3
硼酸(H_3BO_3)/(g/L)	10~20	时间	10~20
pH值	3~4		

5.2.3 不锈钢发黑处理设备

(1) 发黑用槽 一般可用厚度5mm的不锈钢焊接制成。但寿命不长,这主要是因为:①焊缝处易渗漏;②槽壁会遭受溶液的腐蚀,缩短溶液的使用寿命。槽子要有密封盖,发黑完成后，应立即加盖，防止溶液中硫酸大量地吸收空气中的水分，使体积增大，浓度降低，影响工作。

对于小型零件的发黑，可用 3～15L 的玻璃烧杯作容器，可直接用电炉加热。可避免腐蚀发生。但溶液在冷却后会有结晶析出，再加热时，要用水浴加热溶解结晶。在短时停止工作时，最好保温在 80℃ 以上。或者稍冷至 80℃ 后倒入，塑料槽中保存溶液。

对于大型零件，可采用钛板用氩弧焊制成金属槽。钛槽在含氧化性很强的发黑酸性溶液中耐蚀性很好。

（2）加热设备　一般可用钛管电加热器，并配以温度自动控制仪，可以精确控制温度。也可以使用玻璃电加热管。如有高压蒸汽（5～10atm，1atm＝101.32kPa，下同）也可用钛管加热。

（3）挂具　挂具使用的材料必须与不锈钢的电位接近。如用镍铬丝、不锈钢、钛材作挂具。不能使用铜、铁材料作挂具，电位相差太大，容易被腐蚀。

（4）前处理设备　在圆柱形零件表面，在发黑色后会出现棕色、紫色或无色的色环，这是由于零件在车削加工时，受力受热不均所致，引起材料表面局部晶格或化学组分改变生成黑膜较困难或较薄。其解决办法是发黑前，表面用 320# 金刚砂喷砂，或采用化学抛光、电解抛光、机械抛光等设备，以达到较高的光洁度再发黑。

（5）后处理设备　若零件在发黑后的表面上出现蓝色、深蓝色、蓝黑色，可在机械抛光机上进行抛光至黑色，再进行固化处理。

（6）膜层退除设备　不合格的发黑膜可在退膜槽中室温下退除。溶液成分为盐酸、水的体积比 1∶1，时间为退除膜层为止。

5.3　不锈钢着彩色

不锈钢着彩色应用较广，不锈钢表面去除氧化膜之后，采用铬酸、硫酸等溶液处理，可以得到不同的颜色。其膜的颜色，随膜的厚度变化而变化，同时与材料的成分及表面加工方法也有一定关系。着色用的不锈钢的基本化学成分为：Fe＞50%，Cr 13%～18%。其他合金元素的成分为：Ni 12%，Mn 10%，Nb、Ti、Cu 3%，Si 2%，C 0.12%。

常用不锈钢中，奥氏体不锈钢是最适合着色的材料，能得到令人满意的彩色外观；而铁素体不锈钢，由于在着色溶液中有腐蚀倾向，得到的色彩不如奥氏体不锈钢鲜艳；而低铬高碳马氏体不锈钢，由于其耐腐蚀性能更差，则只能得到灰暗的色彩，或者得到黑色的表面。

不锈钢着色与其表面加工状态也有很大关系，当不锈钢经过冷加工变形后（例如弯曲、拉拔、深冲、冷轧），表面晶粒的完整性受到破坏，形成的着色膜色泽紊乱、不均匀。冷加工后，耐蚀性也下降，形成的着色膜失去原有的光泽，但这些都可以通过退火处理恢复原来的显微组织得到良好的彩色膜。

5.3.1　不锈钢着彩色的方法

不锈钢着彩色方法大致有以下 4 种类别。

（1）化学着色法

① 高温着色法　这种方法很早就被人们知晓，一是采用回火法，在空气中一定的高温度下使不锈钢扁钢表面氧化为金黄色。二是在重铬酸盐的熔融浴中氧化，得到黑色膜。如在重铬酸钠（$Na_2Cr_2O_7$）或重铬酸钠和重铬酸钾（$K_2Cr_2O_7$）各 1 份的混合物中，在 320℃ 开始熔融，在 400℃ 时放出氧气而分解。新生的氧原子活性强，不锈钢浸入后表面被氧化成黑

色无光但牢固的膜层。操作温度为450～500℃，时间为20～30min。

② 低温着色法　可分为化学着色法和电化学着色法。化学着色法又有碱性化学着色法和酸性化学着色法。

碱性化学着色法，是将不锈钢在含有氢氧化钠和氧化剂与还原剂的水溶液中进行着色。着色前不锈钢表面的氧化膜不必除去，在自然生长的氧化膜上面再生长氧化膜。随着氧化膜的增厚，表面颜色发生变化，由黄色→黄褐色→蓝色→深藏青色。

另一个碱性化学法，也称硫化法，不锈钢表面经过活化后，浸入含有氢氧化钠和硫化物的溶液中硫化生成黑色、美观的硫化膜，但耐蚀差，需涂罩光涂料。

酸性化学着色法的工艺，基本上还是在著名的因科法的基础上进行了一些改进。着色基础液为铬酸和硫酸。

电化学着色法，按施加电信号的方法又可分为电流法和电位法。电化学着色法的优点就是颜色的可控性及重现性都很好，受不锈钢表面状况的影响较小，而且处理温度较低，有些工艺可以在室温下进行，污染程度较轻。

(2) 有机物涂覆着色法　在不锈钢上进行涂覆着色的方法，是使用透明或不透明着色涂料涂覆在不锈钢上。过去由于钢板与涂料的密着性不好，而使其在用途上受到限制。直至20世纪80年代，随着涂覆技术的提高，卷板的涂覆已成为可能，因而，涂覆不锈钢板和着色镀锌铁板，像彩色铝合金板一样，在建筑材料等方面得到广泛应用。涂覆不锈钢板的重要因素有不锈钢原板的选择，确保密着性的前处理方法，耐蚀性高的涂料的选择，以及涂料的正确涂覆和烘烤。用作屋顶板应采用SUS304及SUS430，用于涂覆不锈钢的涂料可以使用较长寿命的硅改性聚酯树脂，或丙烯酸树脂与环氧树脂共用涂料，这些涂料具有室外耐候性，即具有保光、保色和耐水点腐蚀等特长。

(3) 搪瓷或景泰蓝着色法　不锈钢上搪瓷或景泰蓝，能生产出与玻璃相似的平滑光泽的、有图样花纹的彩色硬质表面，但由于涂层与不锈钢的密着性问题，所以主要是用于工艺品。

(4) 镀有色金属着色法　在不锈钢上镀覆有色金属，如镀金、镀黑铬、镀铜等方法着色。比如连续镀铜，已经在工业上得到应用，尤其是在建筑材料上应用更广。不锈钢的耐蚀性、良好的机械强度，再加上铜的色彩是建筑屋顶材料的最高级材料，因而促进了镀铜不锈钢板的开发。不锈钢基体和镀层铜都有良好的耐蚀性，两者电位几乎相等，因而不用担心产生异种金属接触时的电流腐蚀。镀铜不锈钢板暴露在大气中时，表面铜镀层被氧化而呈现铜的特有色调，其损耗厚度每年不超过$1\mu m$。另外，镀铜层还可以有效地克服不锈钢上因卤素离子而产生的孔蚀。

5.3.2　不锈钢着色原理

不锈钢在酸性化学着色液中经过表面氧化着色处理后，显示出各种色彩，并非形成有色的表面覆盖层。1977年伊文斯最早提出，表面形成的无色氧化膜的色彩是由于光的干涉所致。光的干涉原理见图5-1，入射光I，从空气中以入射角α照射到氧化膜表面的A点，一部分光反射回空气中成为反射光；另一部分，以角度γ成为折射光在氧化膜中沿AB方向传播至不锈钢上B点，当遇上基体表面后，就发生全反射成为反射光，沿BC方向传播至C点。在氧化膜C点，一部分经折射后入空气成为CD光；另一部分在氧化膜内反射到不锈钢基体上。这时折射光CD与A点的反射光，由于存在位相差和光程差，当这两束光相遇时，就会发生光的干涉现象，出现不同的干涉色彩。如果从垂直方向观察彩色膜时，入射角为0°，即光束1垂直入射到氧化膜上，如图5-2所示，其中h为氧化膜厚度，n_2为氧化膜折射率,光束2为光束1的反射光,光束3为光束1氧化膜折射后的折射光。反射光2和折射光3为两相干涉光,总光程差为 $\Delta = 2nh$。当膜层中光程差为该光束光波波长 λ 的正整数的 k 倍,即

$$k\lambda = 2nh(k=0,1,2,3,\cdots)$$

通过光干涉相互加强,对应于该波长光的色调被加强而显示出符合于该波长的色彩。

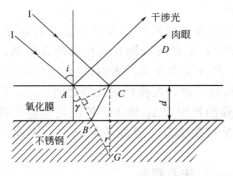

图 5-1　光的干涉原理图

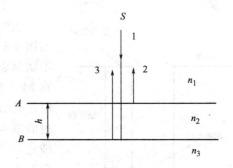

图 5-2　垂直入射光的干涉效应

影响不锈钢氧化膜色彩的因素有以下几个。

(1) 膜厚的影响　当不锈钢表面氧化膜的折射率一定时,干涉主要决定于氧化膜的厚度 h 和自然光入射角度。当垂直观看时,膜的厚度与颜色的关系,见表5-3。

表 5-3　膜的厚度与颜色的关系

序号	颜色	膜厚 h / nm	波长 λ / nm
1	蓝	80	450~480
2	金黄	110	580~600
3	玫瑰红	140	650~750
4	墨绿	190	500~560
5	柠檬黄	240	560~580
6	玫瑰红	260	650~750

(2) 入射角的变化的影响　当氧化膜的厚度一定时,入射角度改变,不锈钢表面的色彩会随之发生相应的变化,是由于入射光在折射后光程差发生变化引起的。这就是太阳光从日出到日落照射在装饰有彩色不锈钢的建筑大厦上,会呈现不同色彩的原因。

(3) 表面氧化膜成分变化的影响　表面氧化膜的成分改变,就会改变氧化膜的折射率 n 的大小,即使表面厚度相同,干涉色的色彩也会发生变化。

(4) 不锈钢固有金属色泽的影响　受不锈钢基体固有金属色泽的影响,彩色光不能呈现光谱中的任何一种颜色。对于表面镜面抛光的和非镜面抛光的不锈钢均能获得富有光泽的鲜艳色彩。由于保持了不锈钢所固有的反光特性和优越的耐蚀性,彩色不锈钢具有色泽自然、柔和、长期经受紫外线照射而不变色的光学特性,持久不变。

5.3.3　不锈钢着色膜生成原理

1973年伊文斯等人提出了不锈钢着色膜生成原理,当不锈钢浸入铬酸和硫酸组成的溶液时,在不锈钢表面上发生电化学反应,不锈钢金属铬、镍、铁(M)等在阳极区放出电子变成金属离子(M^{2+})。

阳极区　　　　　　　　　　$M \longrightarrow M^{2+} + 2e$ 　　　　　　　　　　(5-1)

M 代表铬、镍、铁等。

在阴极区，含六价铬的铬酸接收电子变成三价铬（Cr^{3+}），反应式如下：
$$HCrO_4^- + 7H^+ + 3e \longrightarrow Cr^{3+} + 4H_2O \qquad (5-2)$$

当不锈钢在溶液中浸渍一段时间后，在金属-溶液界面上金属离子 M^{2+} 和 Cr^{3+} 浓度达到临界值，并超过了富铬的尖晶石氧化物溶解度，由于水解反应而形成氧化膜，反应式如下：
$$pM^{2+} + qCr^{3+} + rH_2O \longrightarrow M_pCr_qO_r + 2rH^+ \qquad (5-3)$$

其中 $2p + 3q = 2r$

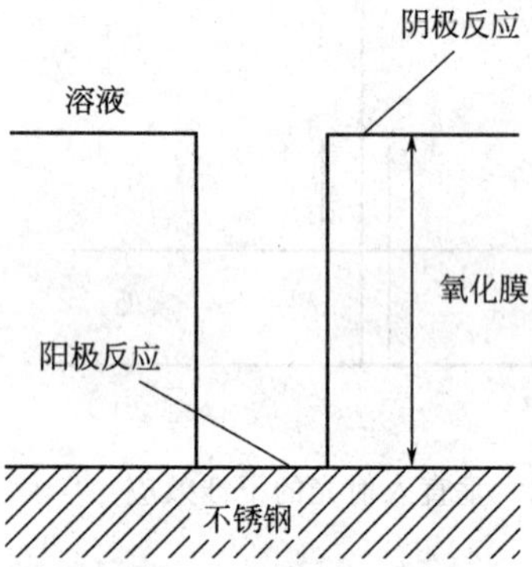

当氧化膜一旦生成，阳极反应和阴极反应立即分离，如图 5-3 所示，此时，阳极反应仍在氧化膜的孔底部，即不锈钢表面进行，阴极反应在膜的表面进行。阳极反应产物 M^{2+} 通过微孔向外扩散，在孔口和孔底之间，存在扩散电位差 $\Delta\varphi$，随着膜的增厚，$\Delta\varphi$ 增大。控制电位差可着彩色的基本原理就是控制膜厚，膜厚不同就产生不同的干涉色。

图 5-3 氧化膜生长模型

5.3.4 因科（Inco）法着彩色

1972 年英国国际镍公司欧洲研究和发展中心提出因科（Inco）工艺法。该工艺是将抛光后的不锈钢浸入 80～90℃ 的铬酸-硫酸混合液中，随着时间的延长，表面生成不同厚度的氧化膜，由于光的干涉而产生不同的颜色。

溶液成分：

硫酸（H_2SO_4, $d=1.84 g/cm^3$）	490g/L	着色液温度	70～90℃
铬酸（CrO_3）	250g/L		

时间 随着浸渍时间的不同，产生的颜色顺序是：青铜色、蓝色、金黄色、红色和绿色。

着色的控制方法如下。

（1）时间控制着色法 将不锈钢浸在着色液中浸渍一定时间后，就能得到一定的颜色。如温度 70℃ 时，着色 15min 可得蓝色，18min 可得金黄色，20～22min 可得紫色或绿色。这种根据时间控制的方法，不能得到重复的颜色。这是因为着色溶液的温度控制不会很准确，而且化学着色液的化学组成，由于水分蒸发也可能有变化，这两个因素都能影响获得颜色的重现性。

（2）电位控制着色法 当不锈钢和铂电极同浸在着色液中，如图 5-4 不锈钢着色装置示意图，在不锈钢上连接电位记录仪，在铂电极上连上电位修正仪，在两者之间联上导线，由于不锈钢和铂电极电位不同，产生了电位差，随着不锈钢的着色过程化学反应，氧化膜的厚度逐渐增长，电位随着发生变化。在着色整个过程中，即测得着色电位-时间曲线，见图 5-5。

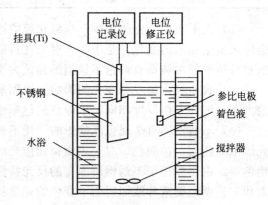

图 5-4 不锈钢着色装置示意图

电位-时间曲线上的 B 点，表示不锈钢的电位达到最负的最高点。B 点称为起色电位。起色是指不锈钢表面开始出现黑色斑痕，说明已形成一层引起光干涉的氧化膜，开始向有色方向变化。从 B 点——起色电位起，随着时间的加长，不锈钢电位逐渐下降到 C 点，C 点称为着色电位。$B-C=\Delta\varphi$，称为着色电位差。

各种颜色的着色电位差 $\Delta\varphi$ 如下：
蓝色　$\Delta\varphi = 8 \sim 11\text{mV}$，膜厚 $0.09\mu\text{m}$；
黄色　$\Delta\varphi = 13.5 \sim 16\text{mV}$，膜厚 $0.15\mu\text{m}$；
红色　$\Delta\varphi = 17.8 \sim 18.5\text{mV}$，膜厚 $0.18\mu\text{m}$；
绿色　$\Delta\varphi = 20.8 \sim 21.6\text{mV}$，膜厚 $0.22\mu\text{m}$。

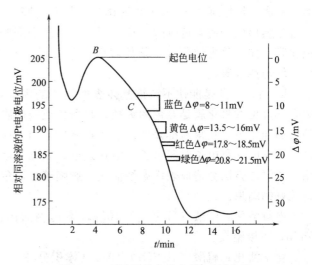

图 5-5　不锈钢着色的电位-时间曲线

在某一电位差出现一定的颜色，此关系不随着色液的温度和溶液组成的变化而变化，这就是可用控制电位差法进行着色的原因。这种方法比控制时间的重现性好，用着色电位差控制颜色的重现性是国际镍公司因科法的专利。但对不同的不锈钢材料，其着色电位差也不同，需要具体地测量。

(3) 不锈钢着色过程微机控制设备　各种颜色相邻的电位差距很小，只有几毫伏，需用精密电压表（如 TH-V 数字电压表）才能分辨。这就给实际操作带来很大的不便，这要求仪器设备有很高精度和抗干扰性，否则仪器本身的误差就会导致控制出错。如果大批量生产，更要考虑采用微机自动控制。采用电子计算机自动控制，当达到某一电位差时，符合一定的颜色要求，即时发出指令，启动升降机，取出已着色的不锈钢，如图 5-6 所示。

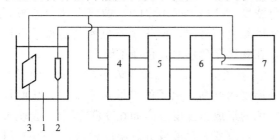

图 5-6　不锈钢着色过程微机控制设备系统图
1—染色液；2—Pt 参比电极；3—不锈钢试样；
4—数字毫伏计；5—微型计算机；
6—数模转换器；7—模拟记录器

目前我国与先进国家相比，主要差距是着色的电子监测设备。国外已将这种设备用于工业生产，可以得到重复的颜色，而国内尚未见报道使用，所以研制着色用电子监测设备是当务之急。

(4) 影响因科法着色的因素

① 材料成分与着色关系　常用不锈钢中，18-8 型奥氏体不锈钢是最适合的着色材料，能得到令人满意的彩色外观。因其在着色液中较耐腐蚀，故可得到鲜艳的色彩。铁素体不锈钢不含镍，在着色液中增加了腐蚀倾向，得到的色彩不如奥氏体不锈钢鲜艳光彩夺目。低铬马氏体不锈钢由于其耐蚀性更差，只能得到灰暗的或黑色的表面膜。

② 材料加工状态与着色关系　当不锈钢经过冷加工变形后，晶格完整性发生破坏，使形成的着色膜不均匀，色泽紊乱，耐蚀性也下降，失去原有光泽。但可通过退火处理，恢复原来的显微组织，仍然得到良好的彩色膜。

③ 前处理对着色的影响

a. 抛光　要求表面光洁度一致，以避免造成色差，最好达到镜面光亮，这样可得到最鲜艳均匀的色彩。机械抛光后，应立即进行着色处理，若抛光后在空气中放置一段时间，表面会形成一层厚度1~10nm的氧化膜，与着色膜结构不同，在着色液中不易除去，影响新的着色膜形成，使着色时间延长，形成的色泽变深变暗。电化学抛光也能使不锈钢表面形成钝化膜，如不除去钝化膜，能使着色速率变慢，但电抛光能形成均匀平整表面，使色泽光亮，均匀性改善。

b. 活化　凡是能使不锈钢基体表面活化的因素，均可加速着色过程，一切自然形成的肉眼不可见的氧化膜是着色的大敌，是着色成败的隐患，在着色前应该去除。为了消除不锈钢表面钝化膜，获得新鲜表面，活化程度应恰当，以出现小气泡后10~15s为宜，若活化不足，着色的起色电位时间延长，活化过度，表面发生过腐蚀，使着色膜变得暗淡无光。活化用强酸腐蚀方法会造成表面腐蚀活化，影响着色后色泽鲜艳性。用下面两种方法处理，能得到较好的结果。

电解活化：磷酸（H_3PO_4）10%，不锈钢的阳极电流密度1A/dm^2，室温，时间3~5min，阴极铅板。

化学活化：硫酸（H_2SO_4）10%（体积分数）、盐酸（HCl,37%）10%（体积分数），其余为水，室温，时间5~10min。

④ 着色液浓度对着色的影响　着色液浓度对电位-时间关系的影响见图5-7。

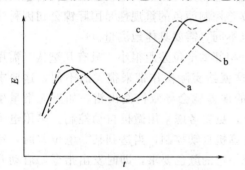

图5-7　着色液浓度对电位-时间关系的影响
a—正常的着色液浓度；b—减小 H_2SO_4 浓度时；c—增大 CrO_3 浓度时

a. 为正常着色浓度。

b. 当铬酐浓度不变（CrO_3 250g/L），减少硫酸浓度（H_2SO_4<490g/L），曲线右移，起色电位推迟，彩色膜色差较明显。

c. 当硫酸浓度不变（H_2SO_4 490g/L），增大铬酐浓度（CrO_3>250g/L），曲线左移，缩短到达所需颜色的时间，使化学着色颜色变得难以控制，在获得深色彩时，色泽不够光亮。

⑤ 着色液温度　对化学着色的影响　随着着色液温度的升高，离子的扩散速率加快，从而加速着色的形成。温度过高如在90℃以上，会使水分蒸发，改变着色液成分。温度过低，在70℃以下，会明显降低着色膜形成速率。

⑥ 着色液均匀性的影响　由于随着着色的进行而造成着色液温度和成分的变化。因此必须加强搅拌，需要及时调整补充着色液成分。着色液温度的波动、浓度的变化、着色时间的长短，所有这些不均匀性，都对着色色彩有影响，这就是国内在不锈钢着色普遍存在的待解难题，也是因科工艺专利中对外绝对保密的关键。

⑦ 后处理对着色膜的影响　后处理是在不锈钢着色后填充氧化膜孔隙，加固氧化膜以提高膜的耐磨性、耐蚀性的耐污性。

后处理方法有：热水封闭、水玻璃封闭，对表面颜色影响不大。而电解法，固膜处理效果最好，但会改变表面颜色。后处理对着色膜耐蚀性影响见图5-8，在0.2mol/L盐酸溶液中测定下列

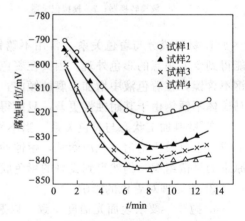

图5-8　后处理对不锈钢腐蚀电位的影响

4种试样的腐蚀电位，评定其耐蚀性。

试样1　仅进行机械抛光而未着色，电位最低，腐蚀最严重；

试样2　着巧克力色，但未后处理；

试样3　着巧克力色，化学封闭，腐蚀电位高于试样2，腐蚀程度比试样2小；

试样4　着巧克力色，电解固膜处理，腐蚀电位高于试样3，具有最佳耐蚀性。其表面形成尖晶石结构的铬氧化物，填充了多孔的着色膜，使氧化膜变得致密、增厚和硬化。

5.4　不锈钢的化学与电化学腐蚀加工

5.4.1　不锈钢的化学与电化学加工的用途

(1) 去毛刺　由于在冲制或机械加工后，在不锈钢板的端面或棱角处存在毛刺，不仅影响产品的外观，也影响机器的使用效果。如果采用机械抛光或手工去毛刺，不仅工效低，也不能满足设计的圆角倒角要求。而采用特殊的化学抛光或电化学抛光溶液，对毛刺进行腐蚀加工，不仅不损害表面光洁度，甚至可以提高表面光洁度。这是表面处理与机械加工的结合。

(2) 除去多余尺寸　如某不锈钢弹簧钢丝，其线径要求 $\phi 0.8 \sim 0.84$mm，而实际线径是 $\phi 0.9$mm，如何使制成品均匀变为 $\phi 0.8 \sim 0.84$mm，如何有效地去除机械加工过程中的毛刺和热处理过程中产生的氧化膜？如要采用机械抛磨和钳修的方法除去毛刺、氧化皮和钢丝直径圆周上均匀地除去 $0.06 \sim 0.1$mm，不仅加工工艺性差，效率低，加工质量也难以保证。利用化学抛光的特殊溶液，可以同时达到除去毛刺、氧化皮和均匀除去多余的线径尺寸的目的。又如对某些片状不锈钢零件，尺寸大些，也可以利用电化学抛光的特殊溶液适当减薄厚度尺寸，达到产品尺寸要求。

(3) 铣切加工　将不锈钢材料需要加工的部位，暴露于化学铣切液中进行铣切加工，从而获得一定形状或尺寸的零件，达到具有立体感、装饰性的目的。利用丝网漏印，可对不锈钢表面化学铣切出文字、花纹、图样，达到一定的深度，再填充上一定的不同的色彩，如奖牌、标牌、铭牌等。

5.4.2　不锈钢的化学和电化学抛光铣切

5.4.2.1　混合酸的化学抛光铣切

利用化学抛光可以同时达到去除毛刺、氧化膜，均匀去铣切尺寸的目的。这种工艺的关键是要控制化学抛光过程中腐蚀的均匀性，避免发生过腐蚀和点腐蚀。

化学抛光铣切液需要具有以下性质。

(1) 溶解速率略大于成膜速率。化学抛光，是在较强的酸性氧化性溶液中，在特定的规范下进行，可以有效地控制溶解与成膜的速率比，使溶解速率略大于成膜速率，就可实现抛光、铣切、去毛刺的目的。

(2) 既有溶解性又具备一定的钝化性。化学抛光铣切溶液，要具有提高化学抛光铣切速率的性质，能够有效地溶解各类氧化物及碳化物，又必须具备一定的钝化性，以保证基体不产生过腐蚀和大量渗氢，使零件上微观凸出表面呈活化状态而优先溶解，微观凹入表面呈钝态而被保护。

(3) 可调节的加工工艺参数。通过调节加工工艺参数，控制化学反应的速率和界面反应的均匀性，以保证铣切后的零件几何尺寸。

化学抛光铣切溶液成分及工艺条件：

硫酸(H_2SO_4,$d=1.84g/cm^3$)	200~300mL/L
硝酸(HNO_3,$d=1.42g/cm^3$)	35~45mL/L
盐酸(HCl,$d=1.19g/cm^3$)	60~70mL/L
水	余量
甘油	酸溶液总量的0.1%~0.2%
温度/℃	40~80
时间	0.5~3min/次(温度在下限时,时间取上限;温度在上限时,时间取下限)

每次化学抛光要反复抖动零件,使界面反应均匀,气体易于排出,起到搅拌作用,有利于扩散和对流,减少零件附近溶液的浓度差别。

每次化学抛光可均匀铣切去0.1~0.15mm,毛刺则容易去除。根据零件需要铣切后的尺寸要求,可反复进行3~5次或多次,零件表面基本保持光亮平整。

化学抛光铣切液成分及工艺参数的影响如下。

① 盐酸的作用和影响　盐酸里的氯离子,具有较强的浸蚀活性。溶液在持续的抛光铣切过程中,成分消耗不断变化,其中盐酸消耗量较大,导致溶液比例失调,影响化学铣切的速率,因此要按照配方添加盐酸,以维持化学抛光铣切的正常进行。

② 硝酸的作用和影响　硝酸具有较强的钝化作用,硝酸消耗量较大,影响化学抛光的质量,要按照相应的比例补充硝酸。

③ 温度　温度对化学反应速率的影响很大。温度低时,化学抛光速率慢,且往往容易使零件表面致钝,窒息化学抛光的进行。这时,必须采用盐酸溶液活化去钝后,方可继续化学抛光铣切。当化学抛光溶液温度升至上限时,化学抛光反应速率急剧加快。化学抛光反应本身为放热反应,大量地放热,使化学抛光溶液温度持续上升,若超过80℃,并放出白色或淡棕色的氧化氮气体,硝酸引起分解,不锈钢快速溶解,表面产生过腐蚀现象。此时,应立即停止化学抛光铣切,果断采取降温措施。

5.4.2.2　混合酸的电化学抛光铣切

(1) 电化学抛光铣切原理

① 黏膜的整平作用　在电化学抛光铣切时,工件作为阳极产生溶解,阳极附近溶液中金属盐浓度不断增加,生成高电阻率的黏膜,这层黏膜在表面毛刺及微观凸出部分厚度较小,电流密度较大,溶解较快;而在微观凹入处黏膜厚度较大,电阻较大,电流密度较小,溶解较慢。这样使表微观凸起部分尺寸减少较快,毛刺得以溶解,微观凹入处尺寸减少较慢,能使不锈钢表面平滑而被抛光,尺寸被均匀铣切一些。同时,阳极上产生的氧气泡或放电,可以破坏表面毛刺及凸峰上的黏膜,促使不平处更强烈地溶解,进一步达到整平零件的目的。

② 黏膜的钝化作用　黏膜也会阻碍阳极的溶解,使阳极的极化作用增大,在表面上会生成一层氧化膜,具有一定的稳定性,使表面不受化学的作用,处于轻微钝化状态,表面便获得光泽。

(2) 不锈钢电化学抛光铣切工艺　溶液成分及工艺条件:

磷酸(H_3PO_4,$d=1.65g/cm^3$)	60%~70%,最佳70%
硫酸(H_2SO_4,$d=1.84g/cm^3$)	8%~15%,最佳12%
铬酐(CrO_3)	5%~15%,最佳12%
水	余量
温度/℃	50~100,最佳70~80
阳极电流密度D_a/(A/dm^2)	10~55,最佳20~50
阴阳极面积之比	(1~1.5):1

5.4.3 三氯化铁腐蚀加工

三氯化铁溶液作为不锈钢的化学腐蚀加工的腐蚀剂,主要有以下优点。

(1) 特别适用于用明胶、骨胶与重铬酸盐感光剂作抗蚀剂的情况。三氯化铁不属于强酸、强碱之列,对上述的抗蚀剂腐蚀极微小,提高了不锈钢腐蚀加工的合格率。

(2) 用波美相对密度计控制和检测浓度方便。辅用电子毫伏计、铂电极和饱和甘汞电极测量电位,能够准确地控制腐蚀速率。

(3) 可使用钛泵作为循环压力泵,提高腐蚀速率。金属钛对三氯化铁是较稳定的。

(4) 腐蚀液氧化还原电位降低后,可以使废液再生,能将废液的氧化还原电位复升至原液水平,降低了成本,避免了环境污染。

三氯化铁溶液腐蚀机理:三氯化铁腐蚀不锈钢(1Cr18Ni9)的主要氧化还原反应如下。

铁与三氯化铁反应生成二氯化铁:

$$Fe+2FeCl_3 \longrightarrow 3FeCl_2 \tag{5-4}$$

铬与三氯化铁反应生成三氯化铬和二氯化铁:

$$Cr+3FeCl_3 \longrightarrow CrCl_3+3FeCl_2 \tag{5-5}$$

镍与三氯化铁反应生成二氯化镍和二氯化铁:

$$Ni+2FeCl_3 \longrightarrow NiCl_2+2FeCl_2 \tag{5-6}$$

随着腐蚀过程的进行,体系内三价铁(Fe^{3+})减少,二价铁(Fe^{2+})、二价镍(Ni^{2+})及三价铬(Cr^{3+})增加,体系氧化还原电位变负,腐蚀速率下降是腐蚀反应的必然趋势。

5.4.4 不锈钢表面刻印花纹图案的方法

(1) 手工雕刻 采用金刚石刀刃雕刻出各种图案,图纹精度差,劳动强度高,工作效率低。手工雕刻适用于精度要求不高的凹凸表面装饰。

(2) 机械铣切 使用机械设备,如雕刻机、仿形刻印机,操纵旋转的刀具进行铣切。这种方法只能在平面钢板上刻印。容易进行深度铣刻。

(3) 喷砂法 利用压缩空气将高速金刚砂喷射在被花样模板挡住的工件表面上,形成砂面花样图案。喷砂法制出的表面较粗糙,不易喷出细条的图案,深度一般不大于0.08mm。

(4) 压印法 用字模、模具或圆辊等施加压力,迫使局部材料塑性形变而得花纹。压力加工有冲压法、静压法或滚压法等。压印后存在内应力,其应力和形变依上诸法递减。压印深度一般可达0.05~0.20mm,称为有应力永久性标印。

(5) 化学腐蚀加工 通过各种印刷技术或照相制版,在工件表面上形成有花纹图案的抗蚀膜,在适当的腐蚀液中进行腐蚀蚀刻。去膜后得到精度较高的图案。适合大批量生产。蚀刻深度可达0.02~0.05mm。

(6) 电化学腐蚀加工 在适当的电化学腐蚀液中使用辅助电极,对已覆盖有花纹图案抗蚀膜的工件表面进行腐蚀加工,从而得到蚀刻的花纹图案。蚀刻速率较快,形成的图纹较深,需要使用专门的仪器及设备。

5.4.4.1 不锈钢的化学与电化学蚀刻

不锈钢化学与电化学蚀刻花纹图像技术是材料科学、表面处理、照相制版、特种印刷及金属腐蚀加工等有机结合的多学科综合性工艺技术。一般包括以下几方面的工序:

① 绘制图案与制备底片;

② 不锈钢基体前处理(包括除油、抛光或着色等);

③ 在不锈钢覆盖带有图纹的抗蚀膜;

④ 用适当的蚀刻液进行化学或电化学蚀刻;

⑤ 在图纹上电镀或着色；

⑥ 退除抗蚀膜层；

⑦ 后处理，包括固膜、封闭、上涂料、罩光。

上述工序的过程中，没有抗蚀膜的不锈钢表面被腐蚀凹入，呈浅灰色，与有抗蚀膜保护的未被腐蚀的光亮表面形成反差而显现花纹图案。

在不锈钢化学与电化学蚀刻中，均需形成具有花纹图案的抗蚀膜，保护不被腐蚀的表面。抗蚀膜的种类如表 5-4 所示。

表 5-4 不锈钢化学与电化学蚀刻用的抗蚀膜

抗蚀膜	蚀刻方法	制备方法	特点、适用范围
感光胶膜	照相感光蚀刻法	浸涂、辊涂、喷涂感光胶或贴感光胶膜后曝光、显影	图纹精度高，复制效果好，运用于平面或曲面
耐蚀丝印油墨	丝网印刷蚀刻法	制成丝网印版后进行丝印	图纹精度受到丝网目数限制，适用平面或曲面
耐蚀胶印油墨	平版胶印蚀刻法	制成 PS 版等进行胶印	适用于薄钢板的平面印刷蚀刻
移印油墨或移印纸	印刷膜转移蚀刻法	印制移印纸后将印刷膜转移	适用于任意表面，特别是凹凸面
印制版的印刷丝网	丝网电解蚀刻法	制成印刷丝网紧贴工件表面	适用于形状复杂的表面，快速局部蚀刻

5.4.4.2 化学与电化学蚀刻法

（1）照相感光蚀刻法　用一次性感光膜涂覆在不锈钢表面上，然后覆上有花纹的底片，进行曝光，接着进行显影，即在不锈钢上形成花纹抗蚀膜，最后在腐蚀液中进行蚀刻，达到预期的蚀刻效果。这种方法的具体应用举例如下。

① 不锈钢量尺的蚀刻。即用照相感光蚀刻法，以三氯化铁为蚀刻液，蚀刻后，再进行镀黑色镀层，形成清晰的有色刻度、数字和标记的不锈钢量尺。

② 不锈钢笔杆、笔套上蚀花的半色调腐蚀成像工艺。其方法是将摄有图案连续调的负片，进行加网翻拍，成为由网点组成的半色调底片，将底片覆盖在已涂有感光膜的不锈钢笔杆、笔套上，然后将其插在可旋转的轴芯上旋转曝光。显影后在室温下用三氯化铁溶液蚀刻至 0.02～0.03mm，最后镀黑或白铬，涂罩光涂料。

③ 不锈钢手表壳、表带通过照相蚀刻法形成凹凸面的图案，并在腐蚀的凹面部分着上彩色膜，或除去抗蚀膜后镀镍及金，得到具有良好装饰性的手表壳、表带。

（2）丝网印刷蚀刻法　丝网印刷因制版、印刷简便，适于各种形状的表面，不受印刷数量多少的限制，成为目前国际上五大印刷工艺之一。随着丝网印版、丝网油墨及设备等技术的进步，丝印的精度越来越高，与照相感光蚀刻法一样，丝印蚀刻法在不锈钢标牌、装饰板等的生产中已得到广泛的应用。

日本中村三等介绍在 SUS304 不锈钢餐具上用丝网印刷各种耐酸的不同色彩的搪瓷玻璃料进行掩蔽腐蚀的方法，形成多色彩的花纹图案。

（3）平版胶印蚀刻法　与丝印相比，平版胶印速度较快，抗蚀膜的印刷可用印铁流水线来完成，但适印范围较窄，印刷面积受到限制，且仅适用于厚度为 0.15～0.3mm 的薄不锈钢平版印刷蚀刻。

日本特许公报介绍了一种用于不锈钢胶印掩蔽蚀刻的油墨，该油墨是由酚醛树脂经 5%～10%硝酸处理后制成的。普通的印铁油墨为改性醇酸树脂，也可作为抗蚀膜使用。

（4）印刷膜转移蚀刻法　利用印刷膜转移法的原理，李金题提出一种在凹凸不锈钢制品上印刷花纹图案腐蚀的技术方案。先印制带有图案的薄纸，然后涂上一层均匀的桃胶，晾干后，再印刷一层抗腐蚀油墨在薄纸上形成印刷膜，然后把印刷膜转移到不锈钢工件表面，经过清水浸泡后，薄纸面脱落，但抗腐蚀油墨仍贴在不锈钢表面，经修饰后用三氯化铁溶液蚀刻形成花纹图案。

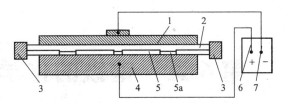

图5-9　丝网电解蚀刻不锈钢示意图
1—电极；2—蚀刻液；3—网框；4—工件；
5—已制版的丝网（5a处无感光胶）；
6—导电线；7—电解用电源

（5）丝网电解蚀刻法　丝网电解蚀刻法是利用已制版的丝网印版紧贴于不锈钢工件表面作为抗蚀膜层，在丝网上涂布蚀刻液，然后以工件为阳极，以能覆盖图案的辅助电极为阴极进行电解蚀刻。丝网电解蚀刻 SUS304 不锈钢示意图见图 5-9。蚀刻过程可交替变换电极极性，也可以使用交流，或直流与交流交替进行蚀刻。丝网电解蚀刻法可省去印刷抗蚀油墨、烘干及腐蚀后除膜等工序，蚀刻速率快，可在几何形状复杂的表面进行局部蚀刻，特别适用于在产品上直接打标印。

（6）多层次蚀刻法　多层次蚀刻法是通过系列的抗蚀涂膜和蚀刻步骤，获得不锈钢表面不同蚀刻深度的花纹图案的一种工艺方法。其工艺步骤为：

① 在不锈钢表面形成第一层次的抗蚀膜，蚀刻、去膜；

② 在上述不锈钢表面形成第二层次的抗蚀膜，再次蚀刻、去膜；

③ 最少有一部分第一层次和第二层次的蚀刻图纹互相覆盖，使该处的表面被蚀刻两次，形成不同的蚀刻深度的多层次花纹图案。

参 考 文 献

陈天玉编著. 不锈钢表面处理技术. 北京：化学工业出版社，2004.

第6章 钢铁的化学热处理工艺与设备

6.1 化学热处理概论

为使钢件表面获得高的硬度,心部又具有高的韧性,或者需使钢件表面具有某些特殊的机械或物理化学性能,仅用表面淬火及相应的回火往往难以达到目的。若零件表面要求高的耐蚀、耐酸和耐热等性能,用表面淬火或其他热处理根本不可能达到(除非选用昂贵的高级材料),此时,运用化学热处理可以赋予钢件所需的这些性能。

化学热处理是表面合金化与热处理相结合的一种工艺。它是将金属或合金件置于一定温度的活性介质中保温,使一种或几种元素渗入工件表层,以改变成分、组织和性能的热处理工艺。通过化学热处理不仅能够实现表面强化,而且在提高表面强度、硬度、耐磨等性能的同时,保持心部的强韧性,使钢件具有更高的综合力学性能,提高工件的抗氧化性、耐磨性。

6.1.1 化学热处理进行的依据(条件)

化学热处理可进行的依据(条件)应从以下三个方面考虑。

(1) 基体金属和渗入元素所组成的二元或多元的相图 除了表面涂覆和离子注入等处理方法外,基体金属和渗入元素所组成的二元或多元的相图是化学热处理的依据。只有当渗入元素能溶入基体金属中或与基体金属形成化合物时,才能进行相应的化学热处理。例如 Fe-Fe_3C 相图中 γ-Fe 可溶解较大量的碳(最大到 2.11%),所以可以进行渗碳;又如 Fe-B 相图指出,铁可以与硼形成 Fe_2B 和 FeB 化合物,因此可以渗硼,并得到相应的化合物层;再如由 Cu-Zn 相图可知,锌不仅可溶解在铜中,而且随锌含量增高会形成一系列的化合物,实验证明铜可以渗锌,而且随锌含量增高可得到黄铜的渗层和由铜与锌所形成的一系列化合物的渗层;然而 Cu-W 相图表明,这两个元素之间既不互溶,也不形成化合物,所以即使在高温下也不能实现铜的渗钨处理。总之,相图不仅指出了化学热处理的可能性,而且可以用来预计化学热处理后表面层的组成相。

(2) 渗入元素与基体金属元素的相互作用 在预测多元共渗结果时,既要考虑到共渗介质内提供各种渗入元素的物质之间的相互作用,还必须研究每一渗入元素与基体金属的相互作用及各渗入元素在基体金属内扩散时的相互作用,参与形成扩散层的各元素之间的化学亲和力要影响共渗的结果。

(3) 渗入元素在介质中具有较高的化学势 为了使可能渗入的元素由介质传递到工件表面,要求渗入元素在介质内的化学势必须高于基体金属内相应元素的化学势。它们之间化学势差是实现渗入元素传递的驱动力。在其他条件相同的情况下,该化学势差越大通常有越高的渗速。例如渗碳时要求介质中碳的化学势(或碳势)高于工件表面上碳的化学势(或说成表面碳含量是不确切的),若前者低于后者,则出现脱碳。介质中某元素的化学势取决于其组成和温度。工件表面上某一元素的化学势则取决于化学成分和温度。为了使渗入元素从工件表面渗入基体以形成一定厚度的渗层,同样要求工件表面上渗入元素的化学势大于基体金属内该元素的化学势,这种化学势梯度是引起该元素由表面向内部扩散的驱动力。由于渗入元素的化学势与基体金属的化学成分和温度有关,所以化学成分不同的钢渗碳能力是不同的,例如硅、硼和铝可提高钢中碳的化学势,所以硅含量较高的钢渗碳后表面碳含量和渗层厚度都较小。又如向钢中渗入硼、硅或铝时,由于这些元素由表面渗入,提高了表面碳的化学势,所以在渗入这些元素的同时将引起碳由表向里扩散,造成渗层下面碳原子的富集。

上述三个条件是实现化学热处理的必要条件,为了使某一化学热处理有应用的价值,还要求有足够大的产生渗入元素的相界面反应在工件表面上进行反应和一定的扩散速率,它们是实现化学热处理的充分条件,这关系到渗速和生产率。

6.1.2 化学热处理的过程

介质中存在活性被渗元素是进行化学热处理的前提,渗入元素进入钢件表层通常包括如下三个基本过程,即分解、吸收和扩散。这是三个相对独立、交错进行而又互相配合、相互制约的过程。除少数情况外(例如渗某些金属时,渗入元素的原子由熔融介质直接供应),一般化学热处理都包含有这三个过程。

(1) 分解 分解是从活性介质(渗剂)中形成渗入元素活性原子(离子)的过程。

化学热处理是将钢件放在含有渗入元素的活性介质中进行的。理论与实践证明,只有活性原子(初生态原子)才易于被金属制件的表面所吸收。因此,化学热处理时首先是要得到活性原子。

化学介质在一定的温度下,由于各种化学反应或离子转变(有时是气化)而产生活性原子。无论化学介质是气体、液体、固体,形成活性原子的过程都是在金属表面的气相中进行的,例如,钢渗碳时,在介质与金属表面之间发生如下反应:

$$2CO \rightleftharpoons CO_2 + [C]$$

$$C_nH_{2n} \rightleftharpoons nH_2 + n[C]$$

$$C_nH_{2n+2} \rightleftharpoons (n+1)H_2 + n[C]$$

钢渗氮时:

$$2NH_3 \longrightarrow 3H_2 + 2[N]$$

钢渗硅时:

$$SiCl_4 + 2Fe \longrightarrow 2FeCl_2 + [Si]$$

方括弧内是该元素的活性原子。

为了增加化学介质的活性,有时还加入催化剂(或称催渗剂),以加速反应过程,降低反应所需的温度(即化学热处理的加热温度),缩短反应时间。例如钢的固体渗碳,除了渗碳剂(木炭)之外,还加入碳酸钡或碳酸钠等催化剂,其催化反应为:

$$BaCO_3 + C \longrightarrow BaO + 2CO$$

$$(或 Na_2CO_3 + 2C \longrightarrow Na_2O + 2CO)$$

$$2CO \longrightarrow CO_2 + [C]$$

这就增加了化学介质的活性。

分解的速率主要取决于渗剂的浓度、分解温度以及催化剂的作用等因素。

(2) 吸收 吸收是活性原子(离子)在金属制件表面的吸附和溶解于基体金属或与基体中的组元形成化合物的过程。

活性介质原子在金属制件表面的吸附可能只是物理吸附,即活性原子与金属最表面的原子在范德瓦尔斯力的作用下,制件表面形成单原子或多原子吸附层;也可能包括化学吸附,即活性原子与金属制件最表面的原子在吸附过程中产生了化学交互作用。吸附是自发过程，因为吸附时总是放出热量，是自由能降低的过程。

但为使活性原子真正为金属所吸收，渗入元素必须在金属基体中有可溶性，不然吸附过程将很快停止，随后的扩散过程就无法进行，被处理制件就不可能形成扩散层。吸收的强弱主要取决于被处理制件的成分、组织结构、表面状态和渗入元素的性质、渗入元素活性原子的形成速率以及渗入元素原子向制件内部扩散的速率等因素。

(3) 扩散　化学热处理工艺中除了极少数几种外（如气相沉积和离子注入等）都要依靠渗入元素的原子在钢中的扩散，以获得一定厚度的渗层。因此，研究渗入元素在钢中的扩散对掌握化学热处理有关规律是很重要的。在化学热处理领域中研究最多，且与实际相符合较好的是间隙原子（如碳、氮和硼等等）在钢中的扩散。这里仅介绍钢铁化学热处理工艺中涉及的一些有关扩散的基本规律。

如果把金属当作连续介质，建立微分方程并求解，而不涉及金属内部的原子迁移过程，这样得到的扩散方程描述了扩散现象的宏观规律。

① 扩散第一定律　设在钢棒中沿长度方向存在着某一元素（如碳和氮等）的浓度梯度，若长度方向上各点的浓度为定值，且不随时间改变（即 $\frac{\partial c}{\partial t}=0$），则溶质原子沿轴向的扩散叫做稳态扩散，且可用下列方程描述：

$$J = -D\frac{dc}{dx} \tag{6-1}$$

式中　J——扩散通量，即单位时间扩散通过垂直于扩散方向的单位面积截面的物质流量，kg/(m²·s) [g/(cm²·s)] 或 L/(m²·s)[mL/(cm²·s)]；

　　　D——扩散系数，m²/s 或 cm²/s，负号表示扩散流与浓度梯度方向相反（即扩散是由浓度高处向浓度低的方向进行）；

　　　c——溶质的浓度，即单位体积物质中扩散物质的质量或物质的量。

② 扩散第二定律　当金属中各点浓度随时间而改变时（即非稳态扩散），扩散第一定律不再适用，这时需要用扩散第二定律进行描述，即

$$\frac{\partial c}{\partial t} = \frac{\partial}{\partial x}\left(D\frac{\partial c}{\partial x}\right) \tag{6-2}$$

式中各个符号的含义与式(6-1)相同。

③ 扩散驱动力　在说明扩散定律时似乎扩散都是向低浓度的方向进行，其实也有由浓度低处向浓度高处扩散的情况，即所谓"上坡扩散"。这说明扩散的驱动力并不是浓度梯度，而应是化学势的变化 $\frac{\partial \mu}{\partial x}$。从热力学可知，在恒温恒压条件下体系总是自发地向自由能 G 减小的方向转变。对于一个多组元体系而言，若 n_i 为组元 i 的物质的量，则该组元的化学势 μ_i 为：

$$\mu_i = \left(\frac{\partial G}{\partial n_i}\right)_{T,P,n_1,n_2,\cdots,n_{i-1},n_{i+1}\cdots n_n} \tag{6-3}$$

如前所述，μ_i 代表 i 组元在多元体系内传递的驱动力。如果在体系中各处的化学势不等，则原子将受到驱动力的作用，使它向化学势减小的方向扩散，该驱动力为：

$$F_i = -\frac{\partial \mu_i}{\partial x} \tag{6-4}$$

式中负号表明驱动力 F_i 与化学势减小的方向一致。由此可见，原子扩散总是向着化学

势减小的方向进行。

④ 反应扩散　通过扩散使某元素由金属表面向内部渗入时，如果渗入元素在金属中溶解度有限，则渗入元素的浓度超过溶解度后便会形成中间相（也可能是另一种固溶体），从而使金属表层分成两层，即出现新相的层和无新相层。这种通过扩散形成新相的现象，称为反应扩散或相变扩散。

二元系合金发生反应扩散时，在扩散过程中渗层的各个部分都不可能出现两相混合区。因为二元系合金渗层中若有两相平衡共存，则化学势 μ_i 为恒量$\left(即 \frac{\partial \mu_i}{\partial x}=0\right)$，这一区间中扩散的驱动力等于零，扩散便不能进行。同理，三元系合金的渗层可以有两相区，但不能形成三相平衡共存的渗层。

内氧化也是一种反应扩散。假如氧由表面通过扩散渗入钢中，由于氧在铁中的溶解度很小，它就可能与钢中的硅和锰等化合，形成 SiO_2 和 MnO 等。

⑤ 影响扩散的因素　从扩散第一和第二定律可知，扩散速率主要取决于渗入元素在零件表面上的浓度 c_s、沿层深的浓度梯度 $\frac{dc}{dx}$ 及扩散系数的数值。它们与渗入元素的种类、供给方式、加热温度及基体金属的性质等因素有关。通过控制化学热处理介质的活性及其流量，可使表面浓度 c_s 保持不变；而沿层深的浓度梯度总是随着处理时间的延续而逐渐降低；扩散系数则与温度、工件的化学成分和晶体结构等因素有关。在这些因素中以扩散系数的影响最大，所以这里只讨论影响扩散系数的一些因素。

a. 温度　扩散系数 D 与温度的关系为

$$D = D_0 e^{-\frac{Q}{RT}} \tag{6-5}$$

式中　D_0——扩散常数；

　　　e——自然对数的底；

　　　R——气体常数；

　　　T——热力学温度；

　　　Q——扩散激活能。

表 6-1 给出钢中一些元素扩散时的 D_0 和 Q 的数值。

表 6-1　钢中一些元素的 D_0 和 Q 值

溶剂	扩散元素	D_0/(cm²/s)	Q/(cal/mol)	溶剂	扩散元素	D_0/(cm²/s)	Q/(cal/mol)
γ-Fe	碳	$0.04+0.08\%C$	31400 ± 800	γ-Fe	钼	6.8×10^{-2}	51000
γ-Fe	氮	3.3×10^{-4}	34600	γ-Fe	钨		62600
γ-Fe	铝		44000	α-Fe	碳	0.02	20000
γ-Fe	铬		80000	α-Fe	氮	4.6×10^{-4}	17900
γ-Fe	锰	$0.48+0.11\%Mn$	66400	ϵ 氮化物	氮	0.277	35200
γ-Fe	镍	$0.34+0.012\%Ni$	67500				

从式(6-5)可知，扩散系数随温度升高而急剧增大。表 6-2 列出了碳和氮原子在不同温度下扩散时的扩散系数。应该指出，碳原子在 γ-Fe 中的扩散激活能 Q 与 γ-Fe 中碳浓度有关。

b. 浓度　热处理工作者进行了很多工作，其中研究最多的是碳在钢中扩散系数与钢中碳含量的关系。在这里给出两个关于碳在 γ-Fe 中的扩散系数与碳含量关系式：

$$D_C^\gamma = (0.04+0.08\%C)e^{-\frac{31350}{RT}} \quad (cm^2/s) \tag{6-6}$$

表 6-2 碳和氮在铁中的扩散系数

碳的扩散系数/($\times 10^8 \text{cm}^2/\text{s}$)			氮的扩散系数/($\times 10^8 \text{cm}^2/\text{s}$)			
温度/℃	在 α-Fe 中	在 γ-Fe 中	温度/℃	在 α-Fe 中	在 γ-Fe 中	在 ε-相中
500	4.1	—	500	0.37	—	0.0025
700	61	—	520	0.50	—	0.0053
800	—	4	550	0.76	—	0.0112
850	—	6	600	1.43	0.0007	0.0395
900	360	—	700	4.57	0.0055	0.0334
925	—	16	800	8.14	0.029	1.828
1000	—	31	850	—	0.030	—
1100	—	100				

$$D_C^\gamma = (0.07 + 0.06\%C) e^{-\frac{32000}{RT}} \ (\text{cm}^2/\text{s}) \tag{6-7}$$

从中可见它们是不一致的。有时为了计算方便，也可以用某一成分范围内的平均扩散系数 $\overline{D}$ 代替不同成分的扩散系数。

c. **晶体结构的影响** 钢在化学热处理温度范围内有 α-Fe 和 γ-Fe 两种同素异构体。从表 6-2 中可以看出 N 原子在 α-Fe 和 γ-Fe 中的扩散系数是不同的，例如在 600℃ 下 $D_N^\alpha / D_N^\gamma = \frac{1.43}{0.0007} = 2043$，差别是很大的。原因是晶体结构不同，晶体的致密度不同。

d. **扩散元素的固溶方式** 间隙固溶在铁中的元素比以置换固溶在铁中的扩散系数要大。原因是其扩散机制不同，所以扩散激活能 Q 不同。若因变形或其他原因使基体金属中产生晶体缺陷（如空位和位错等），也会使 Q 值降低。例如把 α-Fe 变形，当变形率为 10% 时，α-Fe 的自扩散激活能可由 69200cal/mol 下降到 46300cal/mol。

e. **零件的几何形状** 在解扩散第二定律的方程时，零件的形状不同，方程的边界条件必然不同，因此方程的解析解就会不同。目前已经提出无限大表面的板、表面积无限大的圆柱体和球等几何形状简单零件的扩散第二定律方程解析解。实际生产情况也是如此，如零件的尖角处、齿轮的齿尖角处在渗碳后碳浓度较其他处高。

f. **合金元素对碳、氮和硼等元素在钢中扩散的影响** 当钢中存在合金元素时，它们多以置换固溶的方式在钢中存在，也有一些合金元素以化合物（如金属间化合物或碳化物）形式存在。除了 Al、Si、P 和 S 等元素外，其他一些以置换固溶方式溶解在铁中的合金元素 M 于铁中的扩散系数 D_M 大体上与铁的自扩散系数相等。Fe-M-C 三元系合金进行均匀化处理时，由于 $D_M \ll D_C$，除非在整个合金中碳活度已达均匀一致，否则碳在合金钢中的扩散是不会停止的。所以在合金钢渗碳时碳原子会不停地由表面向心部扩散。在合金钢中，因铁原子与合金元素的半径不同，所以基体金属中的间隙大小会与碳钢中不同，合金元素原子间的结合力与铁原子间的结合力不同，溶入奥氏体中合金元素与碳原子的亲和力也不相同，所有这些原因会影响在钢中的扩散激活能，从而影响碳在奥氏体中的扩散系数 D_C^γ。与碳亲和力比铁与碳亲和力小的 Si 和 Ni 等元素的存在，会使 D_C^γ 增大。与碳亲和力较强的元素如 Cr、Mo 和 W 等会使 D_C^γ 减小。合金元素溶入钢中后会影响碳在奥氏体中的化学势。Darken 曾把硅含量不同而碳含量相同的钢用焊接的方法制成一对扩散偶，然后在高温下进行扩散退火，结果碳原子由硅含量高（≈4%）的钢中向硅含量低（≈4%）的钢中扩散。这一实验就是上述理论的一个很好的证明。

同样 N 和 B 等元素在钢中的扩散系数也和含有的合金元素与它们的亲和力有关。当两种以上元素同时向钢中扩散时，各渗入元素之间、渗入元素与基体之间均可能发生相互作用或互相影响。

综上所述，关于渗入元素在钢中扩散问题中，有些问题研究比较清楚，有些问题仍需进一步研究。

6.1.3 化学热处理后的质量及效果

化学热处理后的质量指标包含表面浓度、层深、沿层深浓度分布、渗层组织状态、零件表面的物理、化学和力学性能等。

所谓工艺效果应包括工艺的稳定性、重复性、处理后工件的质量、生产率、经济效益，生产过程中有无公害及对环境是否会产生污染等方面。概括起来可以说成是：高质量、高速度、低消耗和无公害。

化学热处理工艺的生产率是由该工艺本身的生产率（主要是渗速）以及为了实现这一工艺所需要的其他辅助条件两部分组成。

6.1.4 影响化学热处理工件表面质量的因素

化学热处理后工件质量指标包括表面浓度、层深、沿层深浓度分布、渗层组织和状态，以及工件的物理、化学和力学性能等几方面。因此，化学热处理后工件的表面浓度主要取决于介质中渗入元素的化学势、处理温度、处理时间及工件的化学成分和表面状态等，主要因素如下。

（1）化学势 当介质中渗入元素的化学势大于它在工件内的化学势时，化学热处理方能进行，一旦该组元在介质中和在工件表面内的化学势相等，过程达到动态平衡。而化学势与渗剂的成分关系极大。

（2）处理温度与时间 处理温度和时间对化学反应速率的影响较大，当温度升高通常会是吸热反应加速，而使放热反应减缓，因此，提高温度有利于渗速，加深渗层深度、延长处理时间也有利于渗层深度，但没有温度影响大。

（3）工艺参数与渗剂 化学热处理工艺（温度、时间）不同，渗层的组织可能不同。化学热处理后的冷却快慢不同，渗层的组织可能不同。

渗剂中渗入元素和被渗金属的物理、化学特性对渗层组织有影响。渗剂活性的强弱和金属表面的状态对渗层质量也有很大影响。

6.1.5 提高化学热处理速率和质量的措施

化学热处理不仅是耗能较大的过程，而且整个过程是一个复杂多变、相互联系、相互制约的过程，任何一个过程受阻都会降低其形成渗层的速率和渗层的质量。因此，要提高化学热处理的速率与质量，应从以下几个方面入手。

（1）加入稀土元素 稀土元素具有原子半径大、电负性低等特点，在加速化学热处理过程中加入适量的稀土元素，实践证明有利于提高渗速。

（2）采用分段式工艺 分段式工艺在生产过程中广泛被采用，该工艺主要是控制渗剂的活性和工艺温度，即在化学热处理的第一阶段，采用高活性的炉气和较低的工艺温度，提高渗入元素在渗层的浓度和浓度梯度。在第二阶段提高工艺温度，并将炉气活性降低到零件渗层要求的浓度，实现强渗阶段渗层具有的高浓度梯度及高扩散速率，以实现加速化学热处理过程，同时又能保证渗层渗入元素浓度符合要求。

（3）采用多元共渗工艺 采用多元共渗工艺不仅可以提高渗层的形成速率，而且可以改善或提高渗层的性能。如 C-N 共渗、N-C 共渗、Cr-Al 共渗等。C-N 共渗和 N-C 共渗与单一渗碳或单一渗氮相比较，均具有渗速快和渗层性能好的优点。C-N 共渗的速率比纯渗氮的速率快得多，并且共渗层的脆性小，由于共渗层中含有 C、N，因而具有更好的耐磨性。

（4）化学催渗 通过化学反应来洁净和清除钝化膜来改善零件表面的活性状态，例如在渗氮时先向炉内添加少量的铵（NH_4Cl），它分解后产生的盐酸气可以消除钝化膜，如氧化膜，使零件表面活化。

通过化学催化剂作用或降低有害气体的分压来改变反应过程，以提高渗剂的活性。例如固体渗碳的渗剂中添加碳酸盐，可以提高渗剂的活性。

（5）物理催渗 利用等离子物理技术，发展起来的辉光离子渗氮、渗碳、碳氮共渗和氮碳共渗工艺，在提高化学热处理的效率和渗层质量方面已获得了良好的效果。在流态粒子炉内通入渗剂进行化学热处理，例如气体渗碳、碳氮共渗等。

（6）表面喷丸 对进行化学热处理的工件在化学热处理之前，先进行表面喷丸处理，使表面组织细化，产生大量的晶界，为扩散原子提供扩散通道，可大大提高渗速并降低处理温度和缩短时间。

6.2　钢铁材料的渗碳与设备

渗碳是目前机械制造工业应用最广泛的一种化学热处理方法。它是在增碳的活性介质中，将低碳钢或低碳合金结构钢制成的零件加热至高温奥氏体状态，使活性碳原子渗入钢件，获得高含碳量的渗层，随后淬火并低温回火，这种工艺就是钢的渗碳热处理。

6.2.1　渗碳目的及条件

钢件渗碳的目的是提高低碳钢或低碳合金钢零件的表面含碳量，并经淬火-低温回火来提高零件的表面硬度、耐磨性及抗疲劳性能，而心部仍保持一定的强度和良好的韧性。

从铁碳相图（图6-1）可知，碳在α-Fe和γ-Fe中的溶解度不一样，在平衡态时，727℃的α-Fe中碳的溶解度很低，仅为0.02%，而在1148℃时碳在γ-Fe的溶解度为2.11%，在727~1148℃之间，碳在奥氏体中的溶解度随着温度的升高而逐渐增大。因此，为了使低碳钢表面增碳必须在奥氏体状态下进行，渗碳温度范围一般在900~950℃，这时其溶解度在1.2%~1.5%之间变化。渗碳温度越高，碳的扩散速率越大，但温度过高会使钢的晶粒粗化和表层的含碳量过高以致生成网状碳化物等缺陷。

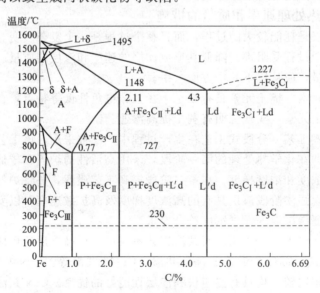

图6-1　铁碳相图

除了碳在钢中的溶解度要求外,渗碳用钢的成分选择也非常重要。常用渗碳钢中碳的质量分数为 0.10%～0.25%,含碳量低是为了保证零件心部具有高的或较高的韧性。为了提高钢的力学性能和淬透性以及其他热处理性能,常在钢中添加合金元素,如:铬、锰、钼、硼可以提高钢的淬透性,利于大型零件实现渗碳后的淬火强化。即表面具有高的硬度、耐磨性和接触疲劳强度。此外,钢中添加形成稳定碳化物的合金元素,如钛、钒、钨等,使钢在渗碳温度下长时间渗碳时,奥氏体晶粒不易长大,晶粒细小,有利于零件渗碳后采用直接淬火法,可以缩短生产周期、提高生产效率和产品的热处理质量。

常用渗碳钢有三种类型,低强度钢(如 10、15、20、15Mn2、20Mn2、15Cr、20Cr、20MnV 等)、中强度钢(如 20CrMnMo、20CrMnTi、20MnVB、20MnTiB 等)和高强度钢(18Cr2NiWA、15CrMnMo、20CrMnMo、20CrNi4、12Cr2Ni4 等)。

6.2.2 渗碳化学原理及工艺

6.2.2.1 渗碳化学原理

渗碳过程是一个复杂的化学反应过程,主要包括渗剂中的反应、渗剂与被渗金属表面的界面反应、被渗元素原子的扩散等。

(1)渗碳剂的化学反应 渗剂中的反应因渗碳剂的不同而各异。固体渗碳时,一般用木炭粒作为渗剂,以碳酸钡和碳酸钠作为催渗剂,其渗剂的反应是:

在渗碳温度时
$$Na_2CO_3 \longrightarrow Na_2O + CO_2 \tag{6-8}$$
$$BaCO_3 \longrightarrow BaO + CO_2 \tag{6-9}$$

式(6-8)、式(6-9)分解出的 CO_2 与炭粒表面作用,生成渗碳气氛 CO,如下式所示。

$$CO_2 + C = 2CO \tag{6-10}$$

在冷却时
$$Na_2O + CO_2 = Na_2CO_3 \tag{6-11}$$
$$BaO + CO_2 = BaCO_3 \tag{6-12}$$

碳酸钡和碳酸钠在渗碳前无变化,仅在渗碳过程中把木炭变成活性物质 CO,起催化剂的作用。

液体渗碳是在能析出活性碳原子的盐浴中进行的渗碳工艺。其优点是加热速度快,加热均匀,便于渗碳后直接淬火。缺点是氰盐浴有毒。渗碳盐浴一般由三部分组成。第一部分是加热介质,常用 NaCl 和 $BaCl_2$ 或 NaCl 和 KCl 混合盐。第二部分是活性碳原子提供物质,常用的是剧毒的 NaCN 或 KCN,为了避免毒性,采用 100 目的木炭粒作为碳源。第三部分是催渗剂,常用 Na_2CO_3 和 $BaCO_3$。具体配方是:KCl 40%～50%,NaCl 35%～40%,木炭粉约 8%,Na_2CO_3 约 8%。

基本化学反应是:
$$Na_2CO_3 + C \longrightarrow Na_2O + 2CO \tag{6-13}$$
冷却时
$$Na_2O + CO_2 \longrightarrow Na_2CO_3 \tag{6-14}$$

液体渗碳是以氰化钠(NaCN)为主成分,渗碳时,也伴随着渗氮(氮化),所以也称为渗碳氮化(carbonitriding)。处理温度以 700℃ 为界,在此温度以下的,以氮化为主,渗碳为辅,在 700℃ 以上则以渗碳为主,氮化为辅,氮化作用很小。

液体渗碳反应是利用氰化物(NaCN 或 KCN)分解,先在盐浴与空气中的氧、水分、二氧化碳反应生成氰酸盐。

$$4NaCN + O_2 = 2NaCNONaCN \tag{6-15}$$
$$NaCNONaCN + CO_2 = 2NaCNO + CO \tag{6-16}$$

氰酸盐(NaCNO)高温分解生成 CO 和 N。

$$4NaCNO = Na_2CO_3 + CO + 2N + 2NaCN \quad (6-17)$$

在较低温度分解反应如下:

$$5NaCNO = 3NaCN + Na_2CO_3 + CO_2 + 2N \quad (6-18)$$

NaCN 作为液体渗碳的主要活性碳原子提供物质,随着渗碳过程的进行,不断消耗,渗碳能力降低。应定期分析 CN^- 的浓度,及时补给 NaCN。也可用渗碳钢测试衡量渗碳能力,确定 NaCN 的补给量。

气体渗碳是目前应用最广泛的渗碳工艺。用于渗碳的气体主要包括:放热型可控气体,吸热型可控气体,滴注式气体,氯化气体等。下面介绍它们的反应过程。

① 放热型可控气体　放热型可控气体是可燃原料气(如天然气、丙烷、丁烷、煤气)与空气按一定比例混合(空气过剩系数为 0.3~0.9)之后,经点燃不完全燃烧,然后将燃烧产物冷却去除水汽而制得的。

以丙烷为原料气制取放热型可控气氛的化学反应为:

$$C_3H_8 + 5O_2 + 18.8N_2 \longrightarrow 3CO_2 + 4H_2O + 18.8N_2 + Q_1 \quad (6-19)$$

$$2C_3H_8 + 3O_2 + 11.4N_2 \longrightarrow 6CO + 8H_2 + 11.4N_2 - Q_2 \quad (6-20)$$

上面式(6-19)是放热的,式(6-20)是吸热的,上两式相加,得出总反应式为:

$$3C_3H_8 + 8O_2 + 30.2N_2 \longrightarrow 3CO_2 + 6CO + 4H_2O + 8H_2 + 30.2N_2 + Q$$
$$(6-21)$$

在制取可控气氛的过程中总的反应式(6-21)是放热的,放出的热量足以维持反应的进行,无需外部供热,这种气氛叫做放热型可控气氛。该气氛中主要含有 CO、H_2、CO_2 和 H_2O,还有少量的 O_2 和 CH_4。

空气与原料气的混合比对气氛的成分影响很大,在一定温度下,混合比增大,CO_2 和 H_2O 含量增多,CO 和 H_2 减少,但混合比也不能过小,否则,由于空气量太少,而不能持续进行燃烧反应。

以丙烷作为原料气体时,放热型可控气氛的空气与原料混合比为 (12∶1)~(24∶1),用作渗碳气氛的稀释气时,其混合比应为 (12∶1)~(16∶1)。若用天然气作为原料气,则混合比为 (6∶1)~(7∶1)。此时,气氛中 $[CO_2]/[CO]=0.68$,$[H_2O]/[H_2]=0.097$。这种气氛只能防氧化,不能防脱碳。

由上述气体和富化气体共同组成渗碳气氛。富化气体通常只指甲烷(CH_4)或丙烷(C_3H_8)中性气体。富化气体的加入,提高了气体中 CO 的比例,从而改变碳势。

② 吸热型可控气体　天然气、丙烷、丁烷、城市煤气与一定量的空气混合(空气过剩系数为 0.25~0.27),在外部热源和催化剂的作用下,经不完全燃烧而制成的气氛。下面以丙烷为例,证明吸热型可控气氛的反应原理。

将丙烷与空气按一定比例混合。混合气在反应罐中的化学反应分以下两步进行:

$$3C_3H_8 + 15(O_2 + \frac{79}{21}N_2) \longrightarrow 9CO_2 + 12H_2O + 56.4N_2 + Q_1 \quad (6-22)$$

$$7C_3H_8 + 9CO_2 + 12H_2O \longrightarrow 30CO + 26H_2 - Q_2 \quad (6-23)$$

将式(6-22)和式(6-23)相加以后,得到总反应式(6-24):

$$2C_3H_8 + 3O_2 + 11.4N_2 \longrightarrow 6CO + 8H_2 + 11.4N_2 - Q_1 \quad (6-24)$$

式(6-22)是放热反应,式(6-23)是吸热反应,总反应式(6-24)则为吸热反应。为维持反应的进行,需要不断吸收外部供给的热量。从总反应式(6-24)可知,空气与丙烷的混合比为 7.2∶1,混合比影响燃烧产物的成分和碳势,混合比过小,即气氛中

的 H_2O 和 CO_2 过少，CO 和 CH_4 过多，易发生催化剂中毒失效。混合比过高，则可能产生爆炸。若原料气为丙烷，混合比应控制在 7～8。表 6-3 为几种原料气制成的可控气氛的成分及混合比。从气体的成分看出，属于具有一定碳势的还原性气氛。由于气氛中 CO 和 H_2 基本稳定，因而只调节 CO_2 和 H_2O，即可实现碳势控制，是应用较广的一种气氛。

表 6-3 吸热型可控气氛的成分及混合比

原料气	混合比	气氛成分/%						
		CO	H_2	CO_2	H_2O	CH_4	O_2	N_2
丙烷	7.2	23～24	31～33.4	0.3	0.6	0.4	0	余量
天然气	2.5	20.9	40.7	0.3	0.6	0.4	0	余量
丁烷	9.6	23.5～24.5	29.6～32.1	0.3	0.6	0.4	0	余量
城市燃气	0.4～0.6	25～27	41～48	0.2	0.12	0～1.5	0	余量

吸热型可控气氛用于碳钢和低合金结构钢的光亮处理。低碳钢冲压件的穿透渗碳，还可作渗碳和碳氮共渗的稀释剂。渗碳稀释剂与富化气组成渗碳气氛。气氛含氢高，对某些钢件热处理后有氢脆，降低零件的强度。

③ 滴注式可控气氛　滴注法制备可控气氛是用有机液体于高温下，使其裂化分解而制得，属于吸热型气氛。

例如甲醇在 900℃ 以上发生如下反应：

$$CH_3OH \longrightarrow CO + 2H_2 \tag{6-25}$$

所得到气氛主要是 $\frac{1}{3}$CO 和 $\frac{2}{3}H_2$，还有极少量的 CO_2、H_2O 和 CH_4。裂化温度不能低于 900℃，否则裂化不完全，还会增加 CO_2、O_2 及 CH_4 的含量。甲醇制备的气氛碳势较低，可用作中碳钢光亮淬火处理或做渗碳时的稀释剂。

当甲醇作为渗剂进行渗碳时，为提高气氛的碳势，可在滴入甲醇的同时，再滴入乙醇、丙酮、异丙醇、醋酸乙酯等富化剂。以滴入丙醇为例，在高温发生下列反应：

$$C_2H_5CH_2OH \longrightarrow 3[C] + H_2O + 3H_2 \tag{6-26}$$

在渗碳炉中，主要靠新生成的碳（活性炭）对工件进行渗碳。调节丙醇滴入量，可调节炉气碳势。

④ 氮基气氛　氮基气氛是以氮为基本原料气，再按需要适当加入碳氢化合物（如甲烷、丙烷等），从而制成以氮为主要成分的可控气氛。因氮基气氛渗碳时，用纯氮排气，并以纯氮为稀释剂，再通入甲烷、丙烷等，使之成为含有 H_2 及 CO 的具有一定碳势的氮基渗碳气氛。若需要碳氮共渗时，在通入渗碳剂同时，可再通入一定量的氨。

(2) 渗碳反应　气氛反应后的成分中均含有大量的 CO 和少量的 CH_4。渗碳反应主要有以下三个反应：

$$CH_4(g) = [C] + 2H_2(g) \tag{6-27}$$

$$2CO(g) = [C] + CO_2(g) \tag{6-28}$$

$$CO(g) + H_2(g) = [C] + H_2O(g) \tag{6-29}$$

主要以式(6-27)和式(6-28)的渗碳反应为主，钢铁表面的化学反吸附对上述渗碳反应起到催化作用，作热运动的 CO 分子不断冲击钢件表面，当具有一定能量的 CO 分子冲入到铁晶格表面原子的引力场范围之内时，将被铁表面原子捕获而发生吸附。碳原子和氧原子均与铁原子发生电子交互作用,是一种化学吸附。但是钢铁中 Fe 原子间距几乎比 CO 分子中碳、氧原子间距大一倍,一旦化学吸附发生,C—O 被强烈拉长,从而削弱了 C 和 O 间原有的结合力,为破坏 C—O 键提供了有利条件。当气相中的 CO 分子碰撞在已被吸附在铁表面上的 CO 分子中的氧原子时,被吸附而变形的 CO 分子就很容易地与气相中的 CO 作用,生成 CO_2 和 [C],吸附的 [C] 渗入铁的晶格中而溶解于铁中。这种反应是可逆的,即还有 Fe 中的 C 与 CO_2 作用生成 CO,这两个正反过程进行直到平衡,对应的 Fe 表面有一平衡浓度,反映在该反应的平衡常数中为该状态下碳在 Fe 中的浓度 a_C。

一般固体表面对气相的吸附分成两类。即物理吸附和化学吸附。物理吸附是固体表面对气体分子的凝聚作用,吸附速率快,达到平衡也快,吸附大多也为多层吸附,固体晶格与气体分子间没有电子的转移和化学气体的生成。且随温度升高,有利于解吸,不利于吸附。化学吸附是指吸附过程中的结合力类似于化学键,有明显的选择性,属单层吸附,吸附过程需要活化能。吸附进度随温度升高而增加。因此,渗碳过程中的吸附也是随温度升高而速率增加的。

固体表面的吸附能力还和工件表面的表面活性有关,所谓工件表面活性,也就是吸附和吸收被渗活性原子能力的大小。工件表面粗糙,则表面积大,吸附的能力大,活性大。工件表面清洁,无氧化污染,有利于表面原子的自由键力场的完全暴露,增加了捕获被渗元素气体分子的能力,表面活性也大。在化学热处理中,采用去除工件表面氧化物、污染物,降低工件表面光洁度等方法,提高表面活性,加速化学热处理的进行。

6.2.2.2 渗碳工艺

根据所用渗碳剂在渗碳过程中聚集状态的不同,渗碳工艺方法可以分为固体渗碳法、液体渗碳法及气体渗碳法三种。

(1) 固体渗碳法 固体渗碳法是把渗碳工件装入有固体渗碳剂的密封箱内(一般采用黄泥或耐火黏土密封),在渗碳温度加热渗碳。固体渗碳剂主要由一定大小的固体木炭粒和起催化作用的碳酸盐组成。常用渗剂成分及其化学反应原理如前所述。

常用固体渗碳温度为 900~930℃。因为只有在奥氏体区域,铁中碳的浓度较高,碳的扩散才能在单相中进行。900~930℃恰好就是渗碳钢的 Ac_3 温度,保证了上述条件的实现。

固体渗碳时,由于固体渗碳剂的热导率很小,传热很慢,渗碳剂尺寸大小不同,工件大小及装箱情况(渗碳剂的密实度、工件间的距离等)也不完全相同,因而渗碳加热时间对渗层深度的影响往往不能完全控制。生产常用试棒来检查其渗碳效果。固体渗碳时,渗碳温度、渗碳时间和渗层深度等参数可在热处理手册中查到,但这些数据只能作为制定渗碳工艺时的参考,实际生产时应通过试验进行修正。

固体渗碳虽然是一种最古老的渗碳方法,但是迄今为止,即使工业技术先进的国家,依然延用固体渗碳工艺。这是因为固体渗碳仍有其独特的优点。例如像柴油机上的油嘴、油泵、芯子等零件,以及其他一些细小或具有小孔的零件,如果用其他渗碳工艺方法很难获得均匀渗层,也很难避免变形,但用固体渗碳工艺就能达到这一工艺要求。目前固体渗碳工艺所用的渗碳剂已经制成商品出售,仅需要根据渗层表面含碳量要求,选用不同的渗碳剂即可。

(2) 液体渗碳法 液体渗碳是在能析出活性碳原子的盐浴中进行的渗碳。其优点是加热进度快,加热均匀,使于渗碳后直接淬火。缺点是传统盐浴有毒。

液体渗碳的温度一般为 920~940℃,其考虑原则和固体渗碳相同。表 6-4 是在 920~940℃渗碳时,渗碳层深度与时间的关系,可见,液体渗碳速率快。

表 6-4 液体渗碳层深度与时间的关系

渗碳温度/℃	渗碳时间/h	渗层深度/mm		
		20 钢	20Cr	20CrMnT
920~940	1	0.3~0.4	0.55~0.65	0.55~0.65
	2	0.7~0.75	0.90~1.00	1.0~1.10
	3	1.0~1.10	1.40~1.50	1.42~1.52
	4	1.28~1.34	1.56~1.62	1.56~1.64
	5	1.40~1.50	1.80~1.90	1.80~1.90

（3）气体渗碳法 气体渗碳是工件在气体介质中进行渗碳的工艺方法。渗碳气体可以用碳氢化合物的有机液体，如煤油、丙酮等直接滴入炉内气化而得，气体在渗碳温度热分解，析出活性碳原子，渗入工件表面。也可以用事先制备好的一定成分的气体通入炉内，在渗碳温度下分解出活性碳原子渗入工件表面来进行，如吸热式气氛渗碳。

气体渗碳是目前最广泛使用的工艺方法，通过计算机控制，实现渗层和表面的浓度的精确控制，大大提高了渗碳质量。

气体渗碳工艺包括渗碳气氛控制，渗碳温度、渗碳时间及渗碳方式等渗碳工艺规范。

① 渗碳气氛控制 在滴注或可控气氛渗碳时，首先把滴注剂总流量调整到使炉气达到所需碳势，然后在渗碳过程中根据炉气碳势的测定结果稍加调整稀释剂（甲醇）与渗碳剂（丙酮、异丙醇、煤油等）的相对含量（也可只调整渗碳剂流量）。对每一种炉子和一定的渗剂，都有相应的滴注剂流量与碳浓度的关系曲线，图 6-2 是某炉采用一定配比的滴注剂时，滴注剂流量与碳势关系曲线。且滴注剂应该取相当于 B 点的流量，不应取 A 点的流量。因为在 B 点的滴注剂的总流量的变化，不至于引起炉气碳势大的波动，便于炉气控制。而 B 点的碳势要通过滴注剂的比来达到碳势要求，具体生产时再根据装入炉内工件渗碳总面积进行修正。

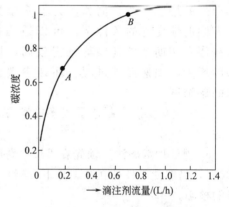

图 6-2 滴定剂流量与碳浓度关系曲线

吸热式可控气氛渗碳时，吸热式气体作为载体，而用改变富化气的流量来调整炉子内碳势。一般载体（即稀释气）气体以充满整个炉腔容积，并保证炉内气压较大气压高 10mmHg（1mmHg＝133.322Pa，下同），炉内废气能顺利排出，即认为满足要求。富化气根据碳势要求而添加，若用丙烷作富化气，在渗碳区加入量一般为稀释气的 $\frac{1}{1000} \sim \frac{1.5}{1000}$。

② 渗碳温度 渗碳温度越高，渗碳速率越快，原因是提高温度有利于碳原子在钢中的扩散，而渗碳温度提高受两个方面因素的影响，一是钢的奥氏体晶粒长大要求温度不能过高，二是提高渗碳温度，渗碳炉寿命缩短。因此，渗碳温度一般选择 850~950℃，常用 920℃。

③ 渗碳时间 渗层深度与温度的关系如下。

用 Fick 第二定律可以得出如下关系：

$$\delta^2 = K_1 e^{-\frac{Q}{RT}} \tag{6-30}$$

式中 δ——渗层深度；

K_1——常数；

Q——碳元素和扩散激活能；

R——气体常数；

T——热力学温度。

可见渗层深度与温度成指数关系，因而温度对渗层深度的影响，要比时间影响得更强烈。渗层深度与时间关系如式(6-31)所示。

$$\delta^2 = K_2 \tau \tag{6-31}$$

式中 δ——渗层深度；

K_2——常数；

τ——渗碳扩散时间。

扩散时间对渗层深度的影响规律，即所谓抛物线定律，可根据渗层深度要求，确定渗碳时间，渗碳时间越长，渗层越深，碳浓度沿层深的分布越平缓。一般渗碳要几个小时到十几个小时，深层渗碳甚至要上百个小时。

④ 工艺规范优化 由于气体渗碳表面的碳浓度可控，因而可以通过在渗碳过程中调整碳势，合理选择加热温度和时间，从而达到渗碳时间短、渗层深度及碳浓度分布曲线合理的最佳工艺。例如，为了缩短渗碳过程时间，在没有及所用材料的奥氏体晶粒长大倾向性允许的条件下，可以适当提高渗碳温度。除此之外，由于炉内碳势可控，可在渗碳初期把炉气碳势调得较高，以提高工件表面的碳浓度，从而使扩散层内浓度梯度增大，加速渗碳过程。而在渗碳后期，降低炉气碳势，使工件表面碳浓度达到要求的碳浓度。

工艺优化实践中制造了很多渗碳方法，如预处理渗碳法、不均匀体渗碳法、变温渗碳法等。

a. 预处理渗碳法 预先在 830℃高碳水平气氛中渗碳，以形成碳化合物，然后升温到 900℃，仍然使工件处在高碳势下渗碳，低温下形成的碳化物不会全部溶解，成为碳化物形成的核心。

b. 不均匀实心体渗碳法 先在 880～920℃渗碳，然后降温到 860℃，由于表面已经溶解得到相当多的碳含量，此时，渗层处于奥氏体和渗碳体共存的两相区（A＋K）温度范围内，为碳化物形成、长大提供了条件，从而加快了渗碳进度。

c. 变温变碳势法 用强渗/扩散两段模式，强渗阶段采用 880～890℃，进行低温高碳水平（C_s＝1.65%～1.85%C）渗碳，过量的碳使零件表层产生碳化物，同时炉内会出现大量炭黑，扩散阶段利用炉内炭黑，滴少量甲醇来获得并维持气氛碳势在 0.8%～0.9%C，并将温度提高到 930℃，促进碳化物的溶解，从而提供向心部扩散所需的高碳含量。

下面是国内某企业采用滴注式井式炉进行大型重载齿轮、齿轮轴的气体渗碳处理工艺。齿轮材料为 18CrMnTi、20CrM、20CrMnMo 和 20CrNi2MoA。渗碳工艺曲线如图 6-3 所示。

渗碳过程采用金相质检查渗层深度，依据钢种、断面尺寸、淬火冷却速率、表面硬度，有效硬化层深度和渗碳层深度之间存在一定的换算关系。表 6-5 是 20CrNi2MoA 钢的换算关系。

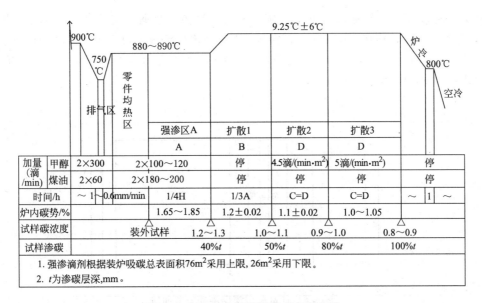

图 6-3 变温变碳势深层渗碳工艺曲线

表 6-5 20CrNi2MoA 钢渗碳层深和有效硬化层深关系

试样断面尺寸	机油	表面硬度	HV550 或 HRC52 处含碳量/%	渗层深=有效硬化层/K
ϕ20mm	20#机油	60HRC	0.31	K=1.3
ϕ30mm	20#机油	60HRC	0.34	K=1.15
ϕ50mm	20#机油	60HRC	0.40	K=1.0
ϕ70mm	20#机油	60HRC	0.46	K=0.8

齿轮的有效硬化层深度 t_1＝图纸要求层深＋齿厚加工余量＋断面影响系数。此时，渗硬深度 $t_2=t_1/K$。

渗碳总时间的计算方法：

渗层在 3～5mm 之内 $t=0.55\sqrt{H}$ (6-32)

渗层在 6～8mm 之内 $t=0.52\sqrt{H}$ (6-33)

式中 t——渗碳层深，mm；

  H——渗碳总时间，h。

碳势控制，在每一阶段（强渗，第 1、2、3 扩散段）进行一半时间，在试样孔中投入碳钢箔一片（钢箔厚度 0.1～0.2mm，含碳量 0.1%，表面光亮无氧化），强渗阶段钢箔加热 2h，扩散阶段钢箔加热 4h，取出作化学分析定碳，以便了解炉内碳势，作为碳势监控的依据，所测炉内碳势应符合下列范围。

强渗阶段：1.65%～1.85%C；

扩散第一段：(1.20±0.02)%C；

扩散第二段：(1.10±0.02)%C。

国外，例如日本，为了提高齿轮的承载转力，渗碳是目前公认的最理想的方法，尽管渗碳工艺成本高，为了满足齿轮的高承载转力，提高生产质量和可靠性，日本近三十年来，在大型承载齿轮上普遍采用渗碳工艺，从 1964 年起对轧机人字齿轮及齿转轴这样长期未能解决的寿命问题，采用渗层渗碳处理，彻底得以解决。

日本深层渗碳工艺主要采用恒温变碳水平法，图 6-4 是典型渗碳工艺曲线。装炉温度 650℃，保温 2～5h，预热温度 750℃，保温 2～5h。渗碳温度 920～950℃（920℃用于 CrNi 钢，950℃用于 CrNiMo）。冷却，采用随炉降温到 800℃保温 1～2h，出炉空冷。所有阶段，炉中始终通入 RX 吸热式保护气。

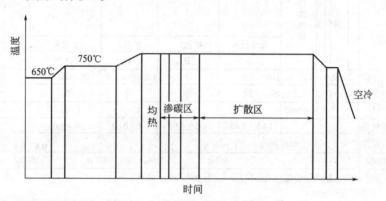

图 6-4 日本典型深层渗碳工艺曲线

渗碳采用分段变碳势法，即分为渗碳阶段（国内称强渗阶段）和扩散阶段，而强渗阶段又可根据碳势不同分 2～4 个阶段，一般开始渗碳时，炉内 CO_2 控制在 0.1%，通入丁烷气，以后阶段逐渐减弱炉内碳势，渗碳初期炉内碳势可达 1.4%C，扩散阶段，停止通入丁烷气，碳势控制在零件表面要求的碳含量。

渗碳时间的确定方法与国内基本相同，采用公式：

$$t = K\sqrt{H} \tag{6-34}$$

K 是比例系数，各公司均采用保密数据，据大屋热处理株式会社资料：

渗碳温度 950℃，$K=0.727$；

渗碳温度 930℃，$K=0.648$。

总的渗碳时间中，渗碳和扩散时间分配比例如下：

$$渗碳阶段时间(h) = (目标 C 含量 - 用材 C 含量/渗 C 阶段 C 含量 - 目标 C 含量) \times 渗碳总时间 H \tag{6-35}$$

若强渗阶段 C 含量=1.2%，用材含 0.2%C，目标 C 含量为齿轮表面 0.8%C，这样渗碳时间 $t=0.3\sim0.4H$。

碳势控制采用一台 CO_2 红外仪，同时控制 3～5 台渗碳炉，在强渗阶段 CO_2 控制在 0.1%～0.3%，扩散阶段 CO_2 控制在 0.3%～0.8%。渗碳温度低，CO_2 控制高一些。装炉量大，吸碳表面积大，扩散快，CO_2 控制低一些。零件装得少，扩散慢，则 CO_2 可高一些。

6.2.3 碳势控制与碳势传感器

钢件气体渗碳是工业上应用最广泛的表面强化技术，已有几千年的发展历史，最初的渗碳方法为固体渗碳。随着工业的发展，发现了液体渗碳、气体渗碳、真空渗碳、流态粒子（fluidird solid particles）渗碳。目前，国内外比较流行的是用天然气、丙烷、丁烷等进行可控气氛渗碳和利用吸热式气体发生炉中产生的渗碳气氛渗碳。自 20 世纪 60 年代，在欧洲、日本滴注式气体渗碳方法已被广泛应用。而且，最近几年，国内外出现了各种催渗剂以及催化的高效滴注式气体渗碳方法。

渗碳设备从最早的固体装箱窑炉，发展为今天种类齐全的井式渗碳炉、灌通式连续渗碳炉、真空渗碳炉等。

关于渗碳的控制，尤其是气氛碳势控制，受到世界各国的高度重视。20 世纪 70 年代微型计算机的诞生，使渗碳控制技术发生了翻天覆地的变化。人们逐步摆脱依靠经验控制碳势的方法。采用计算机或智能温度控制仪对炉温进行 PID 控制，其精度可达到 ±1℃（点温度）。然而，影响渗碳控制技术发展的关键是炉气碳势的精确控制，碳势控制的关键是碳势传感器及相应理论。到目前为止，用来控制碳势的仪器有红外线分析仪、露点分析仪、电阻传感器、氧探头、火焰温度分析仪及气体色谱分析仪等。

(1) 碳势的概念　表征渗碳气氛渗碳能力的参数有碳势、碳传递参数、有效可利用碳量等。其中碳势（crabon potential）应用最广泛。一定的碳势是渗碳过程进行的基础，气氛的碳势对零件表层碳含量、渗碳层浓度都有重要影响，碳势的高低表示了炉内气氛渗碳能力的强弱。

碳势是指在一定温度下，渗碳气氛中的气相反应达到动态平衡，以及气氛与 γ-Fe 之间的渗碳-脱碳反应达到平衡时，钢件表面的碳含量。如果没有说明，则这个特性值始终是对纯铁碳系而言的。

渗碳过程中气氛和零件中碳的化学位（μ_C）和碳活度（a_C）之间的关系，可用渗碳反应分别达到平衡时，根据平衡常数的定义得出。三个主要渗碳反应如下：

$$CH_4(g) = [C] + 2H_2(g) \tag{6-36}$$

$$2CO(g) = [C] + CO_2(g) \tag{6-37}$$

$$CO(g) + H_2(g) = [C] + H_2O(g) \tag{6-38}$$

由平衡常数的定义可得：

$$a_{C_1}^{\gamma} = \frac{P_{CH_4}}{P_{H_2}^2} K_1 \tag{6-39}$$

$$a_{C_2}^{\gamma} = \frac{P_{CO}^2}{P_{CO_2}} K_2 \tag{6-40}$$

$$a_{C_3}^{\gamma} = \frac{P_{CO} P_{H_2}}{P_{H_2O}} K_3 \tag{6-41}$$

式中，$a_{C_1}^{\gamma}$、$a_{C_2}^{\gamma}$、$a_{C_3}^{\gamma}$ 分别表示反应式(6-39)、式(6-40)、式(6-41) 达到平衡时 γ-Fe 所具有的碳活度。由反应达到平衡，由平衡条件可知：
$a_C^{\gamma} = c_C^g$，则：

$$a_{C_1}^{g} = \frac{P_{CH_4}}{P_{H_2}^2} K_1 \tag{6-42}$$

$$a_{C_2}^{g} = \frac{P_{CO}^2}{P_{CO_2}} K_2 \tag{6-43}$$

$$a_{C_3}^{g} = \frac{P_{CO} P_{H_2}}{P_{H_2O}} K_3 \tag{6-44}$$

式中，$a_{C_1}^{g}$、$a_{C_2}^{g}$、$a_{C_3}^{g}$ 分别是反应式(6-36)、式(6-37)、式(6-38) 达到平衡时后气氛的碳活度。利用拉乌尔定律，以石墨为标准有：

$$a_C = f_C [C] \tag{6-45}$$

利用式(6-45) 可以得到 $a_{C_1}^{g}$、$a_{C_2}^{g}$、$a_{C_3}^{g}$，这就是反应式(6-39)、式(6-40)、式(6-41) 平衡时气氛的碳势。若气氛中各组分（如 CO、CO_2、H_2、H_2O、CH_4、O_2 和 N_2 等）之间的反应达到平衡，则气氛仅有一个碳化学势、一个碳浓度和一个碳势，即

$$a_{C_1}^g = a_{C_2}^g = a_{C_3}^g = C_p$$

若气氛与 γ-Fe 之间也达到平衡，则 C_p 等于 γ-Fe 碳含量 C_s，即 $C_p = C_s$，从而给出了碳势以明确的热力学解释。

根据这种热力学解释，当气氛与奥氏体之间反应达到平衡时，其碳势可用平衡铁碳相图来确定，如图 6-5 所示。由图可以看出，平衡渗碳时，气氛中的碳势 C_p 不可能超过 ES 线，且在 1140℃高温下，可达到 2.08% 的最大值。然而许多研究资料报道，在 850~930℃下，C_p 可达到 1.5%~4%。这不符合碳势的热力学定义，是一种非平衡条件下渗碳所产生的现象。

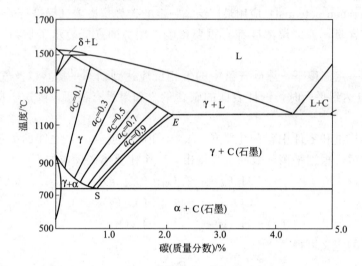

图 6-5 Fe-C 系相图中 a_C^γ 的等活度线

为了克服传统碳势概念，在非平衡条件下应用的困难，有人建议采用碳水平概念来代替碳势的概念。碳水平定义为，在一定温度下，成分固定的钢箔（厚度足够小，尽量减小扩散的影响，$\delta \leqslant 0.05mm$）放入渗碳炉中，经过一定时间渗碳后取出，用化学分析法分析钢箔的碳含量，这个值即为碳水平值。

当气氛碳势 C_p 等于 Fe-Fe$_3$C 相图中 ES 线所指示的碳含量，即 $a_C^g = 1.065$ 时，钢箔在气氛中渗碳可以一直进行到碳含量为 6.69% 的渗碳体为至。因此，钢箔和气氛达到平衡是很困难的。实验表明，在不同组成的过饱和渗碳气氛中，钢箔经同样时间渗碳后，钢箔的平均碳含量是不同的，这表明碳水平还有一定意义，但必须保证钢箔材料的渗碳时间一致，否则将失去意义。

(2) 碳势的测量原理　对钢起渗碳作用的主要炉气成分有 CH_4、CO、CO_2 及 H_2，其中 CH_4 渗碳作用很强烈，含量应严格控制，不能太大。此外，炉气中不可避免存在有 CO_2、H_2O、O_2 等脱碳性气氛，炉气各组分在高温下的相互反应是很复杂的，除了上面谈及的三个渗碳反应外，认为还存在下面几个反应：

$$CO + H_2O \Longleftrightarrow CO_2 + H_2 \tag{6-46}$$

$$CH_4 + H_2O \Longleftrightarrow CO + 3H_2 \tag{6-47}$$

$$2CO + O_2 \Longleftrightarrow 2CO_2 \tag{6-48}$$

$$CH_4 + CO_2 \Longleftrightarrow 2CO + 2H_2 \tag{6-49}$$

上述反应方程式都是可逆的，在一定温度下反应进行的方向，取决于有关气体成分的比值。因此，炉气碳势就主要取决于所有有关炉气的相对比值，而不取决于某些炉气成分的绝对值。

炉气反应达到平衡时，炉气中各组分则保持相对稳定，即不随时间而变化，各反应的平衡常数 K 就可写出，利用不同的反应方程式及其平衡常数得出间接控制碳势的原理和方法。

① CO_2 红外仪控制碳势的原理　由式(6-37)、式(6-40) 及式(6-43) 得出碳的活度 a_C^g，它是碳势 C_p、温度及钢的化学成分的函数，可以写成：

$$a_C^g = f(C_p, T, 钢的成分) \tag{6-50}$$

由式(6-40) 和式(6-50) 得：

$$K_2 = \frac{P_{CO_2}}{P_{CO}^2} f(C_p, T, 钢的成分) \tag{6-51}$$

这里

$$\lg K_2 = \frac{8918}{T} - 9.1148 \tag{6-52}$$

由式(6-51)、式(6-52) 可见，当 T 一定时，K_2 为一常数。钢的成分一定，C_p 取决于 P_{CO_2}、P_{CO} 的相对值。而气相反应达到平衡时有：

$$P_{CO} + P_{CO_2} = A \tag{6-53}$$

故有：

$$10^{\left(\frac{8918}{T} - 9.1148\right)} = \frac{P_{CO_2}}{(A - P_{CO_2})^2} f(C_p, T, 钢的成分) \tag{6-54}$$

即在一定温度下，钢的成分一定，控制 P_{CO_2}，碳势 C_p 就可控。这就是生产上用 CO_2 红外仪控制气氛碳势的理论基础。

② 氧探头控制碳势的原理

由 [式(6-37)×2－式(6-48)]/2 得：

$$CO \rightleftharpoons [C] + \frac{1}{2} O_2 \tag{6-55}$$

又因为平衡常数与温度的关系为 $\ln K' = \frac{A}{T} + B$，由此可得

$$10^{\frac{A}{T} + B} = \frac{P_{O_2}^{\frac{1}{2}}}{P_{CO}} f(C_p, T, 钢的成分) \tag{6-56}$$

在温度 T 时，钢的成分一定，若 P_{CO} 保持不变，则控制 $P_{O_2}^{\frac{1}{2}}$，碳势就可以控制，这就是利用氧探头控制碳势的原理。

③ 露点仪控制碳势的原理　由式(6-38) 得

$$K_3 = \frac{P_{CO} P_{H_2}}{P_{H_2O}} f(C_p, T, 钢的成分) \tag{6-57}$$

在一定温度下，若 CO、H_2 恒定，控制 P_{H_2O} 就可间接控制炉气碳势。这就是用露点仪测量和控制碳势的理论基础。

④ 多因素控制碳势的原理　单因素控制碳势，必须满足三个条件：一是炉气成分中 CO_2、H_2、N_2 等含量不变；二是 CH_4 含量小到可以忽略不计；三是水煤气反应达到平衡。这在实际生产条件下是很难满足的，限制了单因素碳势控制技术的现场应用。因此，就出现了多因素碳势精确控制。

在等温等压条件下，体系中所有物质的物质的量（或分压、浓度）一经确定，体系的状态也就被确定。体系中有几种物质就有几个变量。在气体渗碳体系中共有 P_{CO}、P_{CO_2}、P_{CH_4}、P_{H_2}、P_{H_2O}、P_{O_2} 及 [C] 等 7 个变量。体系中每一种元素都有一个物质平衡方程，在渗碳体系中为：

$$n_C = n_{CO} + n_{CO_2} + n[C] \qquad (6\text{-}58)$$

$$n_H = 2n_{H_2} + 2n_{H_2O} + 4n_{CH_4} \qquad (6\text{-}59)$$

$$n_O = n_{CO} + 2n_{CO_2} + 2n_{O_2} \qquad (6\text{-}60)$$

式中 n_i——i 物质的物质的量。

此外，当体系达到平衡时，体系的自由能最小，即

$$\Delta F_{体系} = 0 \qquad (6\text{-}61)$$

体系自由度等于变量数减去约束条件数，对气体渗碳有：

$$自由度数 = 7 - (3+1) = 3 \qquad (6\text{-}62)$$

计算结果表明，在气体渗碳条件下，若其中三种气体的成分一经确定，体系的状态也就确定，由此得出，若能同时控制三种气体的成分和炉温，就可实现碳势的精确控制。在生产条件下，用三台红外仪（CO、CO_2 及 CH_4）及热电偶作为传感器，用 MCHP-Ⅱ 型系统的过程通道，对渗碳过程进行实时控制，取得了较满意的效果。

⑤ 直接电阻法的碳势控制原理　受实际生产条件的限制，目前露点法、CO_2 法及氧势法尚不能在生产中广泛使用。针对这一问题，人们又重新对热丝法（电阻法）这一著名的方法进行了研究探讨。国内西安交通大学、西安理工大学的研究者分别对其结构、性能及应用效果进行了许多研究。实验证明，电阻法能直接在高温下连续测定炉气碳势。电阻与碳势的对应性及重现性优于其他测定炉气碳势的方法，不足的是，电阻法测量碳势的反应速率不足 CO_2 红外仪和氧探头，但对较长周期渗碳工艺是可以满足生产要求的。

电阻法测量炉气碳势的原理是铁及其某些合金，在高温单项奥氏体状态下的电阻值，随着含碳量和温度的变化而变化。当炉温一定时，含碳量与电阻成单值函数关系，即 $[C] = f(R)$。根据细铁丝（或薄铁片）在炉气中被迅速渗碳或脱碳所生产的电阻变化，可在高温下连续测定炉气的碳势。

(3) 碳势传感器应用现状　碳势控制技术尚未达到成熟阶段，各种传感器同时都处在试验研究之中，并都接受生产实践的检验。如前所示，到目前为止，用于碳势控制的传感器有七八种之多。但是，目前国外比较流行是红外分析仪和氧探头，日本、德国有人采用热电阻法。国内也基本是这三类。表 6-6 是露点仪、红外仪及电阻仪及氧探头在碳势控制过程中的特性比较。

表 6-6　露点仪、红外仪、氧探头及电阻仪使用性能比较

特　性	仪　器			
	露点仪	红外仪	电阻仪	氧探头
精度	±1°F	±0.002%CO_2	±0.05%C	±2mV
反应速率	85s	5s	2min	1s
控制方式	手控或自动	手控或自动	自控	自控
控制点	单点或多点	单点或多点	单点	单点
维修费用	高	低	中	中
操作费用	高	中	中	低
仪器费用	低	高	中	高

注：$t/℃ = \dfrac{5}{9}(t/℉ - 32)$，下同。

由表中可以看出，电阻仪和氧探头，以它们高的控制精度、低的价格及低的维修费用，

将会得到广泛应用。另外,电阻仪和氧探头直接输出电信号,适合于微机自动控制。

(4) 氧探头结构及其应用 氧探头是当前国内外最流行的碳势传感器,其基本原理是高温氧浓度差电池。如图6-6所示,在大约700℃以上,对氧离子来讲,氧化锆管变成一种稳定的固态电解质,由于外层和内层具有不同的气体及不同的氧分压,从而产生一个电动势。电动势的大小可用能斯特方程来描述:

$$E_{O_2} = \frac{2.3RT}{nF} \times \lg \frac{P_{O_{2_1}}}{P_{O_{2_2}}} \qquad (6-63)$$

式中,$P_{O_{2_1}}$,$P_{O_{2_2}}$分别是两电极处的分压;E_{O_2}是电动势,mV;R是气体常数;T是热力学温度,K;F是法拉第常数。

在一定温度下,测出电势差E_{O_2},就可求出$P_{O_{2_1}}$($P_{O_{2_2}}$是参考气的氧分压,一般情况下是已知的,比如空气中氧大约为25%)。

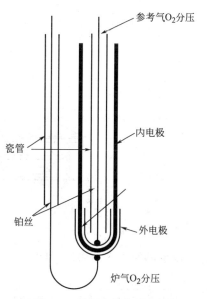

图6-6 氧探头结构示意图

氧探头的反应灵敏(一般小于1s),并直接与氧势的变化有关。在980~1040℃的高温下不会降低灵敏度,不需要进行校准净化以及对气体试样管路的维护(与红外仪相比),因为探头是通过炉壁中的孔点接插入气氛中。二氧化碳或水蒸气浓度的突然变化,不会引起像红外仪中发生的显著控温问题,积炭时对保持控制的能力影响也很小。

氧探头两极间的电阻,是随温度升高而减小的。实验证明,氧探头正常工作的温度底限是600℃(理论值为350℃)。氧探头工作的上限温度,主要受两方面条件的限制:一来自电解质(锆)开始导通出现的误差限制,尤其是在高温或低氧分压下,这种影响更加显著;二是受结构材料的物理极限的限制,高温使金属不断蒸发而烧损,有害物质(像炭黑、硅酸盐及金属蒸气等)直接影响电极的使用寿命等,而且,使用温度越高,气氛污染越严重,则氧探头的使用寿命越短。但一根好的氧探头,在1150℃高温下,可连续使用12~13个月。

氧探头受炭黑影响较小,即碳的沉积不会显著影响探头的测量精度。氧探头的最大缺点是成本高,使用寿命短。

6.2.4 渗碳设备

气体渗碳常用的渗碳设备有周期式炉和连续式炉两大类。周期式炉有井式炉、密封式炉及滚筒炉三种,用于单件或单批渗碳工艺。如密封式炉(图6-7)由前室、加热室及装料机构组成。前室既作装料的通道也是出料后的冷却淬火室。由于前室与加热室均密封,因此,在前室上方有冷装置,下面有淬火油槽。该设备除可进行渗碳外,还可实现渗氮、碳氮共渗、可控气氛淬火等多种工艺工程。

6.2.5 碳在钢中的扩散和渗碳缓冷后的组织特点

(1) 扩散速率 扩散速率随着扩散层渗入元素碳的浓度梯度和扩散系数的增加而增大,碳的扩散系数与渗碳温度、奥氏体碳浓度及合金元素的性质和含量有关。扩散系数D与温度T(K)的关系可近似表达为:

$$D = 0.162\exp(-16575/T) \qquad (6-64)$$

可见扩散系数与扩散温度呈指数关系快速提高,因此,提高渗层的浓度梯度,尤其是提高扩散温度可有效地提高渗碳速率。当渗碳钢的成分和温度一定,扩散系数与渗层浓度无关

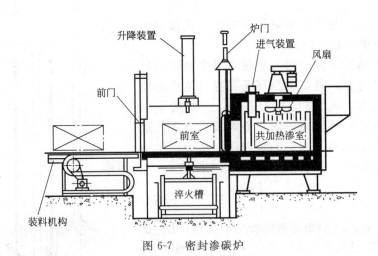

图 6-7 密封渗碳炉

时，渗层的厚度 δ 与渗碳时间 τ 有如下的关系：

$$\delta = K\sqrt{\tau} \quad (6-65)$$

式中，K 是与温度相关的常数。渗碳温度为 850℃时，$K=0.45$；渗碳温度为 900℃时，$K=0.54$；渗碳温度为 920℃时，$K=0.63$。渗碳时间与渗层厚度呈抛物线关系。因此，渗碳层越厚，则渗碳时间越长，而且平均渗碳速率越慢，即渗碳效率越低，渗碳成本越高。

(2) 渗碳缓冷后的组织特点　渗碳缓冷后的组织主要取决于钢的成分和渗层含碳量。若渗碳后表面含碳量高于共析成分，其缓冷后的组织如图 6-8 所示，即自外至内的顺序为：过共析层、共析层、亚共析过渡层、心部原始亚共析组织。通常，低碳钢渗碳层深度为：过共析层+共析层+$\frac{1}{2}$过渡层；低碳合金钢渗碳层深度则为：过共析层+共析层+过渡层。

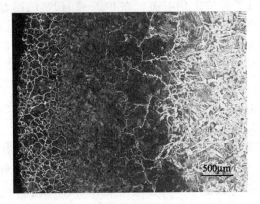

图 6-8 渗碳缓冷后的组织　50×

一般地说，当含碳量大于 1.1% 左右时，则碳化物将易于沿奥氏体晶界析出而呈现明显网状分布。对于含有碳化物形成元素的合金渗碳钢，当表面含碳量较高时，过共析区碳化物往往不一定呈网状析出，而是呈不规则球状或粒状，含碳量过高时，呈粗粒状甚至针状。这些粒状碳化物是在渗碳温度下从奥氏体中析出的，冷却时便被保留下来。

应当指出，渗碳层不允许出现过量的网状碳化物，防止渗碳层和零件变脆。

6.2.6　渗碳后的热处理、组织及性能

(1) 渗碳后的热处理　为使渗碳件表层具有高硬度、高耐磨性和心部良好强韧性，渗碳件在渗碳后必须进行淬火和低温回火。常用的热处理工艺有直接淬火、一次淬火和二次淬火，二次淬火一般很少用。

直接淬火：工件渗碳后，一般是自渗碳温度预冷至 860~840℃，然后淬火。预冷的作用是降低淬火热应力，并使表层高碳奥氏体在预冷过程中析出部分碳化物，减少渗层中的残余奥氏体，以提高表面硬度和疲劳强度。淬火后还需加热至 160~180℃ 进行低温回火，以消除淬火应力。

但预冷直接淬火法只适用于由本质细晶粒钢制成的一般要求的零件。对于要求较高的由

本质细晶粒钢制成的零件,可以采用一次淬火法,即渗碳后缓冷或空冷,再重新加热至 820～860℃淬火,最后低温回火。一次淬火的加热温度,对合金钢可稍高于其心部的 A_{c_3}(840～860℃),使心部铁素体全部溶解,淬火后得到强度和韧性都较高的低碳马氏体,提高心部性能。对于碳钢,淬火温度宜在 A_{c_1}～A_{c_3} 之间选择,以同时兼顾表面和心部的要求。若加热至 A_{c_3} 以上,虽可改善心部组织,但淬火温度对表层而言太高,淬火后表层会出现粗大的高碳马氏体,并有较多的残余奥氏体。

图 6-9 渗碳后淬火+低温回火组织 400×

(2) 渗碳热处理后的组织和性能 经渗碳、淬火和低温回火后,钢件表层(含碳量多为 0.8%～1.0%)得到回火马氏体和细小、均匀的粒状碳化物(图 6-9),硬度为 58～62HRC。心部组织和性能随钢种而异,对淬透性低的低碳钢,心部组织为珠光体和铁素体,硬度为 185～204HB(10～15HRC);对淬透性较高的低碳合金结构钢,心部由回火低碳马氏体(或屈氏体、索氏体)和铁素体组成,硬度较高,并具有较高的强度和韧性、塑性。例如 20CrMnTi 钢经渗碳、淬火及低温回火后,其心部为回火低碳马氏体,硬度可达 35～45HRC,综合力学性能较好。

6.2.7 渗碳件的质量检验及常见缺陷

(1) 质量检验 渗碳件质量检验通常包含:外观检验(是否有腐蚀与氧化现象)、工件变形(主要针对薄板工件)、硬度(工件表面、心部及防渗部位的硬度)、渗碳层深度和金相组织检验等。这里主要介绍硬度、渗碳层深度和金相组织检验。

① 硬度检验 渗碳工件的硬度一般采用洛氏硬度计[负荷 147.1N(150kgf)]测量,渗碳淬火+回火后其表面应大于 58HRC。对渗层较薄工件,应采用轻型硬度计或维氏硬度计。对于渗碳齿轮,表面硬度应以齿顶的表面硬度为准,对于斜齿及圆锥齿轮,可用齿端面的硬度代替,硬度值应在 58～63HRC 为合格。齿轮心部的硬度值在 33～48HRC 为合格,检验部位应以距齿根 1/3 的齿中心线附近为准。图 6-10 是渗碳齿轮经淬火后或淬火+回火后金相及硬度的检验部位。

② 渗碳层深度 碳素钢渗碳层的总深度是过共析层+共析层+1/2 过渡层,且过共析层加共析层厚度之和不得小于总深度的 75%;合金钢渗碳层则包含整个过渡区,即从表面测至出现心部原始组织处为止。常用的渗碳层深度测量方法有断口目测法、金相测量法、有效硬化层深度测定法和剥层化学分析法。这里仅介绍金相测量法和有效硬化层深度测定法。

a. 金相测量法 要求渗碳退火态,即渗碳试样出炉后缓冷,使其得到平衡态组织。用 4%HNO_3-酒精溶液浸蚀,在显微镜下进行测量。

b. 有效硬化层深度测定法 按照 GB/T 9450—88《钢铁渗碳淬火有效硬化层深度的测定和校验》中的规定,工件渗碳淬火后有效硬化层深度在试验力为 9.807N(1kgf)下从工件表面测至到硬度为 550HV 处的垂直距离。采用硬度法测定淬硬层深度能够直接体现工件的力学性能,比金相法在渗碳后测量总深度更切合实际。

③ 金相组织检验 渗碳件的金相组织检验包含:淬火马氏体针的粗细,碳化物的数量和分布特征,残余奥氏体的数量以及心部游离铁素体的数量、大小和分布等。

碳化物的评定以齿顶尖角处为准，共为 8 级。级别主要是根据碳化物的大小、形状、数量及分布而定，碳化物越大、数量越多，分布越不均匀，级别越高。图 6-11 碳化物级别为 8 级。

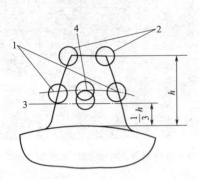

图 6-10　齿轮渗碳淬火＋回火后
金相组织及硬度检验部位
1—残余奥氏体检验部位；2—碳化物检验部位；
3—齿心硬度检验部位；4—心部铁素体检验部位

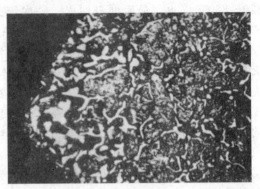

图 6-11　碳化物级别图　400×

马氏体和残余奥氏体级别，也分为 8 级，渗碳层的正常显微组织应主要是细针状马氏体、少量残余奥氏体和数量不多的分散的碳化物，见图 6-9。马氏体和残余奥氏体级别主要按照马氏体的大小和残余奥氏体量的多少而定。马氏体针越粗大、残余奥氏体量越多，其级别越大，图 6-12 马氏体和残余奥氏体级别为 8 级，组织中马氏体针粗大，含有大量残余奥氏体。

心部铁素体的级别亦分为 8 级，根据铁素体的大小、形状和数量而定。铁素体块越大、数量越多，其级别越高。图 6-13 铁素体级别为 8 级。

图 6-12　马氏体和残余奥氏体级别图　400×

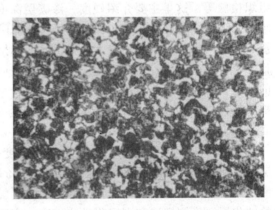

图 6-13　铁素体级别图　400×

（2）常见缺陷　由于渗碳处理时间长、温度高、工艺过程复杂，在生产过程中会出现各种各样的缺陷。常见典型缺陷有以下几种。

① 渗碳层中粗大块状或网状碳化物　这类缺陷（图 6-14）产生原因是渗碳剂活性太高使表面含碳量过高、保温时间过长和渗碳后冷却速率太慢。网状碳化物增加了表面脆性，使渗碳层容易剥落，降低使用寿命，容易使零件表面在淬火或磨削加工中产生裂纹。因而，应合理控制炉内碳势，并适当提高淬火温度。

② 渗碳层中大量残余奥氏体　这类缺陷（图 6-12）产生的原因是渗碳剂浓度太高，使

表面含碳量过高和淬火温度过高。消除的办法是进行高温回火后重新加热淬火或冷处理。

③ 反常组织 这类缺陷（图6-15）产生原因是当钢中含氧量较高，固体渗碳时渗碳后冷却速率过慢，在渗碳层中出现共析渗碳体网周围有铁素体层，淬火后出现软点。消除的办法是适当提高淬火温度或适当延长淬火加热的保温时间，以便使组织均匀化，并选用更为剧烈的冷却剂淬火。

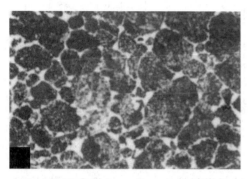 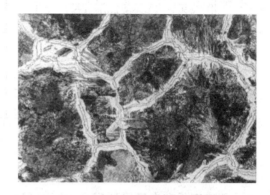

图6-14 渗碳层网状碳化物 400×　　　　图6-15 渗碳反常组织 400×

④ 表面脱碳 产生原因是渗碳后期渗剂活性过分降低，气体渗碳漏气，液体渗碳时碳酸盐含量过高，或渗碳后冷却及淬火加热时保护不良所致。表面脱碳降低了表面硬度、耐磨性、接触疲劳强度和疲劳强度。消除办法是进行补渗，或磨削掉脱碳层，或进行喷丸处理（脱碳层≤0.02mm）。

⑤ 心部铁素体量过多 这类缺陷（图6-13）产生的原因是淬火温度低，或重新加热淬火保温时间不够。补救办法重新按照正常工艺加热淬火。

⑥ 渗层深度不够 产生的原因是渗碳温度低，渗层活性低，渗碳时间短。渗碳剂浓度不足、炉子漏气、装炉量过多或渗碳盐浴成分不正常。

⑦ 表面硬度低 产生的原因是表面碳浓度低或表面脱碳；残余奥氏体量过多，或表面形成托氏体。

⑧ 心部硬度不足 产生的原因是淬火加热温度偏低或保温时间不足，心部有未溶解的铁素体；另外，淬火时冷却速率不够，心部有奥氏体分解产物等。消除办法是重新加热淬火。

⑨ 表面腐蚀与氧化 产生的原因是渗剂中含有硫或硫酸盐，催渗剂在工件表面熔化；工件高温出炉保护不当均引起氧化。

6.3 钢铁材料的渗氮工艺与设备

钢铁零件在一定温度的含有活性氮介质中保温一定时间，使其表面渗入氮原子的过程称为钢的渗氮或氮化。

6.3.1 渗氮的目的和条件

钢铁零件渗氮的主要目的是提高表面硬度（950～1200HV）、耐磨性、抗咬合性、红硬性和疲劳强度。

铁氮状态图（Fe-N相图见图6-16）是研究氮化层组织、相结构及氮浓度沿渗层分布的一个重要依据。图6-17为N在α-Fe的溶解度曲线，因此渗氮通常在500～590℃之间进行，

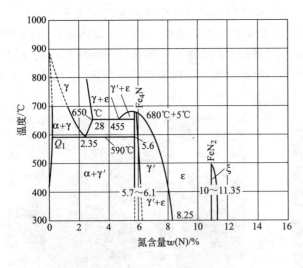

图 6-16　Fe-N 相图

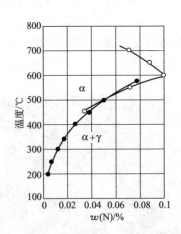

图 6-17　N 在 α-Fe 的溶解度

由于渗氮温度低和渗氮层硬度高，因而零件渗氮后不进行淬火工艺，故渗氮零件的变形很小。因此，渗氮在要求耐磨性高、疲劳强度好和热处理变形小的精密零件的生产中得到广泛的应用。

典型的渗氮钢通常是含有 Al、Cr、Mo 等合金元素的 38CrMoAl 钢，但 40Cr、35CrMo、42CrMo、12Cr2Ni4Al、18CrNiW 等也可用氮化处理来提高其抗疲劳性能。不锈钢、耐热钢等也可以氮化。此外，3Cr2W8 钢制作的模具可用氮化代替淬火硬化。

6.3.2　渗氮原理

钢铁的渗氮过程和其他化学处理过程一样，包括渗剂中的反应、渗剂中的扩散、相界面反应、被渗元素在铁中的扩散及扩散过程中氮化物的形成。

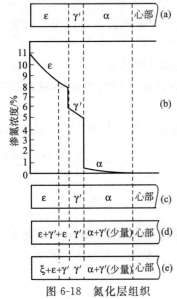

图 6-18　氮化层组织

(a) 渗氮钢的渗层组织；(b) 渗层的氮浓度梯度曲线；(c) 渗氮层的快冷组织；
(d) ε 相中含氮量较低时的缓冷组织；
(e) ε 相中含氮量较高时的缓冷组织

渗氮过程不同于渗碳，它是一个典型的反应扩散过程。目前使用最多的渗剂介质是氨气，在渗氮温度时，氨是亚稳定的，它发生如下分解反应：

$$2NH_3 \rightleftharpoons 3H_2 + 2[N] \tag{6-66}$$

当活性氮原子遇到铁原子时则发生如下反应：

$$Fe + [N] \rightleftharpoons Fe(N) \tag{6-67}$$

$$4Fe + [N] \rightleftharpoons Fe_4(N) \tag{6-68}$$

$$(2\sim3)Fe + [N] \rightleftharpoons Fe_{2\sim3}(N) \tag{6-69}$$

$$2Fe + [N] \rightleftharpoons Fe_2(N) \tag{6-70}$$

纯铁在氮化温度下扩散层的组织结构，如图 6-18 所示。氮化层中各个相的结构特点：α 相是氮溶于 α-铁中的间隙固溶体，其中溶解氮的质量分数 ≤ 0.1%，性能与纯铁相近。

γ 相是氮溶于 γ-铁的间隙固溶体，其溶解度随着温度变化（见图 6-16，Fe-N 相图），在 590℃ 时 γ 相中的含氮量为 2.35%。当温度降到 590℃ 以下时 γ-相通过共析反应转变为 α 相 + γ' 相。

γ' 相是可变成分的间隙相，又称有序化合物。其中含氮质量分数随温度变化在 5.7%～6.1%之间改变，通常用 Fe_4N 分子式表示，是氮溶入以 Fe_4N 化合物为基的固溶体，其力学性能与化合物相近，但脆性较其他氮化物低。缓冷时会从 α 相中会析出 γ′ 相。

ε 相也是成分（含氮量）可变的间隙相，其室温时的化学式相当于 $Fe_{2\sim3}N$，氮的质量分数为 11.0%～11.35%，缓冷时 ε 相中会析出 γ′ 相，但最表面冷却较快，不析出 γ′ 相。

ξ 相是以 Fe_2N 为基，其中氮质量分数在 11.0%～11.35%范围内变化的有序化合物，脆性极大。

对于渗氮合金钢，由于加入了 Al、Cr、Mo 等合金元素，渗层中可形成不同的化合物，如 AlN、TiN、CrN、NbN、TaN、Ta_2N 等，使渗层的硬度和耐磨性提高。

6.3.3 渗氮工艺及设备

（1）渗氮预备及设备　氮化层薄而较脆，故要求钢件心部具有高的强度和韧性。为此氮化前应进行调质处理，获得回火索氏体，以提高零件的心部力学性能和氮化层质量。38CrMoAl 钢调质处理是在 930℃淬火，然后在 600～650℃高温回火，调质后的硬度为 24～35HRC（HB≤350）。

氮化零件的工艺线路一般如下：锻造→退火→粗加工→调质→精加工→去应力退火→粗磨→氮化→精磨或研磨。

其中退火也可用正火代替。

为减少零件在氮化处理时的变形，切削加工（精车）后一般需进行去除应力的稳定回火（38CrMoAl 钢氮化零件的稳定回火温度约 580℃，保温数小时），这对于重要零件如主轴、镗杆等尤为必要。

渗氮方法通常有气体、液体。目前机械工厂中广泛应用的氮化是气体氮化，它是将氨气通入一密封的氮化罐中，利用氨在高温时分解出活性氮原子，活性氮原子被钢件表面吸收并向心部扩散，最后在钢件表面形成一定深度的氮化层。

氮化常用的典型设备为井式炉，见图 6-19 所示。它主要由炉体、密封的马弗罐、风扇、通气或加料装置及控制设备等组成。

（2）气体渗氮工艺　气体渗氮工艺参数主要包含：渗氮温度、渗氮时间、氨的分解率或氨的流量。

① 渗氮温度　在渗氮条件能满足技术要求的条件下选择较高的渗氮温度，可以缩短渗氮时间。因此，渗氮温度一般为 480～570℃，渗氮温度越高，

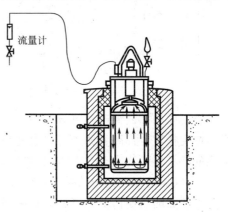

图 6-19　井式炉示意图

渗入原子的扩散速率越快，渗层越深。但是，渗氮温度太高会使渗氮时合金氮化物聚集长大，在渗层中分布的弥散度下降，导致渗层的硬度和耐磨性下降。渗氮温度高时还容易在渗层中出现网状或波纹状组织缺陷，导致脆性增大。再之，通常要求渗氮温度比回火温度低 40℃左右，以保证零件的强韧性在渗氮时不下降。

② 渗氮时间　渗氮保温时间主要决定于渗氮温度和渗氮层深度，渗氮层深度随渗氮保温时间的延长而增厚，且符合抛物线法则，即渗氮初期增加较快，随后增幅趋缓。

③ 氨分解率　氨分解率是气体渗氮的重要工艺参数，它对渗氮层的氮浓度、组织、硬度和耐磨性等均有较大的影响，应必须严格控制。气体渗氮介质应使用高纯度氨，在密闭容

器中，NH_3 在 400℃时即可发生分解，首先是分解为氢和氮原子，但它们很快复合为氢分子和氮分子（氮分子是惰性气体，不能被钢件吸收，不能起渗氮作用），此时炉内由 N_2、H_2、NH_3 三部分组成：

$$2NH_3 \Longleftrightarrow 3H_2 + 2[N] （吸热反应） \quad (6-71)$$

氨的分解率定义为：$N_2 + H_2$ 所占体积比例，即

$$氨的分解率 = \frac{(N_2 + H_2)的体积}{(NH_3 + N_2 + H_2)的体积} \quad (6-72)$$

氨的分解率越低，则渗氮气氛向工件提供可渗入的氮原子的能力越强，但分解率过低会使合金钢工件表面产生脆性白亮层。因氨的分解速率随渗氮温度的升高而加快，要求获得较低的分解率，必须加大进入渗氮炉内氨的流量，使氨分解率控制在 15%～40%。

（3）气体渗氮常用的工艺方法　气体渗氮常用的工艺方法有两种，即一段气体渗氮法和两段气体渗氮法。

一段气体渗氮法又称等温渗氮法，在渗氮过程中渗氮温度保持恒定，借助渗氮过程中调节氨的分解率来控制渗氮层的质量。渗氮温度在 480～530℃，渗氮时间 15～20h 内，在渗氮中间阶段，氨的分解率可提高到 30%～40%，使表层氮原子向内扩散，增加渗氮层深度。渗氮保温结束前 2～4h，氨分解率可控制在 70% 以上，进行退氮处理，减薄或清除脆性白亮层。

两段渗氮工艺的特点是不仅把渗氮过程中的氨的分解率分为三个阶段，同时把渗氮温度分为两个不同阶段。图 6-20 和图 6-21 分别是一段气体渗氮和两段气体渗氮法的工艺曲线。

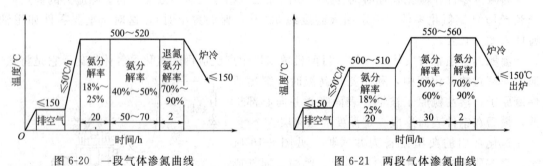

图 6-20　一段气体渗氮曲线　　　　　图 6-21　两段气体渗氮曲线

第一段的渗氮温度和氨分解率与一段渗氮相同，目的是在工件表面形成建立起高的氮浓度和浓度梯度，提高氮原子的扩散速率，获得高弥散度的氮化物，保证渗层具有等温渗氮法得到的渗氮层的优良性能。第二段采用较高的温度（550～600℃）和氨分解率（40%～60%），以加速氮在钢中的扩散，增加渗氮层深度，并使渗氮层的硬度分布趋于平缓。在第二阶段渗氮的后期再提高氨的分解率到 70%～90%，保温 2h 左右，使渗氮层的氢扩散出来或同时降低渗氮层表面含氮量，其作用主要是消除渗氮层的脆性，又称脱氢。

两种工艺的特点：一段气体渗氮法由于等温渗氮的温度低，分段调节氨分解率和保温时间，较容易得到好的渗氮层，零件的变形小，耐磨性和疲劳强度高，脆性也较低。但是，等温渗氮工艺的周期长和成本高。而两段渗氮法扩散期的温度提高了数十度，加之在初期等温阶段建立起的渗层高氮浓度和浓度梯度，有效地提高了氮原子在渗氮层中的扩散速率，明显地缩短了渗氮时间。因此两段渗氮法更适合于要求渗氮层较深的零件。

6.3.4　氮在渗氮钢中的扩散与渗氮缓冷后的组织

（1）氮在钢中的扩散　氮在铁中的扩散系数与温度的关系是：

$$D = D_0 e^{-\frac{Q}{RT}} \quad (6-73)$$

氮在 α-Fe 中扩散系数大于在 γ-Fe 中，这与晶体的晶格类型的密度有关。

氮在 α-Fe 中扩散系数也大于在氮化物中扩散速率。因此，当表面形成氮化物后，渗层厚度的增长受到氮在氮化物中扩散速率的支配，即扩散层深度随氮化物层的厚度而减慢。

钢中大多数合金元素提高了氮的扩散激活能，从而降低氮在铁中的扩散系数，其中以钨、钛、镍和钼的作用显著，而硅、锰和铬的影响最小。氧略能促使氮在铁中的扩散速率，渗氮时通氧可加速氮化。

(2) 渗氮缓冷后的组织　氮化零件并非常用纯铁制成，而是用碳钢或合金钢制成，如 38CrMoAl 是最典型、最常用的氮化用钢之一。这种钢经 520℃ 气体氮化，渗氮 30h，渗氮气体为纯氨。缓冷后的金相组织结构如图 6-22 所示，其氮化层组织表面是化合物层，也称为白亮层，主要是 ε 相，扩散层中碳氮化合物 ε 相粗大，呈脉状分布，心部为原始组织（回火索氏体）。Al、Mo、Cr 的氮化物分布在这些相的基底之上，但极细小弥散，需在电镜下才能看到。

渗氮层中的氮化物级别按扩散层中的氮化物形态、数量和分布分为 5 级，1～3 级为合格。图 6-22 中的氮化物级为 2 级，即扩散层中有少量的脉状氮化物。

实验表明，碳钢的氮化层具有上述纯铁氮化层一样的组织，只是碳钢氮化层中的 α 相是氮和碳在 α-Fe 中的固溶体，ε 相为含碳的氮化物相，即 $Fe_2(C,N)$，γ′ 仍为一氮化物相。

合金钢渗氮后，其渗氮层组织基本上也与碳钢相同，由于渗氮时氮不仅与铁、碳发生作用，而且与合金元素也发生作用，故渗氮层中

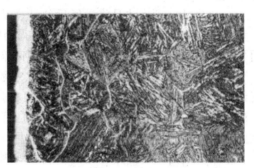

图 6-22　38CrMoAl 钢
氮化层组织　500×

会形成合金氮化物，如 AlN、MoN、Mo_2N、WN、W_2N、CrN、Cr_2N 等。不过，合金氮化物非常细小，且弥散分布，光学显微镜下无法看到。

6.3.5　渗氮层的性能

(1) 钢渗氮后无需淬火便具有很高的表面硬度（HV≥850）、耐磨性和高的热硬性（在 600～650℃ 时仍有较高的硬度）。表面高硬度的原因主要是由于有非常细小弥散的合金氮化物分布在 ε 相、γ′ 相和 α 相的基底之上（弥散硬化）。高热硬性则是由于氮化物相是热稳定性高的硬相。

(2) 渗氮可显著提高钢件的疲劳强度。这主要是由于形成氮化物时体积增大，使钢件表面产生大的残余压应力（达 $588～784MN/m^2$）。

(3) 渗氮后钢件具有高的抗蚀性。这是由于钢件表面形成了致密而连续的氮化物层之故。

(4) 渗氮处理温度低，氮化后又是缓冷，故变形很小（与渗碳、感应加热表面淬火相比，氮化时零件的变形要小得多）。由于变形小，氮化后一般不必再进行机械加工，只需精磨或研磨抛光即可。

上述各点使氮化处理得到了较为广泛的应用，如各种高速传动精密齿轮、高精度机床主轴（镗杆、磨床主轴）等在交变负荷下要求高疲劳强度的零件（如高速柴油机曲轴），以及要求热处理变形小、抗热、耐蚀、抗磨损的零件（如阀门）等，均需进行渗氮处理。

6.3.6 渗氮后的质量检验与常见缺陷

渗氮零件通常的技术指标是：渗氮层深度（一般为 0.6～0.7mm）、表面硬度和心部硬度。对于重要零件，还必须满足心部力学性能、金相组织、氮化层脆性级别等具体要求。

(1) 渗氮后的质量检验　渗氮后的质量检验包括：渗氮层深度、渗氮层脆性和硬度。

① 渗氮层深度的检验　有断口法、金相分析法和硬度法三种方法。

a. 断口法　将试样敲断后目测或用 20～25 倍放大镜观察试样的横断面，渗氮层呈细瓷状脆性断口特征，而心部组织带纤维状呈塑性破坏断口特征。该方法误差较大，一般用于工艺过程的现场检验。

b. 金相分析法　渗氮经不同试剂腐蚀后在放大 100 倍或 200 倍的显微镜下，从试样表面垂直方向测至与基体组织有明显的分界处的距离，即为渗氮层深度。

有时由于材料或工艺原因，金相试样上观察不到明显的交界处，这时可采用硬度法来确定渗氮层的深度。

c. 硬度法　硬度法是将渗氮后的试样从表面沿层深方向测至比基体硬度值高 50HV 处的垂直距离定为渗氮层的总深度。试验采用维氏硬度法，试验力规定为 2.94N，必要时可采用 1.96～19.6N 之间的力，但必须注明试验力数值。

② 氮化层脆性级别　渗氮层的脆性一般用维氏硬度压痕的完整性来评定。采用维氏硬度计，试验力为 98.07N（特殊情况下可采用 49.03N 或 294.21N，但需要进行换算）时的压痕状况，在 100 倍放大下，依照边缘的完整性将渗氮层脆性分为 5 级。1～3 级为合格，重要零件 1～2 级为合格。

采用压痕法评定渗氮层脆性，其主观因素较多，目前已有一些更为客观的方法开始应用。如采用声发射技术，测出渗氮试样在弯曲或扭转过程中出现第一根裂纹的扰度（或扭转角），用以定量描述脆性。

③ 硬度　渗氮层表面硬度可用维氏硬度计或轻型洛氏硬度计测量。当渗氮层较薄时，可采用显微硬度计。若要测量化合物层硬度从表面至心部的硬度梯度，则采用显微硬度法。表层硬度测试时试验力的大小必须根据渗氮层深度而定，试验力太小使测量的准确性降低，试验力过大则可能压穿渗层。当测渗层较浅的硬度梯度时，应采用努氏硬度计来测试。

(2) 渗氮常见组织缺陷　渗氮零件最常见有变形超差、渗层脆性过大、硬度偏低或不均匀、渗氮层金相组织不合格等缺陷。

① 渗氮零件的变形及预防　渗氮是零件表面强化工艺中畸变最小的工艺方法，但由于渗氮层较浅和硬度高，在渗氮过程中组织应力、热应力和各种残余应力会导致渗氮零件的变形，因此渗氮后只能精磨或研磨校正尺寸。

② 渗氮零件的组织缺陷　渗氮层常见组织缺陷如下。

a. 白亮化合物层下面出现纹状（脉状，如图 6-22 所示）、针状或鱼骨状的氮化物。

b. 渗氮件的尖角、棱角处易产生网状氮化物。

c. 当渗氮零件表面发生严重脱碳时，还会在渗氮层上出现骨状的氮化物、大块的黑块和发亮的铁素体块，使渗层脆性增大。

d. 硬度过低　主要是渗氮温度过高或第一阶段渗氮温度高，渗氮层中未形成弥散度高的氮化物层，或氨分解率高，使渗氮层氮浓度较低。零件可以重新渗氮可提高硬度。

e. 表面出现氧化色　主要原因是渗氮罐内有空气进入和出炉温度过高等。

6.3.7 其他渗氮方法

除了常用的气体渗氮方法外，还有真空渗氮、离子渗氮等。

(1) 真空渗氮　真空渗氮是在压力为 $1.3 \times 10 \sim 1.3 \times 10^{-2}$ Pa 的真空容器中，将零件加热到 500~600℃ 之间，向炉内通入氨气，压力回升到 $9.1 \times 10^3 \sim 6.5 \times 10^4$ Pa，然后在该温度下保温，保温时间可根据工艺要求而定，保温时真空度在 $9.1 \times 10^3 \sim 3.9 \times 10^4$ Pa，保温结束，停止加热，再抽真空到 6.5~1.3Pa 使零件在分解的氨气中冷却至 200℃ 以下出炉。

在真空条件下渗氮，可以改善渗氮层的质量，得到硬而不脆的渗层，缩短渗氮时间，提高产品质量。

(2) 离子渗氮　离子化学热处理是在低温等离子体中进行的一种反应过程。离子渗氮是向工件表面渗入氮离子，不是像一般气体渗氮那样由氨气分解而产生的氮原子，而是被电场加速的粒子碰撞含氮气体的分子和原子而形成的离子在工件表面吸附、富集而形成的活性很高的氮原子。

离子化学热处理设备由炉体（工作室）、真空系统、介质供给系统、测温及控制系统和供电及控制系统等部分组成，其基本结构如图 6-23 所示。

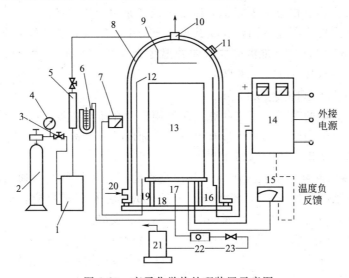

图 6-23　离子化学热处理装置示意图
1—干燥箱；2—气瓶；3—阀；4—压力表；5—流量计；6—U 形真空计；7—真空计；
8—钟罩；9—进气管；10—出水管；11—观察孔；12—阳极；13—工件；14—离子电源；15—温度计；
16—阴极；17—热电偶；18—抽气管；19—真空硅管；20—进水管；21—真空泵；22，23—阀

6.4　钢铁材料的碳氮共渗工艺与设备

碳氮共渗是将工件置入能产生碳、氮活性原子的介质中并加热保温，使工件表层同时渗入碳、氮的热处理工艺。目的是在保持工件内部具有较高韧性的条件下，得到高硬度、高强度的表面层，以提高工件的耐磨性和疲劳强度，延长工件使用寿命。

6.4.1　碳氮共渗的特点和分类

(1) 碳氮共渗的特点

① 碳氮共渗温度低于渗碳温度　碳氮共渗温度低于渗碳温度是由于碳氮的共同作用，使钢铁的相变温度 A_1 和 A_3 较渗碳时低。因而碳氮共渗工艺可以选择较低的共渗温度，通常在 780~860℃ 的温度范围内，并且共渗时间较短，因而共渗处理后钢的晶粒细小，碳氮共渗后直接淬火低温回火，可得高性能产品。

② 碳氮共渗层的碳氮浓度高 碳氮共渗层的碳氮浓度高是因为氮使 γ 相区的相变温度 A_1 和 A_3 下降、γ 相区扩大，增大碳、氮在奥氏体内的溶解度。

③ 碳的渗入促进氮化物的形成 碳的渗入促进氮化物的形成在 570℃ 以下软氮化时表现较明显。因为碳在 α-Fe 的溶解度比氮小 10 倍，表面碳浓度很快达到过饱和而析出 Fe_3C，Fe_3C 作为晶核又促进 Fe_3N（ε 相）的形成，共同组成白亮层。

④ 碳氮共渗层的淬透性和脆硬性优于渗碳层 共渗层的淬透性和脆硬性好是由于氮的渗入使渗层的临界冷却速率降低所致，因此，共渗淬火时可采用较低的冷却速率，减少了工件的变形。碳氮共渗层中的碳氮奥氏体比渗碳奥氏体的稳定性高，不易分解成非马氏体组织。

⑤ 碳氮共渗速率高于单独渗碳和渗氮速率 由于碳氮共渗时氨气与渗碳气体中甲烷、CO 的相互作用，提高了共渗介质的活性和溶于 γ-Fe 中氮对奥氏体相区扩大的影响等，使共渗速率高于渗碳和渗氮的速率。

⑥ 渗层的 M_s 点因氮的渗入而降低，因此表层残余奥氏体较多。

(2) 分类 按照处理温度不同，碳氮共渗可分为中温碳氮共渗和低温碳氮共渗。中温碳氮共渗的温度为 780～860℃，低温碳氮共渗的温度为 520～560℃。中温气体碳氮共渗是常用的工艺，温度一般选择为 840～860℃。

6.4.2 气体碳氮共渗的工艺及设备

(1) 气体碳氮共渗的工艺 碳氮共渗按照所用化学介质状态不同可分为气体、液体和固体碳氮共渗三种。气体中温碳氮共渗具有无毒、表面质量容易控制、生产过程易于实现机械自动化的特点，所以常用气体中温碳氮共渗。

① 中温气体碳氮共渗 中温气体碳氮共渗是将渗碳剂和氨气同时通入罐内，或直接通入三乙醇胺（或三乙醇胺加尿素），借助高温下发生的一系列气相反应，形成碳和氮的活性原子，通过吸收和扩散过程，使碳和氮同时渗入钢件的表层。

共渗温度多为 850℃ 左右，保温时间为 4～5h，渗后可获得 0.7mm 左右的碳氮共渗层。

中温气体碳氮共渗主要用于 20Cr、20CrMnTi 等合金结构钢制成的重负荷和中等负荷齿轮。试验表明，用这种工艺处理的零件，不仅耐磨性高于渗碳零件，而且兼有一定的耐蚀性、较高的疲劳强度和抗压强度。与渗碳相比，它还具有加热温度低、零件变形小、生产周期短等优点。因此，中温气体碳氮共渗有可能逐渐取代渗碳处理。

中温气体碳氮共渗后一般可直接淬火，淬火后于 160～200℃ 低温回火。

② 低温气体碳氮共渗（气体软氮化） 在 Fe-C-N 三元系共析温度（565℃）附近进行的气体碳氮共渗称为气体软氮化。气体软氮化时活性碳、氮原子可由多种方法获得，如利用尿素、甲酰胺及三乙醇胺的热分解法等，氮化时间一般仅 1～3h。经软氮化后的零件，表面可得到 10～20μm 厚的无脆性氮化层（主要由较韧的铁氮化合物 ε 相和少量 Fe_3C 组成），因而赋予零件耐磨、耐疲劳、抗咬合和抗擦伤等性能。与一般氮化工艺相比，气体软氮化的优点是：时间短、零件变形小、渗层具有一定的韧性、不易发生剥落现象。气体软氮化不受钢种限制，它适用于碳钢、合金钢、铸铁及粉末冶金材料，目前普遍应用于量具、模具和耐磨零件，效果良好。例如，3Cr2W8 压铸模经气体软氮化后，表面硬度达 750～850HV，寿命可提高数倍（与只淬火、回火相比较）；W18Cr4V 高速钢刀具软氮化后，表面硬度达 950～1200HV，寿命可提高 0.2～2 倍，但高速钢软氮化后渗层脆性较大，只宜用于对耐磨性要求很高而又无崩刃危险的工具。

软氮化后无需进行任何热处理。

气体软氮化目前存在的缺点主要是渗层较薄（特别是采用尿素热分解法时，渗层厚度很难超过 0.02mm），尿素、甲酰胺及三乙醇胺的分解气中含有一定量的 HCN，有毒性，有待改进。

(2) 气体碳氮共渗设备　气体碳氮共渗的设备与渗碳设备相同，因而各种渗碳炉均适用于碳氮共渗。但在通氨气碳氮共渗时，需在普通渗碳炉上加设一套供氨系统（减压阀、干燥器、流量计、管通等），同时，由于氨气受热时易分解，必须注意气体进口的位置、气体流量以及炉内气氛的搅动等。井式气体渗碳炉、密封箱式多用炉、连续式气体渗碳炉等渗碳设备上均可完成碳氮共渗工艺。

6.4.3　碳氮共渗层热处理后的组织和性能

(1) 碳氮共渗层热处理后的组织　碳氮共渗层的组织类型与渗碳层的基本相同，碳氮共渗层的组织决定于共渗层碳、氮浓度、钢种及共渗温度。图 6-24 为中碳钢（45 钢）碳氮共渗退火态组织，从表面向心部组织依次为含氮共析＋过渡层＋心部亚共析。为使工件具有较高强度和耐磨性，必须通过淬火-低温回火。碳氮共渗经淬火-回火后的表层组织为碳化物＋含氮马氏体＋残余奥氏体或含氮马氏体＋残余奥氏体，见图 6-25。心部为马氏体、贝氏体或珠光体，见图 6-26，可适当提高工件的韧性。与渗碳相比，碳氮共渗因温度较低，一般不会发生晶粒长大，故在共渗后的工件可以直接淬火。

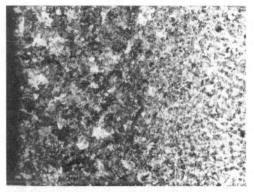

图 6-24　45 钢碳氮共渗退火组织　　100×

图 6-25　45 钢碳氮淬火表面组织　　500×

图 6-26　45 钢碳氮共渗淬火心部组织　　500×

(2) 碳氮共渗层热处理后的性能

① 硬度　共渗层表面的硬度较低，其原因是共渗层表层的碳、氮浓度高，淬火后残余奥氏体多或表层的黑色组织严重。共渗层的最高硬度比渗碳的硬度高 2～3HRC。

② 耐磨性　碳氮共渗层各层组织中除含碳外还含有氮，而且由于共渗温度较低，组织中各组织组成相的晶粒细小，因而共渗层的硬度和耐磨性高于渗碳工艺。

③ 疲劳强度　由于碳氮马氏体的比容大于含碳马氏体的比容，碳氮马氏体的相变温度低于同含碳量马氏体的温度，使共渗层马氏体相变可能在零件淬火时的最后时刻发生，因而淬硬层具有较高的压应力，弯曲疲劳强度和接触疲劳强度高于渗碳零件。

④ 抗拉强度、塑性和韧性　碳氮共渗使材料的抗拉强度大为提高，冲击值明显下降，延伸率及断面收缩率大幅度降低。一般在用碳氮共渗代替渗碳时，层深要明显减少，工件的

冲击韧度将会显著提高。

6.4.4 碳氮共渗件的质量检验及常见缺陷

（1）碳氮共渗件的质量检验　碳氮共渗件的质量检验项目及检验方法与渗碳工件相同。

工件碳氮共渗淬火-回火后的组织为含氮的高碳马氏体，并有一定数量的残余奥氏体和碳化物。为了保证工件具有较高的力学性能，要求马氏体呈细针状或隐晶状，残余奥氏体不可过多，碳氮化合物呈颗粒状，不应出现大块或沿晶界网状分布的碳氮化合物。心部组织应为细晶粒组织（马氏体、贝氏体或托氏体）。

（2）碳氮共渗件常见缺陷　碳氮共渗件常见缺陷包括表层组织粗大或出现网状化合物、有过多的残余奥氏体、表面脱碳、脱氮、出现非马氏体组织、心部铁素体过多、渗层深度不够或不均匀以及表面硬度低等。这些缺陷的形式、形成原因、防止办法基本上和渗碳相同。不过由于有氮的渗入，同一种钢碳氮共渗层组织中形成化合物的倾向及残余奥氏体的数量往往比渗碳处理大。

碳氮共渗最容易出现的组织缺陷为黑色组织，它对工件的疲劳强度和耐磨性都有很大影响。

按照黑色组织形态和分布特点，有黑点、黑网和黑带三种形式。黑点是在高氮势、高碳量条件下，分子氮析出造成的孔隙（孔洞）。黑网实际上是托氏体，是由于合金化合物的析出使奥氏体稳定性降低所致。黑带也称为表面非马氏体组织，如托氏体、贝氏体组织。

黑色组织形成与炉气的氧化性组成，如 CO_2、H_2O、O_2 有关，它们的含量越高，越容易形成黑色组织。黑色组织的组成复杂，除了在其表层和表面几个晶粒深度内有氧化物外，主要由索氏体、下贝氏体等非马氏体组织组成。这是由于炉气中的氧化性组分通过晶界向内扩散与晶界上容易氧化的合金元素如 Si、Cr 等形成氧化物，降低晶界部分的合金元素的含量，并使其淬透性下降，因而钢件淬火时容易在晶界上产生托氏体组织。

在碳氮共渗工艺中完全消除或避免黑色组织很难。为了减轻碳氮共渗层组织缺陷，可从以下几个方面入手。

① 在碳氮共渗之前首先进行渗碳或在碳氮共渗的初期采取低的通氨量，可以有效地减弱和控制碳氮共渗层内黑色组织的数量、形态和分布深度在允许的范围内。

② 合理选用碳氮共渗用钢，选用加 Mo 的钢种，由于 Mo 氧化倾向性较小，增加淬透性、特别是推延珠光体型转变的作用非常强烈，有利于表层生成马氏体，所以生成黑色组织的倾向性较小。

③ 提高炉子密封性，净化气氛，减少内氧化。

④ 适当提高淬火温度，提高淬火介质的冷却速率，可以拟制或减少奥氏体的扩散分解，减少黑色组织的产生。

6.5　钢铁材料的渗硼工艺与设备

将硼元素渗入工件表面的化学热处理工艺称为渗硼。钢经过渗硼后表面具有很高的硬度（可达 1300～2300HV）和耐磨性，良好的抗蚀性、抗氧化性和热硬性。因此，渗硼主要用在探矿、石油化工机械、纺织机械、工模具等要求耐磨粒磨损、耐高温腐蚀的工件。

6.5.1　渗硼的目的和条件

渗硼的目的是提高金属和合金表面的硬度、耐磨性和耐蚀性，特别是耐磨粒磨损性能。

从 Fe-B 系平衡相图（图 6-27）可知，渗硼处理条件为温度在 900~1000℃ 范围内，铁硼系中可出现 γ、Fe_2B 和 FeB 等相。硼在 γ 相（奥氏体）中的溶解度很小（质量分数≤0.008%）。因而，在渗硼过程中，工件表层的奥氏体中硼的溶解度很快达到饱和，形成 Fe_2B 化合物，如果渗硼剂的活性较高，渗硼时间足够长，会在 Fe_2B 层的外侧形成含硼量更高的化合物 FeB。

6.5.2 渗硼方法及特点

渗硼工艺方法可分为固体法、液体法、气体法、离子法等。表 6-7 列出了渗硼的各种方法和特点。

气体法需要用乙硼烷（B_2H_6）或三氯化硼（BCl_3）作为供硼剂，当采用气体（H_2）作为载体气时，因为有爆炸危险，以及 BCl_3 有毒等原因，气体法目前很少用。这里主要介绍常用的渗硼方法：固体渗硼和离子渗硼。

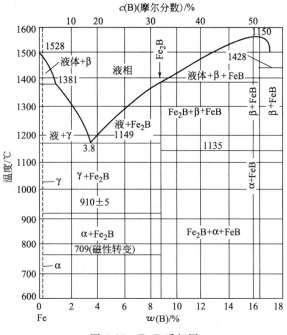

图 6-27 Fe-B 系相图

表 6-7 渗硼的方法和特点

渗硼方法		特点	应用状况	常用设备
固体法	粉末法	装箱进行，冷却后开箱直接使用或重新加热淬火	工艺简便，但劳动条件差	应用较多	箱式、井式电阻炉，保护气氛炉
		在流态床中进行，直接淬火或随炉冷却	工艺简便，劳动条件好，设备复杂	应用不多	流态床加热炉
	粒状法	装箱进行，冷后开箱或直接淬火	工艺简便，劳动条件比粉末法好	应用较多	箱式、井式电阻炉
	膏剂法	装箱加热或在保护气氛炉、真空炉中进行，可直接淬火或随炉冷却	用于局部、单件、小批量的生产	应用不多	箱式、井式电阻炉，保护气氛炉等，离子加热炉
液体法	熔盐法	浸入熔盐进行，可直接淬火或出炉空冷	操作简便，渗层组织均匀，渗后残盐清洗较难	应用较多	坩埚盐炉、内热式盐炉
	电解法	浸入电解熔盐中进行，可直接淬火或出炉空冷	可在较低温度下进行，适应于形状简单的工件	应用不多	坩埚盐炉+直流电源
气体法	气体法	放入密封罐中进行，可直接淬火或随炉冷却	渗剂有毒或易爆，设备复杂	应用不多	密封加热炉
	流态床法	在流态床中进行，可直接淬火或随炉冷却			流态床加热炉
离子法		在离子加热炉中进行，随炉冷却。渗剂有气体和膏剂两种	渗速快，劳动条件好，但复杂工件较难处理，操作复杂	应用很少	离子加热炉

（1）固体渗硼 固体渗硼是把工件直接埋入固体粉渗硼剂中，或将工件涂以膏剂渗硼剂

装箱密封,然后加热保温进行渗硼处理。固体渗硼根据渗剂的特点,还可分为粉末法、粒状法和膏剂法三种。固体渗硼不仅渗剂配制容易,而且渗硼后表面无渗剂残留。所用设备简单,不需要专门设备,适用于各种形状的工件,并能实现局部渗硼。但固体渗硼能耗大,热效率和生产效率低,工作环境差,劳动强度大,渗层组织和深度较难控制。

固体渗硼对渗层组织、深度和质量的影响因素有温度、时间和渗剂的成分,温度越高、时间越长、渗剂活性越强,渗层越厚。

固体渗硼剂一般由供硼剂、活化剂(催渗剂)、填充剂组成。

供硼剂的作用是产生活性硼原子。常用的供硼剂有非晶质硼、碳化硼、硼铁、三氧化二硼、硼砂、硼矸等。

活化剂的作用是使被渗工件表面保持"活化"状态,使硼原子容易吸附于金属表面并向内部扩散,而在由还原剂组成的渗剂中兼有促进还原反应进行的作用。常用的活化剂有氯化铵、冰晶石、氟硼酸钾、碳酸钠、稀土氯化物等。渗硼剂中加入稀土化合物或稀土合金,不但提高了渗硼的速率,有利于形成 Fe_2B 渗层,提高硬度和耐磨性。

填充剂的作用是减少渗剂的板结和渗剂与工件的粘连。填充剂一般用碳化硅、氧化铝或碳(木炭、石墨、活性炭)。

(2) 离子渗硼 离子渗硼是指在较低真空条件下,利用工件(阴极)与阳极之间辉光放电在工件表面渗入硼的过程。该方法和所有其他渗硼法相比不仅具有更高的渗速、操作简单、处理时间短、渗硼温度较低,而且可以调节工艺参数、表面不受沾污、渗后无须清洗,节约能源和气体消耗。

6.5.3 渗硼工艺及其控制

(1) 渗硼工艺参数 渗硼工艺参数主要是温度和保温时间,温度比时间对渗硼质量影响更大。

渗硼温度一般选择在 750~950℃之间,生产上常用温度为 850~950℃。温度过低渗速太慢。温度过高会导致渗硼层组织疏松和材料组织晶粒长大,影响基体强度。渗硼时间在相同温度下,渗硼层厚度随保温时间的延长而增加,但超过一定时间(5h)后,渗硼层厚度增加缓慢,实际生产过程中一般选用 3~5h 为宜。

(2) 渗硼工艺控制 由于渗硼层脆性较大,渗后冷却速率不能太快,否则会造成渗硼层剥落。对于碳钢渗硼后一般采用缓冷作为最终热处理工艺,高合金工具钢多为 980℃渗硼淬火或者淬火后再在 700℃左右进行渗硼。渗硼件二次加热淬火要防止氧化脱硼。

6.5.4 渗硼层的组织和性能

(1) 渗硼层的组织 渗硼组织因工件含碳量、合金元素含量及种类、渗硼方法、渗硼剂活性以及工艺规范不同,得到的渗硼组织有所不同。钢铁渗硼层组织为硼化物,有 Fe_2B 单一相型硼化物、Fe_2B+FeB 双相型硼化物两种,Fe_2B 组织中含合金元素以 $(Fe,M)_2B$ 表示,M 代表合金元素。图 6-28 为 T8 钢在硼铁+Na_2SiF_6+SiC+木炭渗剂,在 850℃×5h 渗硼处理后的渗硼组织形貌,渗硼层的组织为单相 Fe_2B(4%硝酸-酒精溶液浸蚀),组织较为致密。Fe_2B 和 FeB 呈犬牙状插入基体组织,彼此之间有较大的接触面积,使硼化物层与基体接触比较紧密。为了体现 Fe_2B 和 FeB 组织形态,并区分 Fe_2B 和 FeB 相,采用三钾试剂(即:铁氰化钾、亚铁氰化钾和氢氧化钾,又称 P.P.T 试剂)浸蚀(图 6-29),单一的 Fe_2B 呈浅棕色。

渗硼层中 Fe_2B 和 FeB 相的相对量主要与渗硼剂有关,不管用何种渗硼方法,随温度的升高和时间的延长,渗硼层中 FeB 相的相对量都会增加。碳强烈降低渗层中的 FeB 相的相

图 6-28　T8 钢渗硼组织　　100×　　　　图 6-29　T8 钢渗硼组织 Fe_2B　　400×

对含量,并使硼化物针变粗。Si、W、Mo、Ni、Mn 增加渗层中 FeB 的相对含量,Al、Cu 减少渗层中 FeB 相的相对含量。

(2) 渗硼层的性能　渗硼层的硼化物其耐磨性、耐蚀性、抗氧化性好,摩擦系数小,但脆性大,尤其是 FeB 相的硬度、耐磨性比 Fe_2B 高,脆性也更大。因此,在渗硼件中尽可能减少 FeB 相。

① 硬度　FeB 相的硬度为 1800~2200HV,Fe_2B 相的硬度为 1200~1800HV,渗硼层的硬度则由渗硼层中硼化物的类型和相对含量来决定,合金钢渗硼层硬度可达 3000HV。钢中碳含量的增加减少 FeB 相的含量,因而降低渗硼层的硬度。Al、Cu 减少渗层中 FeB 相的相对含量使渗硼层的硬度降低。Si、W、Mo、Ni、Mn 增加渗层中 FeB 相的相对含量,使渗硼层的硬度升高。

② 强度与塑韧性　工件经渗硼处理后其抗压、抗拉强度提高,塑性和韧性下降。

③ 耐磨性　渗硼层的耐磨性非常好,超过渗碳层、渗氮层和碳氮共渗层的耐磨性。

④ 耐热性　具有高的耐热性,在 600℃不氧化,800℃氧化极微。

⑤ 红硬性　红硬性高,加热到 600~800℃硬度仍保持不降低。

⑥ 耐蚀性　耐蚀性好,在酸、碱、盐中耐蚀性都很高,只是不耐硝酸和海水腐蚀。

⑦ 脆性　硼化物具有较高的脆性,尤其是 FeB 相最易剥落,研磨加工困难。所以希望渗硼层只由 Fe_2B 相组成。

6.5.5　渗硼件的质量检验及常见缺陷

(1) 质量检验　渗硼层检验的项目主要有外观、表面硬度、渗层厚度、金相组织等。

① 外观　表面色泽应为较均匀的灰色或深灰色,无剥落、裂纹等缺陷。

② 金相组织　对脆性有要求的耐磨件,原则上应为 Fe_2B 单相组织,允许少量疏松。抗腐蚀件渗硼层组织为单相或双相均可,但渗层要求致密。

③ 表面硬度　采用显微硬度计测试硼化物层的硬度,载荷一般选用 100g,FeB 相区的显微硬度为 1500~2200HV0.1,Fe_2B 相区的显微硬度为 1100~1700HV0.1。

④ 渗层厚度　渗硼工件表面形成的 Fe_2B 或 FeB+Fe_2B 化合物的厚度为硼化物层厚度或硼化物层总厚度。测量具有代表性的 5 个硼化物针的峰值,取其平均值。

(2) 渗硼层常见缺陷　渗硼层常见缺陷有疏松、渗层裂纹、表面固溶、渗硼层厚度不均匀、渗硼层剥落、渗层较浅等缺陷。

① 疏松　当渗硼温度过高时,容易形成疏松(孔洞)。渗剂中氧化性气氛增加,也会导

致形成孔洞。

② 渗层裂纹　对于双相渗层，由于 FeB 和 Fe_2B 的膨胀系数各不相同，在相界面上存在较大的组织应力，渗后快冷时在硼化物相界面或硼化物与过渡层之间很容易出现裂纹。

③ 表面固溶　当渗剂中含有 Si、Al、Mn 时，也会被渗入形成硅、铝和锰的固溶层。

④ 渗层不均匀　产生的原因主要是介质活性差、固体渗剂混合不均匀、渗硼盐溶流动性差或成分偏析等。

⑤ 渗硼层剥落　渗硼层（$FeB+Fe_2B$）太厚或工件渗硼前有划痕、擦伤会导致渗硼层剥落，或工件尖脚处硼含量过高，导致 FeB 层剥落。

⑥ 渗硼层太浅　不同材料的渗硼层厚度要求有所不同，碳钢、低碳合金渗硼层厚度应控制在 $70\sim150\mu m$，而合金钢渗硼层厚度应在 $100\mu m$ 以上，才能满足使用性能要求。如果渗硼层小于 $30\mu m$ 视为渗层太薄，渗层太薄导致性能变坏。产生的原因是渗硼温度过低或保温时间过短、渗硼介质活性不够、固体渗硼箱密封不好等。

6.6　钢铁材料的渗硅和渗金属简介

渗金属是钢铁零件表面强化工艺方法之一，是指钢在高温下渗入各种元素（Si、Cr、Al、V、Zn、Ti、Nb、Mn 等），目的是提高零件的表面硬度、抗腐蚀性、抗高温氧化及抗磨损性能。

渗金属也有固体粉末法、气体法、液体法、离子法等多种，但固体粉末法应用最广泛。

钢铁零件渗金属也是借助渗入原子或活性物质在零件表面吸附、吸收和扩散而形成渗金属层，所以其物理化学过程与其他扩散型化学热处理，如渗碳、渗氮等没有本质区别，但因金属元素在 γ-Fe 中的扩散速率比在碳的扩散速率慢得多，因此，为了获得一定深度的渗层，渗金属就需要比渗碳有更高的加热温度（一般为 $950\sim1050$℃）和较长的保温时间。

渗金属层的组织是固溶体还是化合物，取决于渗入金属和被渗金属间的相互作用的特点。可借助合金金相图对平衡态渗金属层的组织特征及其形成机理进行分析和确定。

渗金属可以是单一元素渗入零件，如钢铁渗钛、渗钒，称为单元渗。也可以是多种元素同时渗入钢铁零件，如铬铝、铬钒两种或两种以上元素同时渗入的工艺，称为多元共渗。这里主要介绍单一元素渗入零件。

6.6.1　渗硅

渗硅可以显著提高钢的硬度、耐酸性和耐热性。它可以在固体、液体、气体介质中进行。由于固体渗硅工艺简单、质量稳定，因此应用较多。

(1) 渗硅方法　固体渗硅包含粉末渗硅、真空和流态床渗硅，其中粉末法应用最多。常用渗硅剂主要由硅铁合金粉粒或硅粉（共渗剂）及氯化铵（催渗剂）组成，在高温下硅铁与氯化铵反应生成 $SiCl_4$，而 $SiCl_4$ 又与钢铁表面发生作用产生活性硅原子，使硅渗入钢铁表层，渗剂中加入石墨能提高生产效率，减少表面黏结。

$$3SiCl_4+4Fe\longrightarrow 4FeCl_3+3[Si] \tag{6-74}$$

$$SiCl_2+2Fe\longrightarrow 2FeCl_2+[Si] \tag{6-75}$$

(2) 渗硅层组织　渗硅层组织、形成速率和性能取决于温度、时间、钢的化学成分、渗入的方法、渗入介质的成分等。钢中化学成分影响最大是含碳量，含碳量越高，对渗层形成的阻碍越大。渗硅层组织为硅在 α-Fe 中固溶体，有时可分为两层，外层为 $Fe_3Si(\alpha')$，内层为含硅的 α 固溶体。

(3) 渗硅层的性能　渗硅层具有对各种介质（海水、硝酸、硫酸、盐酸等）的良好的抗蚀性能，特别对盐酸的抗蚀性能力最强。这是由于渗硅层与介质作用后，在工件表面形成了一层 SiO_2 的薄层，这种连续的 SiO_2 膜结构致密，具有较高的化学稳定性，能阻止介质对基体进一步浸蚀。渗硅能提高钢件加热时的抗氧化能力，但比渗铝的效果差。渗硅硬度不高，为 175~230HV，但耐磨性较好。钢件渗硅后使强度略微下降，延伸率与冲击韧性严重降低。

6.6.2　渗铬

渗铬可以提高零件的耐蚀性、抗高温氧化性和耐磨性。渗铬工艺有固体渗铬和气体渗铬两种。

(1) 固体渗铬　固体渗铬是采用由供铬剂（铬粉或铬铁粉）、填充剂（氧化铝、黏土等）和活化剂（铵的卤化物）组成的粉末状或粒状渗铬剂进行渗铬的工艺。

固体渗铬不需要专门设备，只需将渗铬剂与工件一起装入密封的渗铬罐（箱）内后加热即可，渗铬温度为 950~1100℃。为了获得较深的渗铬层，需要较长时间和较高的温度。因此，渗铬温度高，时间长，工件变形大，为提高心部强度，改善力学性能，零件渗铬后需施行淬火和回火。

(2) 气体渗铬　气体渗铬的渗剂通常为气态铬的卤化物（如 $CrCl_2$），将工件置于密封的炉内，预制的 $CrCl_2$ 气体通入炉内或直接在炉内形成 $CrCl_2$ 气体，使之与工件反应，在工件表面形成渗铬层。

(3) 渗铬层的组织与性能　渗铬层的组织、硬度和厚度与钢中的含碳量和渗剂成分有关，对于工业纯铁渗铬在 950~1100℃ 范围内呈奥氏体状态（由铁-铬二元相图），在该温度范围内进行渗铬，其渗层为 $\alpha+\gamma$ 两相组成，在渗铬后的冷却过程中，渗铬层中的 γ 相也会转变成 α 相。因而，工业纯铁渗铬层主要由 α 相组成。对于碳钢渗铬，由于钢中的碳与铬的亲和力较强，在渗铬的过程中钢中的碳原子向表面扩散，在碳钢的表层和 α 相晶界形成碳化物，并在渗层的接壤的基体中，形成贫碳区。随着钢中含碳量的增加，渗铬碳化物 $(Cr, Fe)_7C_3$ 和 $(Cr, Fe)_{23}C_6$ 增加。同时使碳钢中渗铬层的硬度升高。另一方面，硬度随钢中碳含量增加，渗铬速率减慢。可见钢铁零件的化学成分对渗铬层的组织影响很大，因此，正确地选择制造渗铬零件的材料具有重要意义。

渗铬层的硬度随基体材料的不同而异。纯铁形成的渗铬层是富铬的 α 固溶体，其硬度较低，为 150~200HV；45 钢的渗铬分为内外两层，外层为碳化物层，硬度为 1500HV 左右，内层为 750HV 左右。高碳钢和 GCr15 钢的渗铬层只有明显的碳化物层，硬度在 1500HV 左右，甚至更高。由于高碳钢和中碳钢的渗铬层具有高的硬度和耐磨性以及小的摩擦系数，故模具经渗铬后，使用寿命大大提高。高碳钢渗铬层的另外可贵的性能是在较高温度下还能保持其高的硬度和较高的抗氧化性。

6.6.3　渗铝

在钢的表面渗铝会形成一层耐热耐蚀的渗铝层，渗铝层主要由高铝的铁素体所组成，含铝量可达 40% 以上，钢铁材料和高温合金渗铝可提高耐腐蚀性能。

渗铝方法有固体渗铝（扩散型渗铝）和热浸镀渗铝（液体渗铝）之分。

(1) 热浸镀渗铝及性能　将表面洁净的钢件浸入 680~780℃ 的熔融铝或铝合金溶液中，即可获得热浸镀铝层。

热浸镀渗铝层中铝覆盖层的厚度与钢铁工件提出铝液时的提升速率有关。扩散层的厚度则与热浸镀铝温度、时间、铝液成分及钢中合金元素有关。由于扩散层塑性较差，对于热浸蚀铝后还需进行塑性加工的工件,应尽量减薄扩散层。

热镀渗铝层具有很好的耐大气腐蚀性能,在硫化物环境、普通水、海水中的耐腐蚀性能优于热浸镀锌。热浸镀渗铝层在 H_2S、SO_2 等气氛中具有高温耐腐蚀性能。

热镀渗铝生产效率高,适用于处理形状简单的管材、丝材、板材、型材。

(2) 固体渗铝及性能　固体渗铝是在铝铁粉中进行,加入 0.5%~2% NH_4Cl 作为催渗剂,在 900~950℃保温 3~5h。为增加层深和降低脆性,渗后要在 950℃扩散退火 4~6h。

固体渗铝层厚度与温度、时间、渗剂成分、钢中的碳及合金元素的含量有关。

固体渗铝层抗高温蠕变性能有所提高,在高温空气、H_2S、SO_2 熔盐等环境下具有良好的耐蚀性,渗铝层在 850℃之下具有良好的抗氧化性能。

固体渗铝生产效率低,操作比较麻烦,但渗层容易控制,一般用于渗层要求较高,形状复杂,特别是有不通孔、螺纹的工件。

6.6.4　渗钛、钒、铌、锰的方法及性能

渗钛、钒、铌、锰主要是利用它们与碳的亲和力比铁强,易于与钢中的碳结合形成金属碳化物渗层。渗钛、钒、铌、锰的方法及性能见表 6-8。

表 6-8　渗钛、钒、铌、锰的方法及性能

项目	方　法	渗剂成分(质量分数)及工艺	渗层组织及性能
渗钛	粉末法	TiO_2 50%,Al_2O_3 29%,Al 18%,$(NH_4)_2SO_4$ 2.5%,NH_4Cl 0.5%,T8 钢 1000℃,4h,渗层厚度 20μm	1. 渗钛层组织:工业纯铁和 08 钢,TiFe(或 Ti1Fe)+含钛 α 固溶体;中高碳钢 TiC 2. 性能及应用:TiC 的硬度为 3000~4000HV,具有很高的耐磨性,可用于刀具、模具 渗钛层在海水、稀 HNO_3 碱液、酒石酸、醋酸中具有良好的耐蚀性能,可应用于海洋工程、化工、石油等多种领域 3. 适用材料:钢、铸铁、硬质合金
		钛铁 75%,CaF_2 15%,NaF 4%,HCl 6%,1000~1200℃,10h 以内	
	熔盐电解法	K_2TiF_6 16%+NaCl 84%,添加海绵钛,石墨作阳极,盐浴面上 Ar 保护 850~900℃,电压 3~6V,电流密度 0.95A/cm²	
	气体法	$TiCl_4$(或 TiI_4,$TiBr_4$),H_2,750~1000℃	
		海绵钛与工件同置于真空炉内,彼此不接触,真空度:(0.5~1)×10⁻² Pa,900~1050℃ 举例:1050℃×16h 下,08 钢可得 0.34mm 渗钛层,45 钢可得 0.08mm 渗钛层。12Cr418Ni10Ti 可得 0.12mm 渗钛层	
渗铌	粉末法	Al_2O_3 49%,NH_4Cl 1%,950~1200℃	低碳钢:α 固溶体 中高碳钢:Nbc 或 Nb+α 固溶体。耐磨,抗蚀
	气体法	铌铁,H_2,HCl,1000~1200℃	
		$NbCl_3$,H_2(或 Ar),1000~1200℃	
渗钒	粉末法	钒铁 60%,高岭土 37%,NH_4Cl 3%,1000~1100℃	低碳钢:α 固溶体 中高碳钢:VC 或 VC+α 耐 HNO_3 50%、H_2SO_4 98%、NaCl 10% 腐蚀,VC 很耐磨
	气体法	V(或钒铁),HCl,或 VCl,H_2 1000~1200℃	
渗锰	粉末法	Mn(或锰铁)50%,Al_2O_3 49%,NH_4Cl 5%,960~1150℃	低碳钢:α 固溶体 中高碳钢:$(MnFe)_3C$ 或 $(Mn,Fe)_3C+α$ 渗锰层耐磨,在 NaCl 10% 中具有耐蚀性
	气体法	Mn(或锰铁),H_2,HCl,800~1100℃	

参 考 文 献

[1] 安运铮主编. 金属热处理工艺学. 北京:机械工业出版社,1982.
[2] 潘邻主编. 化学热处理应用技术. 北京:机械工业出版社,2004.
[3] 黄守伦主编. 实用化学热处理与表面强化新技术. 北京:机械工业出版社,2002.

[4] 武汉材料保护研究所等编. 钢铁化学热处理金相图谱. 北京：机械工业出版社, 1980.
[5] 陈仁悟, 林建生. 化学热处理原理. 北京：机械工业出版社, 1988.
[6] 田荣璋主编. 金属热处理. 北京：冶金工业出版, 1985.
[7] JB 1673—75. 汽车渗碳齿轮金相检验.
[8] 樊东黎, 徐跃明, 佟晓辉主编. 热处理工程师手册. 北京：机械工业出版社, 2005.
[9] 中国机械工程学会热处理学会编. 热处理手册：工艺基础. 北京：机械工业出版社, 2009.
[10] 倪金荣, 葛利玲. 固体渗硼剂中氟硅酸钠作用的研究. 金属热处理, 2000 (1).

第7章 低维材料的表面化学处理工艺与设备

7.1 低维材料表面化学改性的意义

低维材料是相对于三维块体材料而言，是指材料单元大小可用二维、一维及点来表示的一类材料，包括薄膜、纤维和粉末等。本章仅考虑纤维、粉末类材料，它们具有体积小、表面积特别大的特点，表面性质决定其性能和用途，研究其表面化学改性，对发挥纤维材料、粉体材料功能和拓展其应用领域具有重要意义。

低维材料表面化学改性是指采用一定的方法对纤维材料、粉末材料的表面进行处理、修饰及加工，有目的地改变低维材料表面的物理、化学性质，以满足低维材料加工及应用需要的一门科学技术。

低维材料表面化学改性有以下几个方面的作用。

(1) 提高低维材料加工性能　低维材料尺寸小，比表面积大，表面活性高，稳定性差，制备过程中同时进行表面化学改性，可以降低表面活性，防止低维材料的团聚。如加气铝粉常以水为湿磨介质经球磨制得，但水能与铝粉反应产生氢气，球磨过程如果不进行表面改性处理，不但得不到高活性的铝粉，还存在爆炸的危险，若在球磨过程中加十二胺与偏钒酸铵复配表面改性剂，则可完全抑制水与铝粉的反应。表面化学改性有效地降低了表面能，可以起到助磨、助滤、助分级和提高研磨效率的作用。

(2) 提高低维材料在介质中的分散性　低维材料表面化学改性是提高低维材料在介质中分散性能的重要手段，通过低维材料表面化学改性处理，改变了低维材料的表面电性、表面张力及空间位阻等，提高其在介质中的分散性。用于涂料工业的无机颜料、填料粉末，一般必须进行表面化学改性处理，可以改善颜料、填料在涂料体系中的分散性能，改善涂料的流变性能，从而提高涂料施工性、耐候性、耐光性和耐化学品性。

(3) 扩大低维材料的应用领域　表面化学改性处理是低维材料获得有效应用和广泛应用的前提。大多数低维材料的表面性质与有机聚合物的表面性质相差较远，相容性差，难以在有机材料基体中均匀分散，若直接使用，将会影响有机材料的某些性能。对低维材料进行表面化学改性，可改善低维材料与基体的相容性和润湿性，提高它们在基体中的分散性，增强与基体的界面结合力，从而提高复合材料的机械强度和综合性能，甚至赋予复合材料某些特殊性能，扩大其应用领域。木纤维（木粉）广泛应用于热固性塑料中，如做填料用于酚醛塑料，就是常说的电木。木纤维经过表面化学改性可以用于热塑性塑料中，形成塑木复合材料，已成为目前人造木研究的热点，其关键就是表面处理。高岭土经过亲水性表面化学处理，可以广泛应用于造纸工业的涂布料，而经过表面亲油处理的高岭土可以作为涂料的填料和橡胶、塑料的填料。经过表面处理的非金属矿粉体在工业部门中已得到广泛应用，越来越多的行业开始大量使用表面化学改性过的非金属矿超细粉体。目前表面处理非金属矿超细粉体的主要用户是塑料工业，占总用量的 70%，其次是橡胶工业占 15%，其余占 15%。普通的云母粉只能做普通填料。采用化学方法对普通云母粉进行金属氧化物包覆处理,获得高级云母珠光颜料,可广泛用于化妆品、油墨、塑料、油漆等方面,成为高档精细化工产品,大大提高了云母粉的身价。

(4) 矿物分离　表面化学改性处理是复杂矿物原料获得有效分离的重要手段。自然矿物大多为混合物、共生矿,必须对矿石进行破碎、球磨、分级,并对分级出来的细粉进行浮选,让所需要的矿粉漂起来,并被收集。其中浮选过程的浮选剂就是我们所说的表面化学改性剂,通过浮选剂在不同矿物粉末表面吸附、反应的差异,获得表面性质有差异的矿物粉,利用表面性质不同的粉末其浮力不同,实现矿物分离。因此,矿物表面化学改性是矿物浮选的技术基础。

(5) 低维材料的表征　低维材料可通过电子显微镜、激光粒度分析仪等仪器进行形貌、粒度分析,但低维材料比表面积大,表面能高,容易团聚,严重影响表征结果。在制样过程中,如果能正确使用表面改性剂,就可获得理想的结果。如,铜金粉的激光粒度分析,利用表面活性剂处理铜金粉表面,使其亲水,就可保证测量精度。

7.2　低维材料表面特性

物体和真空或气体的界面称表面。纤维、粉末类材料表面是指表面的一个或几个原子层,有时指厚度达几微米的表面层。表面是体相结构的终止,表面向外的一侧没有近邻原子,表面原子的部分化学键形成悬空键。表面悬空键使材料表面有与其他物质成键的能力,纤维、粉末类材料的比表面很大,表面能很大,为了降低表面能,所有表面原子都会离开它们原来在体相中应占的位置而进入新的平衡位置,发生弛豫和重构。弛豫是指表面层之间以及表面和体相内原子之间在垂直于表面方向的距离和体相原子之间间距相比有所膨胀或压缩的现象。重构是指表面原子层在平行于表面方向上的排列周期性不同于体相。图7-1是铜锌合金粉末表面的微观形貌。从高分辨率电子显微照片可以看出,粉末表面极不均匀,排列周期性很差,各种缺陷遍布,表面粗糙。激光扫描照片也表明粉末表面极不均匀,具有复杂的表面相结构。这种表面结构决定了低维材料表面具有很高的活性。低维材料依据断裂化学键的性质,表面性质也有差异。断裂面以离子键和共价键为主的为强不饱和键,表面为极性表面。断裂面以分子键为主的为弱不饱和键,表面为非极性表面。

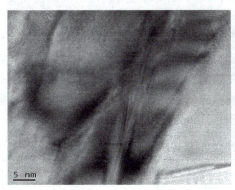　　

(a) 表面高分辨形貌　　　　　　　　　　　(b) 表面激光扫描形貌

图7-1　铜锌合金粉末表面结构形貌

对于粉碎法制备低维材料来说,在恒温、恒压下粉碎颗粒而产生单位新鲜表面所做的可逆功就是表面自由能,简称表面能。低维材料表面的不均匀性,决定表面存在高峰、棱角、台阶等，处于这些地方的原子或分子的力场极不均衡，这些部位的能量也更高，在吸附和化学反应中起更大的作用。通常将表面能较高（为 1000～12000J/m²）的表面，如金属及其氧化物、玻璃、硅酸盐等无机固体表面称为高能表面。把表面能较低（通常小于 1000J/m²）的有机固体表面，如石蜡、塑料等称为低能表面。低维材料表面化学改性，是通过一定的机械、物理及化学方法对低维材料表面进行处理，降低其表面能，以利于其在低能物质体系中分散。

低维材料表面特性，使其与极性水介质有很强的相互作用。其中水合作用可以形成水合配离子（水化阳离子），水化阳离子与低维材料表面的负电子相互吸附，形成双电层，改变了材料表面的电性，形成了表面电位和 Zeta-电位。表面电位是低维材料非常重要的特征，直接关系表面修饰剂与低维材料表面的作用效果，它受材料纯度、加工方式、晶体结构、介质及环境条件的影响。低维材料的表面离子，特别是表面阳离子，趋向于同水分子作用以补偿表面离子的悬空键，形成氢氧化物，使低维材料表面羟基化。羟基化表面可以看作是表面离子与水分子形成的含氧酸或碱，其酸碱性与相应的金属离子的酸碱性序列一致。羟基化是无机粉末、纤维材料在水中的普遍行为。表 7-1 列出了一些氧化物的表面羟基密度。

表 7-1 一些氧化物的表面羟基密度

氧化物	表面羟基密度/(OH^-数/nm²)	测量方法	氧化物	表面羟基密度/(OH^-数/nm²)	测量方法
SiO_2	5.1	NaOH	γ-Al_2O_3	10	失重法
TiO_2	4.5	NaOH	α-Fe_2O_3	5.5	BET
ZnO	6.8～7.5	BET			

低维材料表面特殊的物理化学结构和对大气中水和氧的吸附，使其表面存在着不同于内部的化学反应活性基团即表面官能团。它是低维材料表面晶体结构和化学组成的反映，和通常的化学反应官能团一样可与其他化合物起反应，但它植根于低维材料表面，其反应受表面结构、杂质和表面能影响较大，并且反应不均匀。表面官能团决定了低维材料在一定条件下吸附反应的活性、电性和润湿性，对材料的应用性能及与表面修饰剂的作用都有重要影响，决定了表面修饰剂种类、用量和改性工艺，也影响低维材料与基材的化学成键和结合强度。例如，带有羟基、晶格氧或吸附氧的高岭土、海泡石、蒙脱土及蛭石等，适合于硬脂酸类偶联剂或直接用于含有该类基团的基体中。低维材料表面的酸碱性与改性剂酸碱性相反，有利于形成强的结合。

材料种类不同，表面官能团的种类和数量不同，同一低维材料因表面不均匀性、介质条件、加工方式等的差异，表面官能团的数量、分布也不同。如实心纤维的活性官能团集中在纤维的端部，空心纤维的活性官能团主要集中在缺陷和内孔的边沿处。强机械力和弱化学力会改变活性官能团的分布和特性，低维材料机械粉碎，可使其表面的官能团更多地裸露，表面官能团的种类增多，表面活性增强。表 7-2 给出了部分低维材料的表面官能团。

表 7-2 一些低维材料的表面官能团

物 质	表面官能团	物 质	表面官能团
石英	OH^-,Si—O—Si	石棉	OH^-
刚玉	OH^-,Al—OH	滑石	Si—O—Si,Si—O^-,Si—OH
二氧化钛	OH^-,Ti^{4+},O^{2-}	叶蜡石	OH^-,Si—O—Si,Si—O^-,Al—OH
高岭土	OH^-,Al—OH,Si—O^-	硅灰石	Si—O—Si,Si—O^-,Si—O,Ca—O
云母	Si—O^-,Al—OH,Si—OH	炭黑	OH^-,COOH

7.3 木质纤维材料表面化学改性处理

7.3.1 木质纤维材料的应用背景

木质纤维材料的应用具有悠久历史,过去人们用土作泥浆粉墙面,为了使墙面耐用不开裂,在泥浆中加入切短的麦秸或麻。从 20 世纪初期人造板的问世以来,低廉的价格和优异的性能使人造板得到飞速发展。国家给人造板行业进行了持久的政策支持,通过近十年的快速发展,以综合利用林区三剩物和次小薪材的中密度纤维板、刨花板、细木工板等人造板制造工业得到快速发展,使我国成为了当今世界人造板生产大国。据统计,我国人造板年产量从 2000 年的 2002 万立方米增加到 2009 年的 11547 万立方米,年均增长 21.5%,年生产总值接近 2 千亿元。人造板工业的强劲发展,不但为社会提供了大量质优、价廉的原材料,同时也带动了上、下游相关产业的高速发展,使我国在地板、家具、木门、音箱、木制玩具和工艺品、室内装饰、胶黏剂、装饰纸及木工机械等行业也都成为了世界生产大国(2011,中国建材在线网)。上述人造板有一个共性就是离不开胶黏剂,对纤维也无表面性质要求,而流行的胶黏剂均含有毒成分甲醛,在制造、加工和使用过程存在安全隐患。随着环保意识的增强,这些人造板迟早会面临发展困境。

就在国内大力发展胶黏人造板的时候,1990 年在北美市场出现了一种全新的人造板材料——木塑复合材料(wood-polymer composites,缩写为 WPC)。木塑复合材料是指热塑性塑料与木质纤维进行复合所形成的复合材料,热塑性塑料是以连续相存在于复合材料内,木质纤维则起着填充和增强作用。适合制备热塑性塑料的材料主要有聚乙烯(PE)、聚丙烯(PP)、聚氯乙烯(PVC)的新料、废旧料及回收料。木质纤维主要有木粉、竹粉、稻壳粉、麦秸秆粉、麻秆粉、棉秆粉等植物纤维材料。

木塑复合材料兼有木材和塑料的双重特性,制品耐虫蛀,不生真菌,吸水率低,不开裂,变形小,力学性能、耐用性好,具有硬度高、耐磨、强韧性好、尺寸稳定等特点。可用塑料成型的成型方法和工艺进行木塑型材或制品的加工,加工方法简单,加工过程无废料,并可循环利用。木塑复合材料外观类似木材,也具有与木材相似的加工性,可锯、可刨、可钉、可粘接。木塑复合材料使用过程安全,无有毒气体释放,属环保绿色材料。

目前森林资源日趋匮乏,随着人民生活水平的不断提高对木材消费的急剧增加,木材短缺的现实已成不争的事实,寻求木材的替代品和充分提高木材的利用率已成为发展趋势。传统木材加工过程中木材的利用率为 60%~70%,锯末、刨花、边角料等废料占 30%~40%,另外我们有连年不断林果树修剪的枝杈材料和丰富的植物秸秆材料,上述木材废料、枝杈和植物秸秆一般是作为燃料或焚烧,随着清洁能源(天然气、沼气、太阳能、电能)的普及,焚烧或丢弃的比例愈来愈大,在我国已成为各地政府治理环境污染的一大难题。塑木复合材料的出现为木材废料、枝杈和植物秸秆等木质纤维的利用开辟了广阔的天地。我国每年有约 800 万吨的废旧、回收塑料,塑料污染已经非常严重。废旧塑料与木材废料、枝杈和植物秸秆等木质纤维的复合,一定能化腐朽为神奇。

7.3.2 木质纤维材料化学处理原理

木质纤维原料具有来源广泛、价格低廉、可自然再生、可生物降解、密度低、纤维长径比大和比表面积大等特点,作为增强材料用于热塑性塑料显示良好的力学性能。木质纤维素泛指木材原料和秸秆原料加工而成的纤维状或粉状材料。但木材原料和秸秆原料各有其特点。

(1) 木材原料　木材是由无数不同形态、不同大小、不同排列方式的细胞组成，细胞是构成木材的基本结构单元。木材细胞的细胞壁主要由纤维素、半纤维素和木质素等3种成分构成，它们对细胞壁的物理作用不同。纤维素是以分子链聚集成排列有序的纤维丝束状态存在于细胞壁中，赋予木材抗拉强度，起骨架作用，被称为细胞的骨架物质；半纤维素以无定形状态渗透在骨架物质之中，借以增加细胞壁的刚性，被称为基体物质；而木质素是在细胞分化的最后阶段形成，它渗透在细胞壁的骨架物质中，可使细胞壁坚硬，被称为结壳物质。木材的主要化学成分是构成木材细胞壁和胞间层的物质，由纤维素、半纤维素和木质素三种天然高分子化合物组成，占木材总量的90%以上。

纤维素是不溶于水的均一聚糖。它是由D-葡萄糖基构成的直链状高分子化合物。纤维素大分子中的D-葡萄糖基之间依纤维素二糖连接的方式联结。纤维素二糖的C1位上保持着半缩醛的形式，而在C4位上留有一个自由羟基，纤维素具有独特的X射线衍射图谱。纤维素的化学结构是1,4-β-D-吡喃式聚葡萄糖。它的性质和功能是通过纤维素分子聚集体所形成的结晶态和细纤维结构决定的。

半纤维素是除纤维素和果胶以外的植物细胞壁聚糖。与纤维素不同，半纤维素是两种或两种以上单糖组成的不均一聚糖，分子量较低，聚合度小，大多带有支链。构成半纤维素的主要单糖是木糖、甘露糖和葡萄糖，构成支链单糖是半乳糖、阿拉伯糖、木糖及葡萄糖等。

木质素是由苯基丙烷结构单元通过醚键和碳-碳键连接而成、具有三维结构的芳香族高分子化合物。

针叶树材和阔叶树材中纤维素、半纤维素及木质素的含量见表7-3。一般针叶树材中纤维素和半纤维素的含量低于阔叶树材中的含量，但针叶树材中木质素含量高于阔叶树材。

表7-3　木材纤维素、半纤维素及木质素的含量

主　要　成　分	针叶树材/%	阔叶树材/%
纤维素	42±2	45±2
半纤维素	27±2	30±5
木质素	28±3	20±4

(2) 植物秸秆原料　植物秸秆纤维原料主要由纤维细胞（即韧皮纤维类）、薄壁细胞、表皮细胞以及导管等组成。纤维细胞是秸秆类植物纤维的主要组成部分，纤维细胞两端呈尖削状，胞腔较小，平均长度为1.0～1.5mm，平均宽度为10～20μm，纤维形态与阔叶树材纤维细胞类似。薄壁细胞一般呈杆状，易碎。表皮细胞含有硅质（SiO_2）。非纤维细胞是秸秆类植物纤维中除纤维细胞之外的其他细胞的统称，其含量大于木材原料，特别是草本类植物中非纤维细胞含量高达约50%。而木材的非纤维细胞含量很低，针叶材仅为1.5%左右，阔叶材较高，在20%左右。竹材、芦苇、棉秆、甘蔗渣等的纤维细胞含量接近于木材纤维含量，这就是秸秆类植物纤维可用于木塑复合材料的先决条件。

(3) 木质纤维材料的表面性质　木塑复合材料作为结构材料，要求强度高、刚度高、质量轻、尺寸稳定性好。复合材料的界面相的结构与性能对复合材料的力学性能影响很大。复合材料受到载荷时，复合材料界面应该能把基体上的应力传递到增强体上，这就需要界面相有足够的结合强度，而基体与增强相的相容性至关重要。

天然木质纤维是由许多D-吡喃式聚葡萄糖相互以1,4-β-苷键连接而成的多糖。纤维表面大分子的重复单元每一个基环内含有3个羟基，使纤维表现出较强的极性和亲水性。而热塑性塑料多数为非极性，具有疏水性。这就使基体与增强体间的界面润湿性、界面结合强度

变得很差。改善材料的界面相容性一直是木塑复合材料研究的主要内容之一。

(4) 木质纤维素表面化学改性的原理　木质纤维材料表面改性的目的是通过化学处理剂与纤维材料表面的羟基发生吸附、反应获得疏水性的纤维材料。木质纤维材料表面化学改性主要原理如下。

① 碱处理　其原理是通过植物纤维表面的碱化处理，使植物纤维中的部分果胶、半纤维素及其他低分子杂质等被溶解除去，提高纤维表面的粗糙度和空隙度，使纤维表面活性点增多，改善纤维材料的分散性，实现纤维材料表面改性的目的。碱处理的工艺为：先用乙醇或苯对纤维材料进行提取除杂，然后用碱溶液（如 NaOH 溶液）浸泡一定时间，用水洗至中性，烘干即成。

② 酯化或醚化改性　酯化或醚化改性可以降低植物纤维的表面极性，使其易于在基体中分散，从而改善纤维和聚合物的界面相容性。酯化一般采用乙酸、乙酸酐、马来酸酐、邻苯二甲酸酐等低分子羟基化合物，利用化合物中的羟基与植物纤维中的羟基发生酯化反应或与植物纤维形成氢键，降低纤维的极性，并使改性剂的极性端可以插入到塑料基体中，从而提高与疏水性聚合物间的相容性。

③ 接枝改性　纤维的接枝改性是由 Bridgford 于 1963 年发明的，采用催化剂，将不饱和的单体接枝到木质纤维上，改善了纤维与塑料的相容性。苯乙烯、丙烯酸酯类单体，在辐射作用下，实现了与纤维的共聚接枝。纤维材料的表面接上烯类单体的均聚物，使纤维材料的疏水性、黏结性得到有效提高。

④ 偶联处理　偶联处理纤维材料是目前最流行的处理方法，所使用的改性剂称为偶联剂。偶联剂分子结构中一般存在两种有效的官能团：一种官能团可与憎水性的高分子基体发生化学反应或有较好的相容性；另一种官能团可与亲水性的纤维发生反应或与亲水基团形成键结合。偶联剂的桥梁作用，可以改善高分子材料与纤维材料之间的界面性能，提高界面的黏合性，从而提高木塑复合材料的性能。偶联处理方法简单，效果显著，已成为纤维材料表面处理的主要方式。偶联剂的发展使木塑复合材料的性能得到不断提高，偶联剂也由最初的钛酸酯偶联剂、硅烷偶联剂发展到异氰酸酯、马来酸（MA）、邻苯二甲酸酐、聚亚甲基聚苯基异氰酯（PMPPIC）、马来酸酐接枝聚丙烯（MAPP）以及各大公司开发的专用偶联剂等 40 余种。

7.3.3　木质纤维材料化学处理工艺

木质纤维材料表面化学处理方法较多，工艺也有较大差异，有的还涉及清洗、干燥、辐照等不利于批量处理的条件，从有利于木质纤维的批量处理和目前流行的工艺考虑，下面主要介绍纤维的偶联处理工艺。

木质纤维素表面化学处理工艺主要包括偶联剂的用量、工艺方法、处理时间、处理温度等工艺参数。

7.3.3.1　偶联剂的用量

偶联剂用量依据不同的偶联剂会有一定的差别，理想的用量是偶联剂中的亲水官能团正好完全与纤维表面所提供的羟基或离子完全发生反应所用的量。实际用量的确定是一件非常复杂的工作，首先要考虑纤维材料的种类、大小尺寸、比表面积、含水量等情况，其次要考虑偶联剂加入方法（如干加、溶解稀释加）和处理方法的异同。即使是同一种纤维材料的不同批次，偶联剂的加入量也会有差别。一般是用实验的方法确定偶联剂的用量，具体方法是对选定的纤维材料，偶联剂用量取 0.0%，0.1%，0.2%，0.3%，0.4%，0.5%，0.6%，0.7%，0.8%，1.0%，2.0% 及 3.0% 对纤维材料进行表面改性处理，将处理过的纤维材料与塑料复合成型，制备出木塑复合材料，测量该材料的力学性能，力学性能最优的点对应的偶联剂用量即为该工艺条件下的偶联剂用量。

偶联剂 1——正钛酸四丁酯和偶联剂 2——乙烯基三甲氧基硅烷分别对棉秸秆纤维（如图 7-2 所示）进行室温搅拌 1h 改性，与回收聚乙烯（PE）混合，热压温度 160℃，热压时间 10min，PE 加入量对为 40%情况下，偶联剂 1 和偶联剂 2 的加入量对木塑复合材料力学性能的影响见图 7-3 和图 7-4。由图可知，随偶联剂 1 用量的增加，弯曲强度呈现先上升后下降的趋势，当偶联剂 1 的用量为 5%时弯曲强度达到最大值 23.11MPa。弹性模量也随偶联剂 1 加入量的增加呈现先上升后下降并趋于平缓趋势，用量为 3%达到最大值。弯曲强度和弹性模量均高于未加偶联剂的值。综合考虑，添加偶联剂 1 在此材料和工艺条件的添加量应选 3%～5%时较好。随偶联剂 2 用量的增加弯曲强度同样出现先上升后下降，3%时达到最大值。弹性模量呈现先迅速上升后下降再趋于平缓的变化趋势，当偶联剂 2 添加量为 3%时弹性模量达到最大值。所以添加偶联剂 2 而言，在材料和工艺背景下的最佳用量为 3%。

(a) 棉秸秆纤维的宏观形貌　　　　(b) 棉秸秆纤维的微观形貌

图 7-2　棉秸秆纤维的形貌

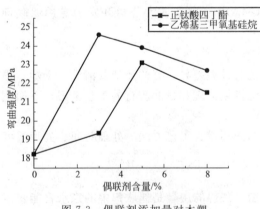 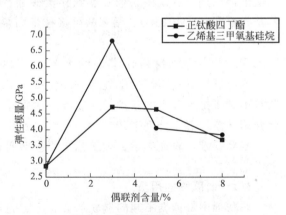

图 7-3　偶联剂添加量对木塑　　　图 7-4　偶联剂添加量对木塑
复合材料弯曲强度的影响　　　　　复合材料弹性模量的影响

可见，不同的偶联剂，最佳加入量也有较大差异。改性效果也有较大差别。

以上偶联剂用量的确定比较粗糙，直接加入纯的偶联剂，烧杯中搅拌，室温改性，影响了偶联剂的反应，所选偶联剂用量偏高。如果采用机混、加热改性、溶剂稀释加入等手段，可提高偶联剂的反应速率和有效性，偶联剂的用量将会更低。偶联剂的用量在 0.1%～3%，纤维越小，比表面积越大，偶联剂的用量就越多。

7.3.3.2　工艺方法

偶联剂能在纤维表面进行化学反应，形成单分子层，发挥了每个分子的桥梁作用，具有用量少、作用大的特点。根据目前木塑的生产实际，木质纤维材料表面改性可分为预处理法和直接加入法两种。

木质纤维材料的预处理法就是先对纤维材料进行表面处理，即将偶联剂预先包覆到木质纤维表面，获得具有疏水性的木质纤维材料。虽然需要增加操作工序，比较麻烦，但有利于获得高质量的木质纤维材料。

木质纤维材料的预处理法的过程是：先将偶联剂溶解在一定量的甲苯、二甲苯等烃类溶剂中，然后与木质纤维在室温下搅拌均匀，适当升温，在90℃左右继续搅拌1~2h，确保偶联剂与木质纤维表面发生偶联作用。如果没有加热条件，偶联作用在室温也能进行，只是反应速率较慢，应适当延长搅拌时间，放置一段时间后使用。偶联剂用溶剂稀释十分重要，它能使偶联剂均匀分布在木质纤维表面。溶剂用量即便少到和偶联剂用量比为1：1时，也有极明显的分散效果。在实际生产中，注意稀释剂的应用。

木质纤维材料经过预处理后就成为疏水性的纤维材料，可以作为商品卖给木塑企业，也可直接与塑料进行复合制备木塑复合材料。

直接加入法改性工艺，就是在木质纤维材料与塑料粉混合的过程中，直接加入偶联剂的方法。该方法省去了预处理工序，是国内企业生产中较为流行的一种方法，且多采用直接将偶联剂加入，或与其他助剂一起加入，一般在高混机上进行，温度较难控制，改性效果不及预处理法。建议采用有机溶剂溶解偶联剂后，稀释加入，先加偶联剂混合30min后，再添加其他复合材料助剂，并严格控制温度。

7.3.4　木质纤维材料化学处理设备

木质纤维表面化学改性处理的设备要求在不破坏纤维材料大小尺寸和纤维形状的前提下，能将表面改性剂均匀地包覆在纤维表面或与纤维表面发生均匀的化学反应，获得理想改性效果的一切设备。改性设备可以是湿法改性设备，也可以是干法改性设备，对于木质纤维改性研究干湿法均可采用，而对于生产过程的纤维材料表面改性一般选择干法改性设备。

生产性纤维材料表面化学改性选择的基本原则：①工作效率高，在较短时间内完成改性任务；②工作温度可控，可选内热式或外热式，温度实现闭路控制；③不存在过分的粉碎作用，要实现纤维表面的均匀改性，必须使纤维表面与改性剂充分接触，采用一定的剪切或冲击作用的机械力是不可避免的，过大的机械力将导致纤维断裂或破碎，过小的机械力达不到改性的目的；④进出料方便，最好选自动进出料设备；⑤改性过程无粉尘，木质纤维质量轻，细微粉易在空气中飞扬，不但污染环境，还存在火灾、爆炸等隐患。因此，最好选择密闭设备或带有除尘罩的设备。

7.3.4.1　混合机

依据以上原则，混合类设备应当是首选。混合设备种类繁多，根据木质纤维素材料的特点，选择带搅拌类混合机比较合适。带搅拌类混合机主要有锥形螺旋混合机、单轴桨叶式混合机、卧式螺带式搅拌机、梨刀式混合机、连续混合机、无重力双轴桨叶式混合机等十余种混合机。其中连续式混合机是通过控制给料速率来控制物料在混合桶内的停留时间和出料速率，还可通过搅拌样式选择、搅拌旋转速率的控制实现工艺参数的调整，操作简便，适合批量生产（图7-5为连续式混合机的外形图）。

图 7-5　连续式混合机外形图

7.3.4.2　捏合机

捏合机也是一种带有搅拌的特殊混合机,根据搅拌形状的不同分为 S 形和 Z 形两种基本结构,适合于纤维材料的表面化学改性处理。图 7-6 是 Z 形捏合机的内部结构图,它是由带加热(或冷却)夹套的鞍形混合室、一对 Z 形搅拌器、进出料装置和传动系统组成。将偶联剂用适量的有机溶剂溶解稀释,喷洒在一次处理量的木质纤维材料上,搅匀并从捏合机上口加入,进行改性处理。改性时,物料借助于相向转动的一对搅拌器沿着混合室的侧壁上翻,然后在混合室的中间下落,再次受到搅拌器的捏合挤压作用,再次落入马鞍底部,继续被沿着混合室的侧壁挤压翻起,这样,周而复始,纤维物料与偶联剂得到重复摩擦和撕捏作用,保证了纤维表面与偶联剂的充分接触,实现表面改性的目的。捏合机转速一般比较低,效率不高,一般需要较长时间。

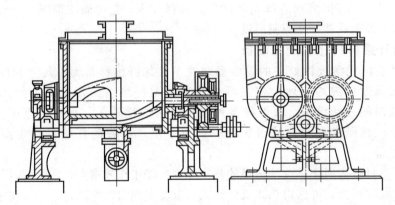

图 7-6　Z 形捏合机的内部结构

捏合机除了通过夹套加热和冷却外,还有在搅拌器中开孔,通入冷热水,可进一步提高捏合过程物料温度的控制精度。捏合机还可在真空或气体保护下工作,以排除水分和挥发物及防止空气中的氧对纤维表面改性的影响。捏合机的卸料一般是通过混合室的倾转来完成的,也有在混合室底部开口卸料的(图 7-5 为底部卸料结构)。对木质纤维物料,由于密度小,容易扬尘,最好采用底部出料方式,有利于环保和操作者的健康。捏合机的改性效率低、混合时间长,目前已较多地被高速混合设备所替代。

7.3.4.3　高速混合机

高速混合机具有混合快、混合均匀、机器操作方便、易于清理、结构紧凑、坚固耐用等特点,广泛应用于塑料、饲料、制药及粉末加工等行业。高速混合机也称高搅机,一般由混合室、搅拌器、折流板、上盖、卸料口、传动装置及电源控制等部分组成,图 7-7 为高速混合机的结构图。搅拌器是由一个垂直转动轴及安装在其上的一组叶轮组成,根据工艺要求,可在一到三组之间选择，搅拌器的转速一般分快慢两个挡，两者的速比为2：1，现在也有采用无级变速技术，使工艺调整更加容易。高速混合机工作时，高速旋转的叶轮借助表面与物料的摩擦力和其侧面对物料的推力，使物料沿着叶轮的切线方向运动，在离心力的作用下，物料被抛向混合室的内壁，并且沿内壁面上升，升到一定高度时，动能转变为重力势能，物料又落回到叶轮中心，接着物料又被抛起落回。上升运动与切向运动的结合，使物料处于连续的螺旋状上下运动状态。由于叶轮转速很高，物料运动速率很快，快速运动着的物料粒子相互碰撞、摩擦，进行交叉混合，并使团聚物料分散。同时，高速混合过程的电能消耗几乎全部转变为热能，从而使物料的温度上升，转速越高，温升越快。控制不合适，可使木质纤维材料着火。混合室内的折流板进一步搅乱了物料的流态，使之形成无规则运动，并在折流板附近形成很强的涡流，使物料进一步均匀分散和混合。这些作用特别适合对液体添加的吸附反应，对偶联剂改性木质纤维非常合适。

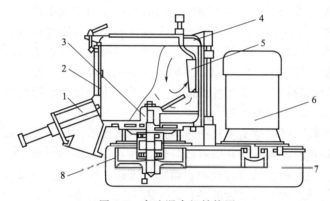

图 7-7　高速混合机结构图

1—排料装置；2—混合室；3—叶轮；4—盖；5—折流板；6—电机；7—基座；8—皮带传动装置

高速混合机的结构设计决定其混合质量，而其中搅拌器是高速混合机的关键部件，在普通高速混合机中，搅拌器呈各种叶轮样式，采用何种叶轮样式主要由物料性能和改性要求而定。当叶轮转动时，叶轮侧面对物料有强烈的冲击和推挤作用，这一侧面上的物料如不能迅速滑动到叶轮上表面并被抛起，就有可能产生过热。所以，在叶轮的断面应设计成流线型。对叶轮结构形状的基本要求是既改性良好，又避免温度失控。

高速混合机的加料在混合室的上部，卸料则在下部，上下两部分的关闭和开启均由气动操作。混合机加热一般在开机时进行，以后随着剪切作用增加，物料产生热量而升温，此时，应用冷却水控温，并适当减低搅拌器转速。

高速混合机的改性效率高，通常几十分钟就可完成。木质纤维表面化学改性，使用高速混合机是有效和经济的。

用高速混合机对木质纤维材料进行表面改性处理时，可将偶联剂稀释后与纤维材料预混，再加到混合机中改性，也可直接从专门的改性剂加口加到混合室中进行改性。木质纤维的密度小，导热性差，特别要注意温度控制。

7.4　无机粉末材料表面化学改性处理

无机粉末材料涉及天然矿物粉末和人工化学制备粉末，包括各种金属氧化物、各种金属化合物、金属和非金属粉末、合金粉末等，广泛应用于航空航天、交通运输、医药、军事、冶金、化工、新材料等众多领域，也是目前发展十分迅速的一类材料。无机粉末材料制备涉及加工、粉碎、分级和表面改性等技术，其中表面改性技术最难、最关键，无机粉末通过表面化学改性，可以获得新的功能，适用于不同的技术领域。因此，本节重点介绍无机粉末表面处理技术，通过实例了解无机粉末表面处理的原理、方法、工艺和设备。

7.4.1 无机粉末表面改性的作用

采用化学法或物理化学法对无机粉末的颗粒表面进行表面处理，有目的地改变其表面物理化学性质的方法，称为无机粉末表面化学改性。通过化学改性可显著改善或提高无机粉末的使用性能以满足新材料、新技术发展的需要。通过化学改性，改变了无机粉末表面的物理化学性质，提高了粉末在各种介质中的分散性。如经过表面化学处理的颜料，改善了其在涂料中的分散性，从而改变了涂料体系的流变特性，使颜料的耐候性、耐光性、耐化学品性均得到提高，涂料的施工性得到改善。通过无机粉末表面化学改性，可以改变粉末表面极性和非极性以及极性、非极性的大小，赋予材料不同的特性。如用硬脂酸作为处理剂对片状铝粉进行处理，获得的铝银粉颜料在有机连接料中表现为漂浮，使漆膜呈现明亮的金属光泽，这种铝粉颜料称为漂浮性铝粉。而用油酸作为化学处理剂同样对片状铝粉进行表面处理，所得到的铝粉颜料在有机连接料中不能漂浮，漆膜不明亮，但可形成冰花、锤纹、随角等美术装饰效应，这样处理的铝颜料属于非浮性铝颜料。同时有机酸改性，因烷基链长短的不同，表面的非极性程度不同，结果截然不同。

通过表面化学改性，可以改变无机粉末表面的电荷性质，提高使用效率。纸浆纤维因其中的纤维、半纤维和木质素含有羟基等基团，使其在水分散体系中显负电性，用阳离子表面活性剂对造纸涂布料中的碳酸钙进行处理，增加了带正电性碳酸钙粉末与带相反电荷的纤维结合能力，使纸张的强度和填料（碳酸钙）的留着率得到有效提高。

通过表面化学改性，可提高无机粉末的光学效应和视觉效应。如云母钛珠光颜料，就是以研磨得很细的天然云母片为基材，通过液相化学沉淀法，包覆一层或多层二氧化钛和其他金属氧化物（如氧化锌、氧化硅、氧化铁、氧化铬、氧化钴等），热处理后获得。利用金属氧化物膜的透明性（非常薄，一般在纳米级）和其折射率与基材云母片的差异，引起光的折射、反射、吸收、透过和干涉，从而产生珍珠般的光泽和色彩，不同的包覆材料和不同的包覆工艺，创造了数十种珠光颜料。

无机粉末通过表面化学改性，改变了无机粉末的分散性、化学安定性、与其他载体的相容性、在介质中的漂浮性、表面电荷特性、光学特性和流变性等，提高了无机粉末的使用效能，极大地拓展了无机粉末的应用领域和使用价值。随着无机粉末技术的发展，表面化学改性问题变得愈来愈重要，而且已受到科技界和企业界的高度重视。改善无机粉末的表面特性是粉末加工领域亟待解决的课题，它严重地制约了无机粉末的使用价值和应用前景。从某种意义上讲，它比粉末的制备与分级更为重要。

7.4.2 无机粉末常用表面改性剂

无机粉末的表面化学改性，主要是通过改性剂在粉体表面的吸附、反应、包覆等形式完成。因此，表面改性剂的性质对粉体表面处理至关重要。无机粉末表面处理往往都有特定的应用背景，选用改性剂一定要考虑被处理粉末的应用场合。但无机粉末的应用领域十分广泛，可用作表面改性剂的物质也很多。以下简要介绍涂料、塑料、橡胶、颜料中所涉及无机粉末表面改性剂常用种类。

7.4.2.1 表面活性剂

表面活性剂是这样一类物质，其分子一般总是由非极性的、亲油的碳氢链部分和极性的、亲水的基团构成，两部分分处在分子的两端，形成不对称的亲油、亲水分子结构。表面活性剂的性质是由非对称的分子结构决定的。大多数溶于水的表面活性剂，在水中的溶解度随着疏水基碳链的增长而急剧下降。

根据表面活性剂在水中的离解度，可分成离子型的和非离子型的。离子型又根据非极性部分带电荷的正负分为带正电荷的阳离子型、带负电荷的阴离子型和两性的表面活性剂。

① 阴离子型表面活性剂，是一类非极性基带有负电荷的化合物。主要有羧酸盐（RCOOM）、硫酸酯盐（ROSO$_3$M）、磺酸盐（R—SO$_3$M）、磷酸酯盐（RPO$_3$M）。阴离子型表面活性剂作为润湿剂使用历史悠久，无论在水系或非水系中，用于无机粉末表面改性最为普遍。在非水系中，可与带负电的无机粉末表面产生有效吸附，氧化物多数带有负电荷。另外，塑料、涂料的基料多数是阴离子型的，与阴离子型的表面改性剂有良好的相容性。因此，用阴离子型表面活性剂处理无机粉末，可以提高无机填料、颜料与聚合物分子的亲和性，改善制品的综合性能。

② 阳离子型表面活性剂，其非极性基带有正电荷。主要有烷基季铵盐、季铵盐、烷基磷酸取代胺盐等。阳离子表面活性吸附力很强，适用于带正电荷的无机粉末处理，如可做炭黑、各种氧化铁等的表面处理剂。

③ 两性表面活性剂，一般指由阴离子和阳离子所组成的化合物。卵磷脂是天然的两性表面活性剂，它是由磷酸酯盐型的阴离子部分和季铵盐型的阳离子部分构成。两性表面活性剂主要有氨基酸型两性表面活性剂、甜菜碱型两性表面活性剂、咪唑啉型两性表面活性剂。两性表面活性剂主要用于改善无机粉末在涂料中的润湿分散性。

④ 非离子型表面活性剂，不能电离，不带电荷，在无机粉末表面上吸附能力比较弱，主要用于水系涂料中填料、颜料的表面处理。非离子表面活性剂主要有聚乙二醇型、聚氧乙烯型和多元醇型三类。这类表面活性剂主要用于降低粉末的表面能和提高粉末的润湿性。

⑤ 电中性表面活性剂，分子中阴离子和阳离子有机基团的大小基本相等，整个分子呈现中性，但有极性。如油胺基油酸酯和德国BYK公司开发的长链多氨基聚酰胺和极性酸酯——Anti-Terra-U。电中性活性剂与基料有良好的润湿性，又没有副作用，是一种很好的表面改性剂。

除此之外，还有氟表面活性剂、硅表面活性剂、天然高分子表面活性剂等。

7.4.2.2 偶联剂

偶联剂是具有两性结构的物质，其分子的两端结构不同，一端亲有机物质，另一端亲无机物质，在有机-无机体系内，起到有机和无机物的架桥作用，将有机物和无机物连接起来。

按偶联剂的化学结构可将其分为硅烷类、钛酸酯类、锆铝酸盐及络合物等几种。偶联剂的结构特点，决定了它特别适合于无机粉末表面处理，利用其亲无机物端的官能团与无机粉体表面的各种官能团反应，形成强有力的化学键，另一亲有机物端暴露在无机粉末的外表面，使无机粉末由亲无机物表面变成亲有机物的表面，增加了无机粉末与有机高聚物的相容性，抑制无机粉末在高分子体系中的相分离，增大填充量，改善分散性，从而提高制品的综合性能，特别是力学性能。

7.4.2.3 超分散剂

超分散剂是一种新型的聚合物分散剂，主要用于提高无机粉末在非水介质，如油墨、涂料、塑料及陶瓷原料等中的分散度。超分散剂的相对分子质量一般在1000～2000，分子是由亲无机物的锚定基团和亲有机物的长链聚合物两部分组成。锚定基团与无机粉末表面反应，牢固地固定在无机粉末的表面。长链聚合物部分与有机物亲和，起到有机物与无机物之间的桥梁作用，同时，由于大分子长链，有效增加了无机粉末之间的位阻，提高了分散性和分散稳定性。

超分散剂和传统表面活性剂之间的区别在于超分散剂可形成极弱的胶束，易于活动，能够很快移向颗粒表面，起到保护作用。另外超分散剂不会像传统表面活性剂那样，在无机粉末表面上导入一个亲水膜，相界面无活性。采用超分散剂处理无机粉末，可以提高无机颜料、填料在有机涂料中的含量，缩短无机粉末的处理时间。表 7-4 为英国 ICI 公司生产的超分散剂。

表 7-4 英国 ICI 公司生产的超分散剂

商品名称	有效成分/%	使用溶剂
Solspere-3000	100	
Solspere-6000	100	
Solspere-9000	100	
Solspere-13240	40	甲苯
Solspere-13940	40	高沸点脂肪烃
Solspere-17000	100	
Solspere-2000	100	

7.4.2.4 高级脂肪酸及其盐

高级脂肪酸及其盐是一类分子链很长的表面活性剂，分子结构一端为长链烷基（$C_{16} \sim C_{20}$），另一端是羧基及其盐，与活性剂类似，羧基或羧基盐可与无机粉末表面官能团发生化学反应，从而改善无机粉末与聚合物分子的亲和性、加工性和产品性能等。常见的有油酸、硬脂酸、二十酸、硬脂酸钙、硬脂酸锌、硬脂酸铝、硬脂酸胺等。

7.4.2.5 有机硅

高分子有机硅又称硅油或硅表面活性剂，以硅氧键（Si—O—Si）为骨架，硅原子上接有有机基团的一类聚合物。其无机骨架有很高的结构稳定性和使有机侧基呈低表面能的柔曲性取向。覆盖于骨架外的有机基团则决定了其分子的表面活性和其他功能。亲油基一般有全甲基硅氧烷、硅氧烷三聚体、环状硅氧烷及含氟硅氧烷等，亲水基一般有硫酸盐、季铵盐等。绝大多数有机硅都有低表面能的侧基，特别是烷烃基中表面能最低的甲基。有机硅主要用于无机粉末（如高岭土、碳酸钙、滑石粉、金属颜料等）的表面化学改性处理。

7.4.2.6 金属氧化物

金属氧化物本身也可对金属氧化物或化合物粉末进行表面化学改性处理。钛白粉对光线产生活化作用，易使涂料发生粉化。用氧化铝、氧化锌、硅酸铝、氧化硅等对钛白进行表面包覆处理，隔绝了钛白对基料的光化学作用，提高了钛白涂料的抗粉化性和涂料光泽度。用氧化钛、氧化铬、氧化铁、氧化锆等金属氧化物对天然云母粉进行改性以制备各种珠光云母颜料。

7.4.2.7 有机聚合物

有机聚合物与有机高聚物的基质具有相同或相似的分子结构，用有机聚合物包覆无机粉末，可以改善无机粉末与高聚物的相容性。如聚丙烯和聚乙烯，用作无机粉末的表面改性，在聚烯烃类复合材料中得到广泛应用。丙烯酸树脂也常用作无机粉末表面包覆剂。

7.4.3 无机粉末的表面化学改性原理

无机粉末表面改性原理主要是借助改性剂在粉末表面的吸附、离子交换、形成共价键等方式实现。

7.4.3.1 无机粉末表面进行吸附方式处理

无机粉末颗粒表面通过对酸、碱、盐或有机化合物的吸附完成表面改性，吸附的方式有化学吸附、形成氢键等。

① 吸附酸及其盐的表面处理 以表面活性剂处理无机粉末的颗粒表面，表面活性剂的羧基基团常起主要作用。因为无机粉末表面常呈碱性或两性，很容易同羧基结合。

碳酸钙的表面处理就是利用其吸附脂肪酸并在其表面形成羧酸盐完成的。常用的脂肪酸有月桂酸、油酸、硬脂酸，或多种脂肪酸的混合物。脂肪酸在碳酸钙表面形成多层的分子包覆膜。同样，在二氧化钛、氢氧化铝等金属氧化物的表面也能吸附羧酸形成羧酸盐。但在二氧化硅等酸性表面上往往同羧酸形成氢键，这种结合力较弱。一般带酸性的表面处理时增加多价阳离子，如直接以 Al^+ 处理金属氧化物表面，吸附后使其表面呈正电荷，再用阴离子表面活性剂处理，形成牢固的表面憎水层。

② 吸附碱类的表面处理 碱性的胺类化合物，不论是伯胺盐、仲胺盐或季铵盐均能强烈地吸附在无机粉末表面，与带酸性的表面可生成加成物，与碱性表面则能生成氢键或形成络合物。经过胺类表面处理剂处理的无机粉末，常表现为憎水亲油的表面，可在非极性的有机介质中润湿和分散，并减少粉末表面吸附水分。采用多基团的有机胺化学助剂，可提供更多的接枝基团，使无机粉末表面处理工艺更加灵活多样化。

胺类处理剂常用于钛白粉和高岭土粉处理，就是利用钛白粉和高岭土粉的酸性表面与碱性处理剂的中和反应。例如用三乙醇胺处理钛白粉，使钛白粉可用于高固体分、低黏度的水性涂料中，并在极性溶剂中有良好的分散性。

常用胺类处理剂有伯胺、仲胺、$C_6 \sim C_{18}$ 的脂肪族胺类，也有用多胺化合物。为了提高胺类吸附，常采用提高无机粉末表面酸度的措施。如用硫酸或用二氧化硅-氢氧化铝对钛白粉进行表面预处理，使其表面带有酸性或存在酸性离子 Al^{3+}，再进行胺类处理。

具体处理的实例，如用 N-(长链烷基) 烷烯双胺双油酸处理无机颜料（各类金属盐粉末），可防止无机颜料粉末黏结，并提高了分散性。再如以乙二胺的月桂酸盐或以二乙基胺乙基丙烯酸甲酯盐处理高岭土，可使高岭土粉末用于不饱和聚酯体系中。

③ 吸附中性有机化合物的表面处理 中性化合物也能在无机粉末表面上形成氢键、络合物等方式吸附，但较酸碱性化合物吸附，吸附力较小。

醇类和醚类化合物的应用：可用醇类和醚类处理蒙脱土。多元醇类的挥发性很低，如三羟甲基丙烷或季戊四醇及环氧乙烷衍生物等常用于钛白粉的表面处理，并在气流粉碎过程中加入，可防止钛白粉黏结和提高分散性。多元醇类适用于钛白粉处理，使之易于分散于极性介质，但一般中性的多元醇类在钛白粉表面仅能很微弱地吸附，当同醇酸树脂混合时，钛白粉表面的醇类就能被醇酸树脂所取代。

醛类、酮类及酯类化合物的应用：这类羰基衍生物能同二氧化硅、氧化铝、二氧化钛表面形成氢键加成物，所以可用该类化合物对无机粉末进行表面处理。在杀虫剂、除草剂中添加这类化合物，利用其与土壤颗粒表面的吸附，可有效提高杀虫、除草效果。

7.4.3.2 无机粉末以离子交换方式处理

这类处理要求无机粉末表面存在能与表面改性剂进行离子交换的离子。膨润土表面处理就是很好的例子，膨润土表面的钠离子能同季铵盐类进行离子交换，形成一种易凝聚的物质，通过湿法粉碎，充分洗涤去掉无机盐和过量的季铵盐，在 100℃ 以下烘干，获得产品——有机膨润土。有机膨润土是重要的涂料添加剂。用有机膨润土同烃油和少量甲醇混合研磨，可以得到一种触变性的胶体，称为有机膨润土凝胶。

有机膨润土凝胶在工业上的主要应用有制耐高温的润滑脂,在涂料中加入防止颜料、填料沉底结块,在油墨和树脂制品中作为黏度调节剂。其中,涂料中应用最为广泛,因为高度分散的颜料常易形成结块而下沉,结块形成之后就很难重新分散,影响涂料的正常使用。当加入少量有机膨润土凝胶后,颜料、填料的沉淀时间大大延长,即使形成沉淀也是属于疏松沉淀,搅拌后能重新使颜料组分分散于涂料中。

7.4.3.3 无机粉末形成共价键的表面处理

无机粉末表面上的羟基常能作为同表面处理剂进行共价键反应的基团,实现粉末表面改性。能与羟基形成共价键的处理剂有:硅烷,金属的烷氧化合物及络合物,有机缩聚——环氧及异氰酸酯类化合物。

① 硅烷的反应处理　硅烷与无机粉末材料表面的羟基反应形成共价键的功能基团,经过硅烷处理的无机粉末材料用于塑料的填料,粉末表面的功能基团能起到接枝作用,进一步提高了塑料的强度。有机硅含有卤素、烷氧基、酰基及氨基基团,均能同无机粉末表面上的羟基生成共价化合物。硅烷与无机粉末表面反应过程如下:

$$\text{|OH} + \text{XSiR}_3 \longrightarrow \text{|—O—SiR}_3 + \text{HX} \tag{7-1}$$

最有利于表面处理的是带有羟基的表面。酸性的表面常能形成较为稳定的加成物。碱性表面常经过预处理得到改变。如用硅烷处理碳酸钙,可先对碳酸钙进行酸预处理,再用硅烷处理,能获得更好的效果。

硅烷与无机粉末表面反应过程很复杂。开始时,硅烷是以物理吸附为主,在吸附水存在下,逐步水解,生成硅醇基团,然后通过硅醇基团与无机粉末表面的羟基反应,且这种反应要求在较高温度(100~150℃)下进行,除非被所吸附的酸性或碱性基团所催化。氯硅烷能直接同表面的羟基团反应,反应常被反应副产物氯化氢加速。烷氧基硅烷作为表面处理剂,实际上是首先硅烷先发生水解生成硅醇,硅醇再与无机粉末表面的羟基团形成氢键吸附。

硅烷水解成硅醇[式(7-2)]、硅醇在无机粉末表面的吸附、吸附硅醇的缩合及形成共价键过程如式(7-3)所示。

$$\text{RSi(OR')}_3 \xrightarrow{\text{H}_2\text{O}} \text{RSi(OH)}_3 \tag{7-2}$$

$$\tag{7-3}$$

硅烷是一种成本较高的表面处理剂,使用时应考虑成本。常用硅烷处理无机粉末用于塑料、橡胶的填料。如作为填料的高岭土,是用0.5%的硅烷进行表面处理,所制得的湿浆料经320℃喷雾干燥,获得成品。

② 金属烷氧化物的反应处理　金属有机化合物能与无机粉末表面的羟基发生反应,以共价键的形式吸附于无机粉末表面,实现表面改性处理。常用的表面处理剂有有机钛或有机铝的化合物,它们一般含有 Ti—O—C 或 Al—O—C 键。反应形式类似于硅烷。

$$\text{|OH} + \text{RO—Ti—O}_2\text{CR'} \longrightarrow \text{|—O—Ti—O}_2\text{CR'} \tag{7-4}$$

高岭土、氢氧化铝、碳酸钙等无机粉末均可用有机钛（如异丙醇钛酸酯、丁醇钛酸酯）进行处理，用量一般为粉重的 0.5%～3.0%。长链有机钛有良好的湿润性和润滑性能。用该类处理剂处理的无机粉末，在不降低塑料的强度、弹性指标前提下，可大幅度提高填料用量。如以异丙醇钛三硬脂酸酯处理的无机填料，在聚乙烯中用量可高达 30%～60%。

③ 与醇及环氧类化合物的反应处理　无定形二氧化硅表面上的硅醇基团可以同醇类在 150～500℃ 进行酯化反应。经过酯化反应的二氧化硅表面能产生憎水性。如用不饱和醇酯化为接枝反应提供了条件。

7.4.3.4　无机粉末吸附高分子聚合物的表面处理

以高分子聚合物处理无机粉末表面常能得到较厚的甚至是可溶性的包覆膜层。吸附高分子聚合物的无机粉末，常用作涂料的分散剂、稳定剂及塑料、橡胶的填料。一般来说，"碱式"聚合物如聚酯、聚乙烯和醋酸乙烯共聚体易在酸性无机粉末表面吸附，而"酸式"聚合物如聚氯乙烯能在碱性无机粉末表面吸附。

吸附甲基丙烯酸甲酯的共聚体的无机粉末常被用做涂料分散剂，也可提高无机颜料的光稳定性。

聚丙烯酰胺等衍生物所处理的无机粉末常用作凝聚剂，因为该类化合物易于水解，生成羧酸能引起凝聚作用。

利用被吸附的高分子聚合物的各种反应性官能团，可实现接枝聚合，使表面处理工艺更加多样化。

7.4.4　无机粉末表面化学改性工艺

无机粉末表面化学改性工艺涉及多种工艺方法，如湿化学法、干法、沉淀法、化学反应法、机械化学改性法等多种工艺方法，适用于不同种类和不同用途无机粉末的表面改性。每一种方法对于特定无机粉末和特定用途其工艺参数也不尽相同，改性剂不同，工艺参数也有区别。以下就常用的改性工艺作简单介绍。

（1）湿法表面改性处理工艺　湿法表面化学改性工艺是应用最广泛的改性工艺方法。因无机粉末材料的加工过程许多为湿法，湿法改性工艺是将白炭黑（SiO_2）与含改性剂的有机溶液一起在反应釜中加热煮沸，然后再经液固分离（离心机、压滤机）干燥，获得改性白炭黑。

（2）干法表面改性处理工艺　流化床法是较先进的干法表面处理工艺，是流态化的无机粉末与表面改性剂蒸气在流化床反应器中进行流化反应，反应是在一定的温度下进行。流态化能保证无机粉末颗粒与表面改性剂的充分接触，具有反应快、改性彻底等特点。

7.4.5　无机粉末表面改性设备

无机粉末的改性有时是在粉碎过程中进行，有时是在粉碎后再对产品进行改性处理，有的是湿法进行表面改性，有的是干法进行表面改性。因此，无机粉末表面化学改性的设备也各不相同。有的粉碎设备也是表面改性设备，有的混合设备也是改性设备。

在粉碎过程中对无机粉末进行表面化学改性的具体步骤为，先将表面改性剂加入到粗粉中，混合均匀，然后一同加入到粉碎设备中，在物料超细化变成细粉的同时，因破碎而形成的粉末新表面具有极高的表面能及表面电荷，使表面改性剂被这些新表面充分吸附或吸引，机械力进一步促进了这种结合，实现改性。

能用于无机粉末表面改性的粉碎设备有气流粉碎机、搅拌磨、球磨机、振动磨、冲击式机械粉碎机等。

7.4.5.1　气流粉碎机

气流粉碎机（又称气流磨），利用高速气流提供的动能，使物料颗粒之间产生撞击，物料与粉碎室部件的冲击、摩擦、剪切,以及气流对物料的作用,实现物料的粉碎。现在流行的气流粉碎机主要有扁平式气流磨、对撞式气流磨、流化床式气流磨、超音速气流磨等,广泛应用于化工、材料、非金属矿、军工、航空等领域。

气流粉碎机作为粉碎、改性一体机具有下列特点:

(1) 粉碎后的产品粒度细,一般小于 $5\mu m$;

(2) 产品粒度均匀,因粉碎过程就有分级功能,有的机型还附带分级机;

(3) 产品污染小,因为气流粉碎机是根据物料自磨原理进行粉碎的,粉碎室和管道对产品污染较小;

(4) 产品分散性好,气流磨是将超细粒子聚集体分散在气相中,并在分散情况下收集;

(5) 可以在高温下进行,采用过热高压饱和蒸气作为工作气体,可实现高温粉碎改性;

(6) 生产过程可连续进行。

7.4.5.2 圆盘式气流粉碎机

圆盘式气流粉碎机由美国 Fluid Energy 公司于 1934 年研制成功的,开创了气流粉碎机的先河。这类粉碎机国内外很多公司生产,国内研制生产单位有上海化机三厂、南京理工大学江苏省超细粉体工程技术研究中心试验基地等。图 7-8 和图 7-9 分别为南京理工大学江苏省超细粉体工程技术研究中心所研制的圆盘式气流粉碎机的外形图和结构原理图。该机主要由加料系统、出料

图 7-8 圆盘式气流粉碎机的外形图

系统、高压气体喷管和稳压环组成。喷管一般有 2~24 个(根据气流磨的大小而定,小型实验气流磨仅有 2 个喷管),气流从喷管进入粉碎腔,喷管一般是沿圆盘式粉碎腔外壁的切线方向布置,使喷射气流所产生的旋转涡流既能使粒子得到良好的冲撞、摩擦、剪切,又能在离心力作用下达到正确的分级。

圆盘式气流粉碎机与其他类型的气流粉碎机相比,具有结构简单、操作方便、便于拆卸清理、维护简便及自带分级功能等特点。其缺点是不适用于高硬度无机粉末的粉碎改性(如二氧化硅、碳化硅等粉末表面改性),因高速气流夹杂着硬质无机颗粒对磨腔内壁会产生剧烈的冲击、摩擦、剪切,导致磨腔的磨损,并对产品产生污染。为了克服上述缺点,磨腔均采用内衬结构,内衬材料一般选择超硬、高耐磨材料制造。如选用刚玉、氧化锆、硬质合金、喷涂超硬材料和氮化处理等。

7.4.5.3 流化床对撞式气流粉碎机

德国 Alpine 公司 1981 年成功地研制了流化床对撞式气力粉碎机,图 7-10 为重力加料流化床气流粉碎机结构图。流化床对撞式气流粉碎机由料仓、重力加料器、粉碎室、高压进气喷嘴、分级机、出料口等部件组成。粉碎改性时物料通过翻板阀进入料仓,通过重力将物料送入粉碎室。气流通过喷嘴进入流化床。物料粒子在高速喷射气流交点碰撞(图 7-11),该点位于流化床中心,靠气流对粒子的高速冲击及粒子间的相互碰撞而使粒子粉碎,与粉碎室内壁作用不大,磨损较小。经过粉碎的物料,粒度达到一定细度,就会随着气流向粉碎室的上部运动,通过分级机排出,产品被收尘器收集,尾气经布袋过滤后排出,不合格的较大尺寸粉末颗粒,落入粉碎区,或在分级机叶片离心力的作用下被甩到粉碎室内壁,并沿内壁滑落到进料口,继续进行粉碎。

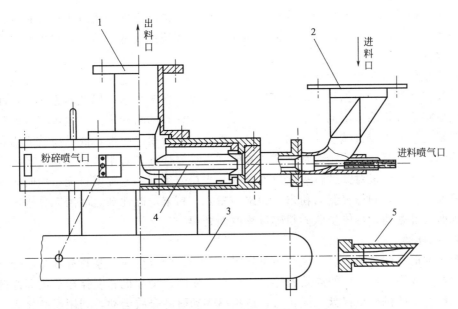

图 7-9 圆盘式气流粉碎机结构原理图
1—出料系统；2—进料系统；3—进气系统；4—粉碎腔；5—喷管

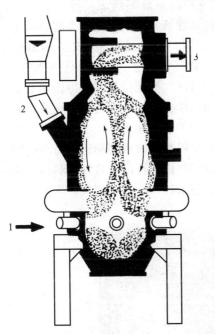

图 7-10 重力加料式流化床对撞式气流粉碎机
1—高压空气入口；2—物料入口；3—产品出口

图 7-11 流化床内对撞气流交汇点示意图

流化床对撞式气流粉碎机能耗低，与圆盘式气流粉碎机相比，平均能耗降低30%～40%。气体动能利用率高和分级机配合防止粉末过磨是降低能耗的主要原因。高压气体不与物料同路进入粉碎室，从而避免了物料粒子在途中对管道、喷嘴、粉碎室内壁的冲击磨损。产品粒度可以通过分级机进行调整，可获得粒径分布窄的粉末产品。产品污染小，易获得高纯度的粉末产品。

以上介绍了两种气流粉碎机，除此还有其他形式的气流粉碎机，它们的共同特点是：设备结构简单，内部无运动部件也无介质，操作、维修、清理方便；连续生产，自动控制，可实现闭环生产，粒度分布范围窄，产品污染小；粉碎环境温度低，适用于热敏性、低熔点物料的粉碎改性。

利用气流粉碎机对无机粉末进行粉碎改性可采用以下两种途径。其一，粉碎过程中对无机粉末进行表面改性，根据粉末的细度、改性剂种类及粉末用途，以试验方法确定改性剂加入量，然后将改性剂溶入溶剂中进行稀释，喷洒到要粉碎的粗粉末上，也可将改性剂直接抛散到粗粉末上，人工或机械搅拌均匀，用气流粉碎机进行粉碎改性，成品粉就成为具有改性特性的特殊产品。其二，直接改性处理，粉碎成为次要任务，对用其他方式已经获得的细粉末，可通过气流粉碎机对其进行表面改性处理，当粉末细到一定程度且无粗粉时，气流粉碎机的粉碎效率很低，利用气流与粉末、粉末与粉末、粉末与改性剂之间的充分碰撞、摩擦实现粉末表面改性处理，具体步骤同粉碎过程改性处理。

7.4.5.4 搅拌磨

搅拌磨的前身就是砂磨机，主要用于颜料、油墨、涂料行业的浆料分散与混合，经过逐步改进，发展成为一种新型的高效粉碎机，也有介质磨、剥片机、搅拌球磨机等称谓。搅拌磨是依靠磨腔中的机械搅拌盘、搅拌齿、搅拌棒带动研磨介质运动，利用研磨介质之间的挤压力和剪切力使物料粉碎。图7-12为超细双管搅拌磨外形图。它是由外筒、磨腔、搅拌器、混料罐、加料泵、动力系统、出料系统、冷却系统及控制系统等组成。搅拌磨的工作过程为，将物料、表面改性剂和水混合，并不断搅拌保持悬浊液状态，用定量泵将其从磨腔底部的进料口送入磨腔，磨腔内填充着70%～80%的研磨球，搅拌器高速旋转，将机械能传递给研磨球，研磨球也作高速不规则运动，包括公转、自转、加速、失速、上下等各种运动，粉碎改性物料从底部不断供给，受到研磨球的冲击、研磨，受到搅拌器的冲击研磨，受到研磨球之间、研磨球与搅拌器之间、研磨球与磨腔之间的摩擦、撞击，使物料研磨粉碎。根据斯托克浮力原理，细粒料较粗粒料上升得快（搅拌、物料向上的串动），根据离心原理，细粒料所受的离心力小，多集中在磨腔的中心，研磨球和粗物料被甩到周边，有利于细物料的上升分级和粗物料的继续粉碎。出料口在磨腔的上口部，由网板出料口和集料盘组成，网板作用是使细浆料与研磨球分离，达到细度的物料上升到出料口，穿过网板，进入集料盘，汇集后由排料口，经过管道，排到搅拌罐内。

图7-12 超细双筒搅拌磨外形图

搅拌磨样式又千差万别，根据磨腔和搅拌器放置方式，分立式和卧式搅拌磨两大类，根据磨腔出料口密封情况,分敞开式和密封式,立式搅拌磨根据动力所处的位置,分动力上置式和动力下置式,同一种形式搅拌磨,磨腔结构也有多种形式,如圆柱形磨腔、圆锥形磨腔、四棱柱形磨腔、六棱柱形磨腔等,同时,搅拌器的结构也可选不同的形式,如圆盘形、圆环形、齿形、棒形等。由此可见,搅拌磨的具体形式非常丰富。搅拌磨的磨腔及搅拌器的尺寸太大或太小对粉碎效果和能耗都不利,单台搅拌磨的磨腔容积一般都不大,大多在50~500L。为了提高生产能力及产量,采用双磨腔及多台搅拌磨串联使用,避免了大产量与单台体积庞大、结构复杂的矛盾。

运用搅拌磨对无机粉末进行表面改性处理,首先要确定表面改性剂的种类、配方(复合处理剂)及添加量,改性剂用量还应考虑溶剂(产品为干粉)或多余溶剂(产品为浆料)带走部分,一般用试验方法确定。粉碎处理过程中,还要考虑物料给料量、物料在磨腔中的滞留时间、研磨球的填充率、研磨球的大小级配、物料、改性剂和溶剂(一般为水)混合物中固相浓度、搅拌器转速、研磨温度等工艺参数。

7.4.5.5 球磨机

球磨机是粉碎行业最常见的粉末加工设备,在粉末加工领域有着非常重要的地位。普通球磨机内部无运动部件,结构简单,操作方便,便于和分级、干燥、输送设备连接,在选矿、电厂、建筑材料、无机颜料、无机填料、金属颜料、化工等领域得到广泛应用。普通球磨机最大的缺点是粉碎效率低。为此,人们在球磨机的基础上,开发出了多种形式的广义球磨机,如震动球磨机、离心球磨机、行星球磨机、离心滚动球磨机等。本节就普通球磨机作简要介绍。

普通球磨机由圆柱形筒体、基座、齿轮或皮带传动系统、进出料装置及电控系统等组成,其外形如图 7-13 所示。球磨机筒体内装入直径为 5~150mm 的钢球或瓷球,其装入量为筒体有效容积的 20%~50%。筒体转动时,磨球随筒体上升一定高度,呈抛落或泻落运动状态。物料进入筒体后,受到研磨球连续冲击、研磨和剪切作用,逐渐被粉碎。如果是干法球磨,则粉碎后的细粉被气流输送到分级机,再被收尘器收集。如果是湿法球磨,粉碎后的细粉通过磨机出料口的网栅排出,或溢流到旋流分级机进行分选、收集。

球磨机中物料的粉碎是依靠研磨球的

图 7-13 普通球磨机外形

冲击、研磨来实现的。了解研磨球在筒体内的运动规律,对提高球磨粉碎效率至关重要。

当筒体转动时,在筒体内壁衬板与研磨球、研磨球与研磨球之间存在着摩擦力、推力,加上研磨球随筒体转动的离心力,这些力作用于磨球,使磨球沿着筒体内壁先向上运动一段距离,然后在重力的作用下抛落或泻落。磨球在筒内的运动状态,依据球磨机的转速、筒体内径、衬板类型、磨球的填充量、磨球的大小和性质等因素,会出现泻落式、抛落式和离心式等三种运动状态,如图 7-14 所示。

当筒体衬板内壁光滑、装球量较少、磨机转速较低时,磨球随筒体上升较短一段距离后,即沿筒体内壁向下滑动,或磨球以其本身的轴线作旋转运动。磨球的这种运动状态最不利于物料粉碎。

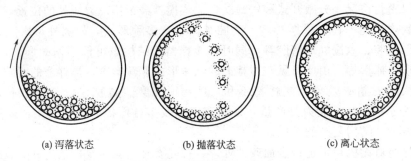

(a) 泻落状态　　　　(b) 抛落状态　　　　(c) 离心状态

图 7-14　球磨机内磨球的三种运动状态

当磨球的填充率较大（如 40%～50%），且磨机的转速较低时，研磨球在横截面呈月牙形，磨球随筒体内壁升高到较高的高度，磨球一层一层地沿着月牙面向下滑滚，如图 7-14(a) 所示，这称为泻落。磨球朝下滑落时，对磨球间的物料产生摩擦作用，使物料粉碎。

当填充率较大，且球磨机转速较高时，磨球随筒体内壁升至一定高度后，然后离开筒体内壁，沿抛物线轨迹抛落，这种运动状态称为抛落，如图 7-14(b) 所示。在这种情况下，向下抛落的磨球，对物料施以冲击及研磨作用，使物料粉碎。

当球磨机转速进一步提高，达到或超过球磨机的临界转速，磨球就会在离心力的作用下，紧贴筒体内壁随筒体一起作圆周运动，此时，磨球对物料无任何粉碎作用，这种状态称为离心状态，如图 7-14(c) 所示。

实际磨球的运动状态更加复杂。采用透明有机玻璃做球磨机端盖，观察内径为 300mm 球磨机内，磨球运动状态随填充量、转速之间的关系，采用连拍的方式记录磨球的运动状态，图 7-15～图 7-18 分别为填充率为 15%、转速 70r/min，填充率为 15%、转速 103r/min，填充率为 35%、转速 49r/min，填充率为 35%、转速 103r/min 时磨球的运动状态。

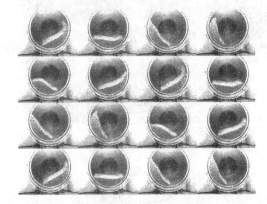

图 7-15　填充率为 15%，转速为 70r/min 时钢球运动状态

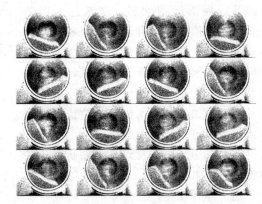

图 7-16　填充率为 15%，转速为 103r/min 时钢球运动状态

从图中可以看出，低填充率时，磨球在磨筒内表现为整体震荡，磨球先是整体被提升到一定高度，然后又整体沿磨筒内壁滑落，由于磨球下滑的惯性很大，填充率小而失去筒底部球的支撑，磨球沿磨筒内壁在与磨筒旋转相反的方向上升一定高度，动能尽失之后，又被磨筒内壁带着一起运动，又被提升到一定的高度，再次下滑，如此反复（图 7-15）。转速提高，并未改变这种运动模式（图 7-16）。表面上的磨球存在泻落运动。

图 7-17 填充率为 35%，转速为 49r/min 时钢球运动状态

图 7-18 填充率为 35%，转速为 103r/min 时钢球运动状态

当填充率由 15% 提高到 35%，磨球整体摆动现象明显减少，甚至观察不到磨球沿磨筒旋转方向相反的方向上升的现象，这时磨球的运动是以泻落和整体滑落兼有的一种方式运动。转速由 49r/min 提高到 103r/min 时，除了磨球被提升的高度有所增加以外，并未改变磨球的运动状态。理论计算表明，磨机的临界转速为 77r/min，而磨机在接近临界转速（图 7-17）和远超临界转速（图 7-14、图 7-18）时，不但未出现磨球随磨筒一起运动的离心运动状态，甚至未出现抛落运动状态。可见，磨球的实际运动状态较理论复杂得多。

影响球磨机粉碎效率的因素有如下几个。

① 球磨机的尺寸结构　球磨机筒体内径长度对粉碎效率影响很大，筒体尺寸越大，粉碎效率越高。有无衬板和衬板的形式也会影响磨球的运动状态，从而影响球磨效率。采用有提升作用的衬板（如梯形、方形、三角形），减少了磨球与筒体内壁之间的滑动，能将磨球提升到较高的高度，有利于抛落运动状态，冲击作用为主，有利于物料初次破碎。超细研磨则要求以研磨作用为主，磨球以泻落运动状态为主，球磨机应采用无衬板或提升作用较小的衬板，以增强磨球对物料的研磨作用。

磨球的尺寸和大小配比也直接影响粉碎效率。原则是大尺寸磨球对大粒径物料更有效，小尺寸磨球对小粒料更有效，根据物料大小分布确定磨球的尺寸与配比。两种不同尺寸的磨球级配时，可根据二者直径比的大小，按 1:2 和 1:4 的个数比进行配球，当 $r_{前}/r_{后}\approx 1.225$ 时，采用 1:2 的级配，而当 $r_{前}/r_{后}\geqslant 1.7$ 时，采用 1:4 进行级配。如果是两种以上直径的多种磨球配比，相邻两球之间可按上述规律进行，实现多种磨球配比。也可将上述规律换算成重量比，方便操作。

② 球磨机转速　球磨机的转速直接影响磨球的运动规律，所以，也影响粉碎效率。磨球保持抛落、泻落运动状态前提下，提高球磨机转速，可提高球磨机的产量和产品细度。球磨机临界转速公式推导过程假定是一个磨球，且该磨球与球磨机筒体之间无滑动。对有提升结构的衬板和大填充量，这个假设是合理的。对无衬板或衬板提升能力差，且填充量较低时，磨球与筒体之间就会发生相对滑动，相对滑动使磨球的实际转速低于球磨机的转速。即使球磨机的转速远超临界转速，磨球的转速依然可能低于临界转速，前面磨球运动状态观察结果说明了这一点。球磨机的转速一定要和磨机结构、粉碎物料大小特性联系起来考虑，最好通过试验确定。

③ 磨球填充率　提高填充率可增加进行粉碎的有效磨球的数量，这在一定条件下可以提高球磨机粉碎效率。但填充量增加，磨球抛落距离减小，冲击作用减弱，同时内层磨球数

量增加，内层磨球的粉碎作用较弱，可能使粉碎效率降低。湿法球磨，考虑磨球可能从中空轴溢流排出的可能，填充率以 40% 为上限。干法球磨，考虑物料使磨球体积增加，物料的流动受磨球的阻碍，影响物料的进出和平衡，故磨球的填充率不应太高。

④ 物料干湿状态　干法球磨操作简单，生产率一般较湿法低，也不适合粉碎超细粉末。湿法球磨操作复杂，粉碎效率高，适合超细产品加工。

参 考 文 献

[1] 卢寿慈主编. 粉体加工技术. 北京：中国轻工业出版社，1999.
[2] 耿孝正主编. 塑料机械的使用与维护. 北京：中国轻工业出版社，1998.
[3] 王港，黄锐，陈晓媛，郭建明. 高速混合机的应用及研究进展. 中国塑料，2001，15（7）：11-14.
[4] 薛平，贾明印，王哲，丁筠. PVC/木粉复合材料挤出发泡成型的研究，2004，32（12）：66-68.
[5] 王清文，王伟宏等编著. 木塑复合材料与制品. 北京：化学工业出版社，2007.
[6] 陈少平，林雪光，陈德坚，林美玉. 纸浆纤维的表面电荷分布及测定. 纤维素科学与技术，2002，10（1）：27-31.
[7] 钱逢麟，竺玉书主编. 涂料助剂——品种和性能手册. 北京：化学工业出版社，1990.
[8] 冯亚青，王利军，陈立功，刘东志合编. 助剂化学及工艺学. 北京：化学工业出版社，1997.
[9] 朱骥良，吴申年主编. 颜料工艺学. 北京：化学工业出版社，2002.
[10] 李风生等编著. 超细粉体技术. 北京：国防工业出版社，2000.
[11] 胡金林. 表面改性剂复配比例和添加顺序对铜金粉表面改性效果的影响：[学位论文]. 西安：西安理工大学，2008.
[12] 赵麦群. 铜金粉制造技术及工艺理论研究：[学位论文]. 西安：西北工业大学，2000.